普通高等教育"十三五"规划教材

土地资源管理应用型转型发展试点专业系列教材

地籍管理与地籍测量

李海英　毕天平　邵永东　主编

U0219152

中国农业大学出版社

·北京·

内 容 简 介

　　本书以地籍管理和地籍测量的基础理论和基本技能为主体,引入了行业相关的新技术、新规范,构建了学习任务、知识内容和实习实践三大体系,在明确学习任务的基础上进行理论学习,通过实习实践强化理论认识,提升实践操作技能,将理论与实践紧密地结合在一起,使读者在掌握理论知识的同时又能掌握实践技能。

　　本书可作为高等院校土地资源管理、测绘工程、城市管理等专业的教材,也可作为广大测绘人员、地籍调查人员和管理工作者的参考书。

图书在版编目(CIP)数据

　　地籍管理与地籍测量/李海英,毕天平,邵永东主编.—北京:中国农业大学出版社,2019.11(2024.1重印)
　　ISBN 978-7-5655-2287-1

　　Ⅰ.①地… Ⅱ.①李…②毕…③邵… Ⅲ.①地籍管理-教材②地籍测量-教材 Ⅳ.①P27

　　中国版本图书馆 CIP 数据核字(2019)第 233876 号

书　　名 地籍管理与地籍测量	
作　　者 李海英　毕天平　邵永东　主编	
策划编辑 王笃利　韩元凤	**责任编辑** 韩元凤
封面设计 郑　川	
出版发行 中国农业大学出版社	
社　　址 北京市海淀区学清路甲 38 号	**邮政编码** 100083
电　　话 发行部 010-62733489,1190	**读者服务部** 010-62732336
编辑部 010-62732617,2618	**出 版 部** 010-62733440
网　　址 http://www.caupress.cn	**E-mail** cbsszs@cau.edu.cn
经　　销 新华书店	
印　　刷 运河(唐山)印务有限公司	
版　　次 2019 年 11 月第 1 版　　2024 年 1 月第 5 次印刷	
规　　格 787×1 092　　16 开本　　17.5 印张　　400 千字	
定　　价 50.00 元	

图书如有质量问题本社发行部负责调换

编 写 人 员

主　编　李海英（沈阳建筑大学）
　　　　毕天平（沈阳建筑大学）
　　　　邵永东（辽宁省自然资源事务服务中心）

副主编　刘梅姜（福建信息职业技术学院）
　　　　臧春明（辽宁省自然资源事务服务中心）
　　　　孙凯旋（沈阳市地产咨询评估中心有限公司）

参　编　高雅萍（成都理工大学）
　　　　王淑惠（中国矿业大学）
　　　　许菁菁（沈阳建筑大学）
　　　　王继帅（沈阳建筑大学）

总　序

　　2015 年 10 月 21 日，国家教育部、国家发改委、财政部联合发布了《关于引导部分地方普通本科高校向应用型转变的指导意见》（教发〔2015〕7 号），该《指导意见》要求，各地各高校要从适应和引领经济发展新常态、服务创新驱动发展的大局出发，切实增强对转型发展工作重要性、紧迫性的认识，摆在当前工作的重要位置，以改革创新的精神，推动部分普通本科高校转型发展。推动转型发展高校把办学思路真正转到服务地方经济社会发展上来，转到产教融合校企合作上来，转到培养应用型技术技能型人才上来，转到增强学生就业创业能力上来，全面提高学校服务区域经济社会发展和创新驱动发展的能力。

　　辽宁省本科高校向应用型转变试点工作自 2015 年启动，首批支持了 10 所高校 116 个专业开展学校和专业向应用型转变试点工作，2016 年又有 11 所高校 84 个专业遴选确定为第二批转型试点学校和专业。沈阳建筑大学土地资源管理专业则作为辽宁省第二批转型发展试点专业于 2016 年开始进行建设。

　　土地资源管理专业是一个实践性、应用性很强的专业，其人才培养必须适应社会和市场实际需求，既要掌握专业理论知识，又要具有实际操作能力，该专业本身的特点特别适合于向应用型转变。但真正实现向应用型转变，需要在专业培养方案制订、师资队伍建设、教学资源保障、校企合作发展、教学模式改革、创新创业教育等多方面进行调整、改革和转变。其中应用型教材建设是专业转型发展的重要基础和保证。为此，我们联合了辽宁省土地整理中心、辽宁省国土资源调查规划局、辽宁省建设用地事务局、沈阳市地产咨询评估中心等单位策划编写了这套土地资源管理应用型转型发展试点专业系列教材。

　　本系列教材编写团队成员具有较强的专业理论知识和实践经验，充分结合了高校教师强理论与行业单位强实践的优势，教材内容在全面介绍专业基本知识和理论的同时，特别重视方法应用、案例分析和实践能力的培养。本系列教材作为土地资源管理转型发展试点专业建设的重要成果，希望能为应用型土地资源管理人才培养发挥重要作用。

孔凡文

2017 年 9 月

前　　言

地籍管理与地籍测量历来是国家行政管理的措施之一,是地政的重要组成部分。地籍管理与地籍测量是土地资源管理专业的主干课程,是介于社会科学和自然科学之间的、理论与实践相结合的一门课程,兼具理论性、实践性和操作性。《国土资源"十三五"规划纲要》中明确指出,地籍管理与测量是国土资源管理的基础,是严格土地管理的重要保障,是有效地保护国土资源、全面落实不动产统一登记制度,完善土地调查监测体系、获取真实准确的土地基础数据和服务社会的重要手段。党的二十大提出,推进生态文明建设,强调要全面推进乡村振兴,深化农村土地制度改革,赋予农民更加充分的财产权益,优化国土空间格局、促进绿色低碳发展。这一系列工作都涉及地籍管理与地籍测量工作,对于建立健全统一的自然资源调查监测体系、不动产登记制度以及推进乡村振兴具有十分重要的意义。

近年来,地籍管理与测量工作逐步受到各部门的重视,2023年《地籍调查规程》的更新、2013年不动产统一登记制度的建立和2017年第三次全国土地调查工作的启动,都推动着地籍管理与测量工作的发展。在国家土地资源管理政策与制度不断创新、与时俱进的背景下,现有的地籍管理与测量教材很难适应新的要求,为此,我们编写了以适应社会需求为目的的《地籍管理与地籍测量》教材。

本书以地籍管理和地籍测量的基础理论和基本技能为主体,引入了行业相关的新技术、新规范,构建了学习任务、知识内容和实习实践三大体系,在明确学习任务的基础上进行理论学习,通过实习实践强化理论认识,提升实践操作技能,将理论与实践紧密地结合在一起,使读者在掌握理论知识的同时又能掌握实践技能。

全书共11章,各章编写及分工如下:第1章绪论由李海英、许菁菁编写;第2章土地分类由李海英、孔凯旋编写;第3章土地利用现状调查由李海英、王淑惠编写;第4章土地权属调查由刘梅姜、邵永东编写;第5章土地条件与等级调查由刘梅姜、臧春明编写;第6章房屋调查由李海英、孙凯旋编写;第7章地籍控制测量由邵永东、高雅萍编写;第8章地籍细部测量由邵永东、臧春明编写;第9章地籍图与房产图的测绘由毕天平、王继帅编写;第10章不动产登记与统计由臧春明、许菁菁编写;第11章地籍数据库与地籍信息系统由毕天平、孙凯旋编写。

本书在编写过程中除参考引用了最新的规范、法规外,还参考了大量的专业教材、著作和论文等文献资料,借鉴和吸纳了国内外众多专家、学者的研究成果,在此,对他们的辛勤劳动深表敬意和衷心感谢！由于编者理论水平与实践经验有限,书中难免有不妥和错误之处,恳请专家、学者和同行批评指正。

编 者

2024 年 1 月

目　　录

第1章　绪论 ··· 1

  1.1　概述 ··· 1

    1.1.1　地籍 ··· 2

    1.1.2　地籍管理 ·· 4

    1.1.3　地籍测量 ·· 8

  1.2　地籍管理与地籍测量的发展历史 ··· 9

    1.2.1　地籍管理的发展历史 ··· 10

    1.2.2　地籍测量发展历史 ··· 13

第2章　土地分类 ·· 15

  2.1　土地分类概述 ··· 15

    2.1.1　土地分类 ·· 15

    2.1.2　土地分类标志 ··· 16

    2.1.3　土地分类体系及分类系统 ··· 16

    2.1.4　地籍管理中的土地分类——土地利用分类 ····························· 16

    2.1.5　土地利用分类的方法和技术路线 ··· 17

    2.1.6　土地利用分类的原则 ··· 18

  2.2　我国土地利用分类系统 ··· 18

    2.2.1　1984年的土地利用现状分类 ··· 19

    2.2.2　1989年的城镇土地分类系统 ··· 22

    2.2.3　2001年的《全国土地分类(试行)》 ·· 25

    2.2.4　第二次全国土地调查的土地利用现状分类 ······························ 31

    2.2.5　第三次全国土地调查的土地分类 ··· 36

  2.3　土地利用分类系统的应用 ·· 43

    2.3.1　耕地认定 ·· 43

    2.3.2　园地认定 ·· 44

    2.3.3　林地认定 ·· 45

    2.3.4　草地认定 ·· 46

    2.3.5　商业服务业用地认定 ··· 47

    2.3.6　工矿用地认定 ··· 48

    2.3.7　住宅用地认定 ··· 48

    2.3.8　公共管理与公共服务用地认定 ··· 48

    2.3.9　特殊用地认定 ··· 49

  2.3.10 交通运输用地认定 ············· 50

  2.3.11 水域及水利设施用地认定 ············· 52

  2.3.12 其他土地认定 ············· 54

  2.3.13 城镇村及工矿用地认定 ············· 55

 实习1 地类认定 ············· 57

第3章 土地利用现状调查 ············· 58

 3.1 土地利用现状调查概述 ············· 58

  3.1.1 土地利用现状调查的概念 ············· 58

  3.1.2 土地利用现状调查的目的 ············· 59

  3.1.3 土地利用现状调查的原则 ············· 59

  3.1.4 土地利用现状调查的内容 ············· 60

  3.1.5 土地利用现状调查的意义 ············· 61

  3.1.6 土地利用现状调查的基本任务 ············· 61

  3.1.7 土地利用现状调查的基本方法 ············· 62

 3.2 农村土地利用现状调查 ············· 62

  3.2.1 准备工作阶段 ············· 62

  3.2.2 外业工作阶段 ············· 64

  3.2.3 内业工作阶段 ············· 68

  3.2.4 成果检查验收阶段 ············· 72

 3.3 土地利用变更调查 ············· 75

  3.3.1 土地利用变更调查的任务与内容 ············· 75

  3.3.2 土地利用变更调查的特点 ············· 76

  3.3.3 变更调查的实施 ············· 77

  3.3.4 变更调查的主要技术环节 ············· 80

  3.3.5 3S技术支持的土地利用变更调查方法 ············· 81

 3.4 土地利用动态遥感监测 ············· 84

  3.4.1 土地利用动态遥感监测概念 ············· 84

  3.4.2 土地利用动态遥感监测目的 ············· 84

  3.4.3 动态遥感监测的方法 ············· 84

  3.4.4 土地利用遥感监测工作程序 ············· 85

 实习2 土地利用现状调查与变更调查实习 ············· 88

第4章 土地权属调查 ············· 89

 4.1 概述 ············· 89

  4.1.1 土地产权制度 ············· 89

  4.1.2 土地权属调查 ············· 92

  4.1.3 土地权属来源调查 ············· 93

  4.1.4 土地权属界址调查 ············· 94

  4.1.5 宗地草图的绘制 ············· 95

4.2　土地权属调查的实施 ……………………………………………………… 96

　　4.2.1　土地权属调查的基本程序 ……………………………………… 96

　　4.2.2　调查工作区和调查单元的划分 ………………………………… 96

4.3　不动产单元编码 ………………………………………………………… 98

　　4.3.1　宗地编码 ………………………………………………………… 98

　　4.3.2　编码方法 ………………………………………………………… 99

实习3　土地权属调查 ……………………………………………………… 100

第5章　土地条件与等级调查 …………………………………………… 102

5.1　概述 ……………………………………………………………………… 102

　　5.1.1　土地条件调查的概念和目的 …………………………………… 102

　　5.1.2　土地条件调查的内容和方法 …………………………………… 103

　　5.1.3　土地条件调查的工作程序 ……………………………………… 104

5.2　土地自然条件调查 ……………………………………………………… 106

　　5.2.1　气候条件调查 …………………………………………………… 106

　　5.2.2　地形地貌条件调查 ……………………………………………… 107

　　5.2.3　水资源条件调查 ………………………………………………… 109

　　5.2.4　土壤条件调查 …………………………………………………… 110

　　5.2.5　植被条件调查 …………………………………………………… 110

5.3　土地社会经济条件调查 ………………………………………………… 111

　　5.3.1　地理位置与交通条件调查 ……………………………………… 111

　　5.3.2　人口与劳动力调查 ……………………………………………… 111

　　5.3.3　经济结构与生产力水平调查 …………………………………… 112

　　5.3.4　土地利用水平调查 ……………………………………………… 112

　　5.3.5　土地生态环境条件调查 ………………………………………… 113

　　5.3.6　土地政策条件调查 ……………………………………………… 114

5.4　土地等级调查 …………………………………………………………… 114

　　5.4.1　土地分等定级体系 ……………………………………………… 114

　　5.4.2　土地分等定级的理论基础 ……………………………………… 115

　　5.4.3　土地分等定级的基本原则 ……………………………………… 115

　　5.4.4　城镇土地定级的方法 …………………………………………… 116

　　5.4.5　城镇土地定级的步骤 …………………………………………… 116

　　5.4.6　综合用地土地级别划分 ………………………………………… 120

　　5.4.7　土地级别划分 …………………………………………………… 124

实习4　城市土地定级实习 ………………………………………………… 124

第6章　房屋调查 ………………………………………………………… 125

6.1　概述 ……………………………………………………………………… 125

　　6.1.1　与房屋有关的概念 ……………………………………………… 125

　　6.1.2　房地产调查的目的与内容 ……………………………………… 126

6.1.3　房地产调查单元的划分 ……………………………………… 127

6.1.4　房屋及房屋用地调查 ………………………………………… 128

6.2　房产编码 …………………………………………………………… 135

6.2.1　房产代码结构 ………………………………………………… 135

6.2.2　过渡期编码 …………………………………………………… 135

6.2.3　代码表示方法 ………………………………………………… 136

6.3　房地产面积测算 …………………………………………………… 136

6.3.1　共有面积的含义 ……………………………………………… 136

6.3.2　应分摊共有面积的分摊原则 ………………………………… 137

6.3.3　应分摊共有面积的特点 ……………………………………… 137

6.4　建筑面积计算 ……………………………………………………… 138

6.4.1　计算全建筑面积的范围 ……………………………………… 138

6.4.2　计算一半建筑面积的范围 …………………………………… 139

6.4.3　不计算建筑面积的范围 ……………………………………… 139

实习5　房屋调查实习 …………………………………………………… 139

第7章　地籍控制测量 ………………………………………………… 141

7.1　概述 ………………………………………………………………… 141

7.1.1　地籍控制测量的含义 ………………………………………… 142

7.1.2　地籍控制测量的分类 ………………………………………… 142

7.1.3　地籍控制测量的特点 ………………………………………… 142

7.1.4　地籍平面控制网的布设原则 ………………………………… 143

7.1.5　地籍控制测量的精度 ………………………………………… 143

7.1.6　地籍控制点之记和控制网略图 ……………………………… 145

7.2　地籍控制测量的坐标系 …………………………………………… 147

7.2.1　大地坐标系 …………………………………………………… 147

7.2.2　高斯平面直角坐标系 ………………………………………… 147

7.2.3　我国常用的坐标系 …………………………………………… 149

7.2.4　高程系 ………………………………………………………… 151

7.2.5　地籍测量平面坐标系的选择 ………………………………… 151

7.3　地籍控制测量的方法 ……………………………………………… 152

7.3.1　利用 GPS 定位技术布测城镇地籍基本控制网 …………… 152

7.3.2　利用已有城镇基本控制网 …………………………………… 154

7.3.3　图根控制测量 ………………………………………………… 154

实习6　地籍控制测量实习 ……………………………………………… 156

第8章　地籍细部测量 ………………………………………………… 158

8.1　概述 ………………………………………………………………… 158

8.1.1　界址点概念 …………………………………………………… 158

8.1.2　界址点坐标 …………………………………………………… 158

8.1.3　界址点精度 ·· 159

8.2　界址点测量的方法 ·· 159

8.2.1　界址点测量方法分类 ·· 159

8.2.2　界址点坐标的计算 ·· 160

8.3　界址点测量的实施 ·· 164

8.3.1　测前准备工作 ·· 164

8.3.2　界址点外业观测 ·· 165

8.3.3　观测成果内业整理 ·· 165

8.3.4　界址点误差检验 ·· 165

8.4　界址恢复与鉴定 ·· 166

8.4.1　界址的恢复 ·· 166

8.4.2　界址的鉴定 ·· 167

8.4.3　界址鉴定测量作业程序 ·· 167

实习 7　界址点测量实习 ··· 168

第 9 章　地籍图与房产图的测绘 ··· 169

9.1　地籍图概述 ··· 169

9.1.1　地籍图的概念 ·· 169

9.1.2　地籍图的分类 ·· 170

9.1.3　地籍图比例尺 ·· 170

9.1.4　地籍图的分幅与编号 ·· 171

9.1.5　地籍图的内容 ·· 173

9.1.6　地籍图与地形图的差别 ·· 175

9.2　地籍图与宗地图的测制 ·· 177

9.2.1　地籍图测绘的基本要求 ·· 177

9.2.2　地籍图测制的方法 ·· 177

9.2.3　宗地图测绘 ·· 179

9.3　土地利用现状图的编制 ·· 181

9.3.1　比例尺与图幅 ·· 181

9.3.2　土地利用现状图的内容 ·· 182

9.3.3　乡级土地利用现状图的编制 ·· 182

9.3.4　县级土地利用现状图的编制 ·· 184

9.3.5　土地所有权属图的编制 ·· 184

9.3.6　农村居民地地籍图 ·· 185

9.4　房产图的测绘 ··· 186

9.4.1　房产图的基本知识 ·· 186

9.4.2　房产分幅图的测绘 ·· 188

9.4.3　房产分丘图的测绘 ·· 191

9.4.4　房产分层分户图的测绘 ·· 191

实习 8　地籍图与房产图绘制 ·· 193

第 10 章　不动产登记与统计 194

10.1　不动产统一登记 ·· 194

10.1.1　不动产统一登记的提出 ·· 194

10.1.2　概念 ·· 196

10.1.3　登记制度 198

10.1.4　不动产登记的内容 ·· 201

10.1.5　不动产登记的分类 ·· 204

10.1.6　不动产统一登记的目的 ·· 210

10.1.7　不动产登记的原则 ·· 210

10.2　不动产登记权利种类 ··· 211

10.2.1　集体土地所有权 ·· 212

10.2.2　房屋等建筑物、构筑物所有权 ···································· 213

10.2.3　森林、林木所有权 ·· 214

10.2.4　耕地、林地、草地等土地承包经营权 ······························ 215

10.2.5　建设用地使用权 ·· 217

10.2.6　宅基地使用权 ·· 217

10.2.7　海域使用权 ·· 219

10.2.8　地役权 ·· 219

10.2.9　抵押权 ·· 220

10.2.10　法律规定需要登记的其他不动产权利 ···························· 220

10.3　不动产登记程序 ·· 223

10.3.1　申请 ·· 223

10.3.2　受理 ·· 224

10.3.3　审核 ·· 224

10.3.4　登簿 ·· 225

10.3.5　颁证 ·· 225

10.3.6　公告 ·· 227

10.4　土地统计 ·· 228

10.4.1　土地统计的概念 ·· 228

10.4.2　土地统计的作用 ·· 228

10.4.3　土地统计的特点 ·· 229

10.4.4　土地统计的法律依据 ·· 230

10.4.5　土地统计的主要内容 ·· 232

10.4.6　土地统计的类型 ·· 232

10.4.7　土地统计的程序 ·· 234

实习 9　不动产登记实习 ··· 236

第 11 章　地籍数据库与地籍信息系统 ·············· 237

　11.1　地籍数据库 ························· 237

　　11.1.1　土地调查数据库及管理系统总体架构 ····· 238

　　11.1.2　地籍数据库的设计 ··············· 238

　　11.1.3　地籍数据库标准 ················ 240

　　11.1.4　土地调查数据库建设 ············· 241

　11.2　地籍管理信息系统 ·················· 244

　　11.2.1　地籍信息与地籍信息管理 ··········· 244

　　11.2.2　地籍管理信息系统 ··············· 247

　11.3　地籍管理信息系统应用 ··············· 253

　　11.3.1　CASS ····················· 253

　　11.3.2　SuperMap 农村地籍管理信息系统 ······· 258

　实习 10　地籍管理信息系统应用 ·············· 260

参考文献 ···························· 261

第1章

绪　论

【学习任务】

1.掌握地籍的概念、特征和分类。

2.掌握地籍管理的概念、任务、原则和内容。

3.掌握地籍测量的概念和特征。

4.了解我国地籍管理和地籍测量的发展历史。

【知识内容】

1.1　概述

土地是人类赖以生存的物质基础,是最基本的生产资料,是一切生产和一切存在的源泉,是人类劳动过程能够得以全部实现的基本条件和基础。我国国土辽阔,土地资源总量丰富,而且土地利用类型齐全,这为我国因地制宜全面发展农、林、牧、副、渔业生产提供了有利条件。但是我国人均土地资源占有量小,而且各类土地所占的比例不尽合理,主要是耕地、林地少,难利用土地多,后备土地资源特别是耕地后备资源不足,人与耕地的矛盾尤为突出。

地籍是人们认识和运用土地的自然属性、社会属性和经济属性的产物,是组织社会生产的客观需要。地籍管理与地籍测量是科学合理地利用土地资源,切实保护耕地,维护社会稳定、保障粮食安全的重要手段,是土地管理的基础性工作。

▶ 1.1.1 地籍

1.1.1.1 地籍的概念

地指土地,为地球表层的陆地部分;籍有簿册、清册、登记之说。地籍最初是为征税而建立的一种田赋清册或簿,随着社会的发展,现代地籍已不单单是课税对象的登记清册,还包括了土地产权登记、土地分类面积统计和土地等级、地价等内容的登记簿册。地籍的作用也从最初的以课税为目的,扩大为产权登记和土地利用的依据。

地籍是国家为了一定目的,记载土地的权属、界址、位置、数量、质量、地价和用途(地类)等基本状况的图册。概念中我们要明确,地籍是由国家建立和管理的,是土地基本信息的集合,地籍包括权属、界址、位置、数量、质量、地价和用途(地类)七大要素,其核心是土地权属。

1.1.1.2 地籍的特征

地籍是土地的户籍,它具有不同于其他"户籍"的特性。

(1)地籍的空间性 地籍的空间性是由土地的空间特点所决定的。土地的数量、质量都具有空间分布的特点,地籍的内容不仅记载在簿册上,同时还要标绘在图纸上,并做到图与簿册的一致。

(2)地籍的法律性 地籍的法律性体现了地籍图册资料一经登记便具有法律效力,地籍图上的界址点、界址线的位置和地籍簿上的权属记载及其面积的登记等都要有据可循。

(3)地籍的精确性 地籍的原始和变更的资料一般要通过实地调查取得,运用精密的测绘仪器获得界址点的坐标,保证地籍数据的精确性。

(4)地籍资料的连续性 土地的数量、质量、权属及其空间分布利用和使用状况都是动态的,地籍必须始终保持现势性。

1.1.1.3 地籍的类别

地籍可以按其发展阶段、对象、目的和内容的不同,划分为以下几种类别体系:

(1)按地籍的发展阶段分为税收地籍、产权地籍和多用途地籍。

①税收地籍 税收地籍是为课税服务的登记簿册。税收地籍是指最初地籍仅仅具有为税收服务的功能,所以,税收地籍记载的主要内容是纳税人(业主)的姓名、地址和纳税单位的土地面积以及为确定税率所需的土地等级等。

②产权地籍 产权地籍亦称法律地籍,是国家为维护土地合法权利、鼓励土地交易、防止土地投机和保护土地买卖双方的权益而建立的土地产权登记的簿册。凡经登记的土地,其产权证明具有法律效力。产权地籍最重要的任务是保护土地所有者、使用者的合法权益和防止土地投机。为了使土地界线、界址拐点能随时在实地准确地复原和保证土地面积计算的精度要求,产权地籍一般采用解析或解析与图解相结合的地籍测量方法。

③多用途地籍 多用途地籍亦称现代地籍,是税收地籍和产权地籍的进一步发展,它为各项土地利用和土地保护,为全面、科学地管理土地提供信息服务,现代地籍逐步向技术、经济、法律综合全方位发展,手段也将逐步被光电、遥感、无人机、电子计算机和缩微技术等所代替。

(2)按地籍的特点和任务分初始地籍和日常地籍。

①初始地籍 初始地籍是指在某一时期内,对县以上行政辖区内全部土地进行全面调查后,最初建立的图册。

②日常地籍 日常地籍是针对土地数量、质量、权属及其分布和利用、使用情况的变化,以初始地籍为基数,进行修正、补充和更新的地籍。

初始地籍和日常地籍是地籍不可分割的完整体系。初始地籍是基础,日常地籍是对初始地籍的补充、修正和更新。如果只有初始地籍而没有日常地籍,地籍将逐步陈旧,变为历史资料,失去现势性、失去其使用价值。相反,如果没有初始地籍,日常地籍就没有依据、没有基础,也就不存在日常地籍了。

(3)按行政管理的层次分为国家地籍和基层地籍。

①国家地籍 国家地籍是指县级以上各级土地行政主管部门所从事的地籍工作,是以集体土地所有权单位的土地和国有土地的一级土地使用权单位的土地为对象的地籍。

一级土地权属单位指农村集体土地所有单位及直接从政府取得对国有土地的使用权的单位,即由国家出让、租赁和土地征用、划拨取得国有土地使用权的单位;二级土地权属单位是指从一级土地权属单位取得对集体土地承包使用权的单位和个人,或通过国有土地的转让取得国有土地使用权的单位或个人。

②基层地籍 基层地籍是指县级以下的乡(镇)土地管理所和村级生产单位(国营农牧渔场的生产队),以及其他非农业建设单位所从事的地籍工作,是指以集体土地使用者的土地和国有土地的二级使用者的土地为对象的地籍。

基层地籍主要服务于对土地利用或使用的指导和监督,国家地籍则主要服务于土地权属的国家统一管理,它们是相互衔接、互为补充的一个完整体系。

(4)按城乡土地的不同特点划分为城镇地籍和农村地籍。

①城镇地籍 城镇地籍的对象是城市和建制镇的建成区的土地,以及独立于城镇以外的工矿企业、铁路、交通等的用地。

②农村地籍 农村地籍的对象是城镇郊区及农村集体所有的土地、国有农场使用的国有土地和农村居民点用地等。

1.1.1.4 地籍信息的表现形式

(1)地籍图形集 用图的形式直观描述土地和附着物之间的相互关系,如地籍图、专题地籍图、宗地图和土地质量评价图等。

(2)地籍数据集 用数字的形式描述土地及其附着物的位置、数量、质量、利用现状等要素,如面积册、界址点坐标册、房地产评价数据等。

(3)地籍簿册集 用表的形式对土地及其附着物的位置、法律状态、利用状况等进行文字描述,如地籍调查表、土地登记表和各种相关文件等。

1.1.1.5 地籍的功能

建立地籍的目的,一般应由国家根据生产和建设的发展需要,以及科技发展的水平来确定。目前,我国地籍有以下功能:

(1)地理性功能 由于应用现代测量技术的缘故,在统一的坐标系内,地籍所包含的地籍图集和相关的几何数据,不但精确表达了两块地(包括附着物)的空间位置,而且还精确和完整地表达了全部地块之间在空间上的相互关系。地籍所具有的提供地块空间关系的能力称为地理性功能。这种功能是实现地籍多用途的基础。

（2）经济功能　地籍最古老的目的就是用于土地税费的征收。利用地籍提供的土地及附着物的位置、面积、用途、等级和土地所有权、使用权状况,结合国家和地方的有关法律、法规,为以土地及其附着物为标的物的经济活动(如土地的有偿出让、转让,土地和房地产税费的征收,防止房地产市场的投机活动等)提供准确、可靠的基础资料。

（3）产权保护功能　地籍调查和管理是国家政策支持下的依法行政行为,所形成的地籍信息具有空间性、法律性、精确性、现势性等特征,因而使地籍能为在以土地及其附着物为标的物的产权活动(如调处土地争执,恢复界址,确认地权,房地产的认定、买卖、租赁及其他形式的转让,解决房地产纠纷等)中提供法律性的证明材料,保护土地所有者和土地使用者的合法权益,避免土地产权纠纷。

（4）土地利用管理功能　土地的数量、质量及其分布和变化规律是组织土地利用、编制土地利用规划的基础资料。利用地籍资料,能加快规划设计速度,降低费用,使规划容易实现。另外,地籍还能鉴别错误的规划,避免投资失误。

（5）决策功能　国家制定土地政策、方针,进行土地使用制度改革等方面的决策,也包括国家对经济发展、环境保护、人类生存等方面的决策以及个人或企业投资等方面的决策。地籍所提供的多要素、多层次、多时态的土地资源的自然状况和社会经济状况,是国家编制国民经济计划,制定各项规划的基本依据,是组织工农业生产和进行各项建设的基础。

（6）管理功能　地籍是调整土地关系、合理组织土地利用的基本依据。土地使用状况及其经界位置的资料,是进行土地分配、再分配及征拨土地工作的重要依据。由于地籍存在地理性功能和决策功能,公安、消防、邮政、水土保持和以土地及其附着物为研究对象的科学研究和管理等部门可充分利用地籍资料为其工作服务。

▶ 1.1.2　地籍管理

1.1.2.1　地籍管理的概念

地籍管理是指国家为研究土地的权属、自然和经济状况并建立地籍图、簿、册等而实行的土地调查、不动产登记、土地统计、地籍档案和地籍管理信息系统等工作措施。

土地的自然状况主要指土地的位置、四至、形状、地貌、坡度、土壤、植被、面积大小等;土地的权属状况主要包括权属性质、权属来源、权属界址、权利状况等;而土地的经济状况则主要指土地等级、评估地价、土地用途等。

地籍管理以土地科学这一领域中的土地产权、界址、数量、质量和用途等基本要素的变化规律作为研究对象。它揭示了土地利用领域中人地关系这一特殊矛盾在时空上的运动规律。

地籍管理是以地籍制度、地籍管理措施体系和地籍管理技术手段作为主要研究内容的一门学科。

1.1.2.2　地籍管理的性质

地籍管理具有鲜明的阶级性,它为维护和巩固土地制度服务,在我国社会主义制度下,地籍管理是为巩固和发展土地的社会主义公有制,为有效组织全国土地的经济、合理利用,协调国民经济各部门的用地计划,为推进改革、开放和土地使用制度变革服务的一项综合性国家措施。地籍管理为保护土地所有者和使用者的合法权益提供基础资料和依据,为开征城镇国有土地使用税、土地增值税、耕地占用税等起到指导和监督的作用,为有效地控制非农业建设占用耕地、控制建设用地总量和合理组织土地利用,保护耕地,实行土地用途管制提供保障。

1.1.2.3　地籍管理的任务

地籍管理是国家为获得地籍资料而采取的一项综合性的国家措施。在我国社会主义市场经济条件下,地籍管理的任务主要包括:

(1)为贯彻十分珍惜、合理利用土地和切实保护耕地的基本国策服务。

我国的国情是人多地少,人均耕地面积只有 0.106 hm² (1.59 亩),相当于世界人均 0.25 hm² (3.75 亩)的 43%,为此,为合理利用土地,切实保护耕地,促进社会经济的可持续发展,必须贯彻"十分珍惜、合理利用土地和切实保护耕地"这一基本国策。通过土地对人口的负载量和人口对土地的需求量计算,掌握人地矛盾状况,制定和调整相应对策;通过土地变更调查、土地统计、土地利用动态监测及时提供科学、准确的土地基础数据,为贯彻基本国策服务。

(2)为维护和巩固土地的社会主义公有制服务。

我国实行土地的社会主义公有制,通过地籍调查、土地登记确权,明晰土地产权,从而减少土地纠纷,确保土地所有者和使用者的合法权益,达到维护和巩固土地的社会主义公有制的目的。

(3)为社会提供地籍信息服务。

随着多用途地籍时代的到来,地籍将侧重于为合理利用土地服务,各级地籍管理部门掌握的地籍信息资料可为社会各界服务,如城市规划和建设、村镇建设、国家基础设施建设、各生产部门等,提供第一手最具公信力的信息资料。而地籍工作的生命力也在于为社会提供服务。

(4)为完善不动产登记制度服务。

通过积极探索和深入研究土地权利构成,界定土地权利种类和内涵,逐步形成适合我国国情和社会主义市场经济体制下的土地权利体系,完善不动产登记、土地确权的法律法规,确立不动产登记的法律地位,强化不动产登记的权威性。

(5)为健全土地调查、统计制度服务。

完善土地分类体系,完成村庄权属调查,形成土地变更调查制度,开展土地条件调查和耕地后备资源调查评价。

(6)为建立全国土地利用动态监测体系服务。

为了耕地的保护,建立以全国 50 万以上人口城市为构架,以经济建设热点地区为重点的国家级监测网络;以国家级监测网点为中心,构成省级监测网络。全面开展以耕地变化、非农建设用地规模扩展为重点的土地动态监测,形成定期与不定期相结合的监测制度。

及时提供土地利用变化空间数据,建立以土地变更为基础,多源信息、短周期的全国土地利用动态监测体系;建立年度监测公报制度,公报土地利用变化趋势、违法用地查处等。

(7)为建立全国地籍信息网络,实现地籍信息公开查询、上报、发布的网络化提供信息。

为使地籍成果充分转化为生产力,就要为社会各方提供服务。一方面,各级地籍管理部门如果不将地籍成果充分地、尽快地提供给社会各方服务,那么,再好的成果资料也将束之高阁,成为史料,不能起到地籍信息的应有作用,造成资源的极大浪费;另一方面,通过地籍信息的社会化服务,能及时反馈社会对地籍的需求,丰富和完善地籍管理的内容,成为地籍管理事业发展的推动力。为此,要建立县市级城镇地籍信息系统,在经济较发达的县市完成土地利用现状数据库和信息系统的建设,进而建立全国地籍信息网络,实现地籍信息的查询、上报、发布的网络化。

地籍管理是土地管理各项工作的基础,基础工作搞得准确、扎实、可靠,土地管理的其他工作,如土地规划、土地利用、土地开发整理、建设用地计划等才有保障。

1.1.2.4 地籍管理的原则

为了保证地籍工作的顺利进行,并且取得预期的效果和经济效益,地籍管理必须遵循以下基本原则:

(1)地籍管理必须按国家规定的统一制度进行。

地籍管理历来是国家地政措施的重要组成部分,国家必须对地籍管理的各项工作制定规范化的政策或技术要求的统一标准。国家必须对地籍的簿册、图件(包括比例尺的要求)等的格式、项目、填写内容及详略程度,以及地籍资料中有关的土地分类系统等,做出统一的规定,并要求全国按国家的统一规定开展地籍的各项工作。关于地籍测量的方法、数据库的建立和土地利用动态监测技术标准等方面的规范性要求,也应做统一规定。同时,有的内容可以由地方做出统一规定来补充,但是,地方的规定不能与全国的统一规定相矛盾。

(2)保证地籍资料的连贯性和系统性。

根据地籍的连续性的特点,地籍管理的基本文件,应该是有关土地数量、质量和权属等状况的连续记载资料。地籍分初始地籍和日常地籍,初始地籍和日常地籍之间、各种簿册及图件之间、年度报表中的各项内容及数字之间,应互相关联,构成承上启下和不间断的完整系统,体现地籍资料的连贯性、系统性。为了保证地籍资料的连贯性和系统性,地籍管理的工作项目及其文件的格式、要求等应保持相对稳定,不要过于频繁地改动。

(3)保证地籍资料的可靠性和精确性。

为了保证地籍资料的可靠性和精确性,其基础资料必须是具有一定精度要求的测量、调查和土地级别的成果资料。凡是涉及权属的,必须以相应的法律文件为依据。宗地的界址线、界址拐点的位置,应达到可以随时在实地得到复原的要求。土地登记的面积必须精确,其数据、图件和实地三者应相一致,土地统计的面积必须做到可以相互校核。

(4)保证地籍资料的概括性和完整性。

概括性和完整性,是指地籍管理的对象必须是完整的土地区域空间。如全国的地籍资料的覆盖面必须是全国土地,省级、县级和县级以下的地籍资料的覆盖面,必须分别是省级、县级和县级以下的乡镇村的行政区域范围内的全部土地,宗地或地块的地籍也必须保持一宗地或一个地块的完整性。所以,在地区之间、宗地或地块之间的地籍资料都要有极严格的接边措施,不应该出现间断、重复和遗漏的现象。

1.1.2.5 地籍管理的内容

根据我国基本国情和建设的需要,现阶段地籍管理的主要内容包括土地调查、不动产登记、土地统计、地籍档案管理和地籍信息系统等。

(1)土地调查 土地调查是以查清土地的数量、质量、分布、利用和权属状况而进行的调查。根据土地调查的内容侧重面不同,可包含土地利用现状调查、地籍调查、土地条件与等级调查和土地利用动态监测四方面内容。

(2)不动产登记 土地登记是国家用以确认土地及其附属的房屋的所有权、使用权和他项权利,依法实行土地登记申请、土地调查、权属审核、注册登记和核发证书的一项法律措施。

2014 年 11 月 24 日,国务院颁布不动产登记暂行条例。不动产登记是指不动产登记机构依法将不动产权利归属和其他法定事项记载于不动产登记簿的行为,我国实行不动产统一登记制度。

(3)土地统计 土地统计是国家对土地的数量、质量、分布、利用和权属状况、利用状况及动态变化等进行的调查、整理、分析和预测的全过程。

(4)地籍档案管理 地籍档案管理是以地籍管理活动的历史记录、文件、图册为对象所进行的收集、整理、鉴定、保管、统计、提供利用和编研等各项工作的总称。

(5)地籍管理信息系统 地籍管理信息系统是一个在计算机和现代信息技术支持下,以宗地(或图斑)为核心实体,实现地籍信息的输入、储存、检索、编辑、统计、综合分析、辅助决策以及成果输出的信息系统,是土地信息系统中的一个专门管理地籍信息的系统。

地籍管理的内容不是相互孤立存在的,而是需要相互联系和衔接的。其中,土地调查是基础,不动产登记、统计是土地调查的后续工作,是巩固土地调查成果并保持其现势性的必要措施。地籍管理的各项工作成果是地籍档案的基本来源,而地籍档案又是地籍管理各项工作成果的归宿,并为开展地籍管理各项工作提供查考和依据。地籍管理信息系统是地籍管理信息化的成果,信息化建设缩短了工作时间,节省了大量的人力、财力和存储空间,同时可以避免资料的丢失与损坏,提高地籍管理工作的效率、质量和效益。

1.1.2.6 地籍管理的手段和方法

地籍管理历来是国家地政措施的一部分,是一项政策性、技术性均很强的工作。所以,地籍管理不仅要充分运用行政、经济、法律的手段,而且还要充分运用测绘、遥感和计算机等技术手段。

(1)行政手段 为了保证地籍管理各项工作的实施,国家非常重视运用行政手段促进地籍管理工作的规范化、制度化和科学化。所谓行政手段就是依靠行政机构的权威,发布规定、条例、规程等,按照行政系统和层次进行管理活动所采取的方法。其实质是通过行政组织中的职能和职位来进行管理。

(2)经济手段 经济手段是根据客观经济规律,运用各种经济措施,调节各种不同经济利益之间的关系,以获得最佳的经济效益和社会效益。常用的经济手段有价格、税收、罚款等。运用经济手段时要兼顾国家、集体、个人三者利益以及中央与地方之间的利益，并与其他行政、法律、技术等手段相结合。

（3）法律手段 法律手段的实质是通过上层建筑的反作用来影响和改变经济基础。国家不仅要强化行政、技术等手段，而且还必须重视地籍管理方面的立法。

（4）技术手段 地籍管理中的地籍测量、地籍调查、航片的调绘和转绘、面积测算、绘制地籍图和宗地图、土地利用动态监测以及建立地籍信息系统等，都离不开测绘、遥感和计算机等技术手段。

1.1.2.7 地籍管理的基础理论

地籍管理是土地科学的基础学科，涉及许多相关学科的知识，并同它们共同形成一个科学理论体系，主要涉及的相关学科有产权经济学、土地法学、行政管理学、测绘学、统计学、档案学和管理信息系统。

▶ 1.1.3 地籍测量

1.1.3.1 地籍测量的概念与内容

地籍测量是在土地权属调查的基础上，为获取和表达地籍信息所进行的测绘工作，包括测定土地及其附着物的权属、位置、面积大小、数量、质量和利用状况等。具体内容如下：

（1）进行地籍控制测量，测量地籍基本控制点和地籍图根控制点。

（2）进行界线测量，测定行政区划界线和土地权属界线的界址点坐标。

（3）地籍图测绘，测绘分幅地籍图、土地利用现状图、房产图、宗地图等。

（4）面积测算，测算地块和宗地的面积，进行面积的平差和统计。

（5）进行土地信息的动态监测，进行地籍变更测量，包括地籍图的修测、重测和地籍簿册的修测、重测以及地籍簿册的修编，以保证地籍成果资料的现势性与正确性。

（6）根据土地整理、开发与规划的要求，进行有关的地籍测量工作。

（7）建立并维护地籍管理信息系统。

1.1.3.2 地籍测量的特征

地籍测量与基础测绘和专业测量有着明显不同，其本质的不同表现在凡涉及土地及其附着物的权利的测量都可视为地籍测量，具体表现如下：

（1）地籍测量是基础性的具有政府行为的测绘工作。

地籍测量是政府行使土地行政管理职能的具有法律意义的行政性技术行为。

（2）地籍测量为土地管理提供了精确、可靠的地理参考系统。

地籍测量技术不但为土地的税收和产权保护提供精确、可靠并能被法律事实接受的数据，而且借助现代先进的测绘技术为地籍提供了一个大众都能接受的具有法律意义的地理参考系统。

（3）地籍测量具有勘验取证的法律特征。

无论是产权的初始登记，还是变更登记或他项权利登记，在对土地权利的审查、确认、处分过程中，地籍测量所做的工作就是利用测量技术手段对权属主提出的权利申请进行现场的勘查、验证,为土地权利的法律认定提供准、可靠的物权证明材料。

(4)地籍测量的技术标准必须符合土地法律的要求。

地籍测量的技术标准既要符合测量的观点,又要反映土地法律的要求,它不仅表达人与地物、地貌的关系和地物与地貌之间的联系,而且同时反映和调节着人与人、人与社会之间的以土地产权为核心的各种关系。

(5)地籍测量工作有非常强的现势性。

由于社会发展和经济活动使土地的利用和权利经常发生变化,而土地管理要求地籍资料有非常强的现势性,因此必须对地籍测量成果进行适时更新,所以地籍测量工作比一般基础测绘工作更具有经常性的一面,且不可能人为地固定更新周期,只能及时、准确地反映实际变化情况。地籍测量始终贯穿于建立、变更、终止土地利用和权利关系的动态变化之中,并且是维持地籍资料现势性的主要技术之一。

(6)地籍测量技术和方法是对当今测绘技术和方法的应用集成。

地籍测量技术是普通测量、数字测量、摄影测量与遥感、面积测算、误差理论和平差、大地测量、空间定位技术等技术的集成式应用。它根据土地管理和房地产管理对图形、数据和表册的综合要求,组合了不同的测绘技术和方法。

(7)从事地籍测量的技术人员应有丰富的土地管理知识。

从事地籍测量的技术人员,不但应具备丰富的测绘知识,还应具有不动产法律知识和地籍管理方面的知识。地籍测量工作从组织到实施都非常严密,它要求测绘技术人员与地籍调查人员密切配合,细致认真地作业。

1.1.3.3　地籍测量的基本任务

为宗地及其主要建筑物进行几何定位,为不动产管理、税收、规划、市政、环境保护、统计等多种用途提供定位系统和基础资料。

1.1.3.4　地籍测量学

地籍测量学是以现代测绘科学技术为基础,立足于土地权利和土地利用的空间特征,以土地的管理、经济及其法律为支撑来研究土地信息的采集、处理和表达的工程技术学科。

地籍测量在精确确定地球表面地块与地块之间的空间位置关系的同时,需准确表达人与地之间的各种关系。人与地的关系正是土地科学研究的核心,因此,地籍测量学科是测绘科学与土地科学结合的产物,也是社会发展所需要的科学技术。

地籍测量学的主要任务是确定地块的位置、面积,保持土地利用过程中所发生的地块的分割、合并、产权转移和利用类别变化的现势性和准确性。地籍测量学研究的对象是土地的空间位置及其形状和大小,具体指地块的空间位置及其形状和大小。

1.2　地籍管理与地籍测量的发展历史

我国是一个文明古国,地籍管理和地籍测量工作有着悠久的历史。地籍管理与地籍测量的历史发展与社会生产关系的变化密切相关。

▶ 1.2.1 地籍管理的发展历史

我国的地籍和地籍管理有着悠久的历史，它是历代土地管理的基础，是历代封建政府的立国之本。

1.2.1.1 封建时期的地籍管理

《孟子·滕文公上》中写道："夫仁政必自经界始，经界不正，井地不均，谷禄不平，是故暴君污吏必慢其经界。经界既正，分田制禄，可坐而定也。"在这里，正经界是地籍工作的重要内容，所以地籍在生产关系调节中占有重要地位。

距今约 8 000～11 000 年前，人类步入原始农业阶段，在原始社会的生产方式和条件下，土地处于"予取予求"的状态，人们共同劳动，按氏族内部规则共同享用劳动产品，无须了解土地状况和人地关系。随着农业的兴起，人们从游牧逐渐转向定居，土地成了农业生产的主要资料，人们开始关注土地，把土地作为财产进行统计、调查、分类和定级。

据史料记载，早在公元前 4000—前 2000 年的黄帝、大禹时即有"平水土、划九州、辨土质、定田等、制赋则"的记载，已开创清理地籍，制定赋责之先河。并设置了名曰"太常"的负责绘制人文地理图，丈量划分田地的官员。《周礼》《禹贡》等书都有关于土地分类和土地评价思想的记载。据《禹贡赋》记载，早在公元前 2100 年的夏禹时期，夏禹治水后，曾按土色、质地和水分将九州土地划分为三等九级，并依其肥力差别定赋等级。这是我国最早的地籍管理的记载。

商、周时代，建立了一种"九一而助"的土地管理制度，即"八家皆私百亩，同养公田"的井田制，据《汉书·食货志》中记述"六尺为步，百步为亩，亩百为夫，夫三为屋，屋三为井，井方一里，是为九夫八家共之，各受私田百亩，公田十亩，是为八百八十亩，余二十亩以为庐舍。"它较详细地描述了当时的土地管理制度以及量测经界位置和面积的方法，并进行了简单的土地测绘工作，这可视作我国地籍管理与地籍测量的雏形。《管子·地员篇》是迄今为止世界上最早的有关土地分类和评价的科学著作，该书依据地下水位、自然植被、土壤性质和生产力差异，将土地分为 3 等 18 类 90 种，以作为赋税依据。

到了春秋中叶以后（约公元前 770—前 476 年），鲁、楚、齐三国先后进行了田赋和土地调查工作。鲁国的初税亩是按土地亩数征收田赋的制度，覆亩而税，田地须有明确的封疆，田亩更需要丈量；在公元前 548 年，楚国先根据土地的性质、地势、位置、用途等划分地类，再拟定每类土地所应提供的兵、车、马、甲盾的数量，最后将土地调查结果做系统记录，制成簿册；齐国实行相地衰税，覆田取税，当时管仲辅佐齐桓公 40 年，管仲的土地思想包括国土规划论和相地衰征论两大内容。相地而衰征，就是说按土质的好坏把农田分为若干等级，据以确定各类土地的不同税额。他的土地思想还有一个独特的理论内容，即建议在全国开展土地资源的调查，并提出了若干重要的好的土地规划原则。

春秋时期的孟轲是儒家土地思想的最初提出者，也是经界论的最早提出者。他还提出了恒产论和田制论。他说："夫仁政必自经界始，经界不正，井地不均，谷禄不平，是故暴君污吏，必慢其经界。经界即正，分田制禄，可坐而定也。"倡导清除地界不清、耕地不均等弊端，经界论是最早的地籍管理理论。

秦始皇曾大规模清查地籍。"令黔首自实田",黔首自实田,是秦代清查土地数量、扩大赋税来源的办法。公元前 216 年,《册府元龟》记载:"始皇帝三十一年,使黔首自实田。"即令平民自报所占土地面积、自报耕地面积、土地产量及大小人丁。所报内容由乡出人审查核实,并统一评定产量,计算每户应纳税额,最后登记入册,上报到县,经批准后,即按登记数征收。此前,著名的改革家商鞅还在秦国推行了包括土地制度在内的改革,并提出了"算地"和"定分"的主张。

汉代实行群检核田倾亩,东晋时提倡变田之制,用庚戌土断。隋朝有自归首之法,从后魏到隋唐的几百年间,耕地制度基本上是一贯的,虽然有些小的不同,但主要精神无大差异,基本实行了均田制度。

唐代的"贞观之治",是历史上著名的封建繁荣时期,是中国古代最为强大辉煌的时代之一。其中一个重要的原因,是唐代实行了一系列经济政策,特别是与土地有关的均田制的完善和实践,在土地分配中,政府对土地的丈量鉴定十分重要,提出"凡天下之田,五尺为步,二百有四十步为亩,百亩为顷。度其肥瘠宽狭,以居其人"。唐德宗建中年间,杨炎推行"两税法",并进行大规模的土地调查,郑樵《通志》记载:"至建中初,分遣黜陟使,按此垦田田数,都得百十余万顷。"

宋代对地籍管理极为重视,推行的一些整理地籍的办法对后代产生了深远的影响,其南宋时的经界法地籍整理已具有产权保护的功能,该法采取了土地所有者自报、保正长担保,县派官员照图清丈核实,编造砧基簿等一套完整工作程序。北宋的王安石在发起并实施著名的变法中,直接关系到土地问题的是农田水利法和方田均税法。宋代创立了三种地籍测量方法,即方田法、经界法、推排法。

元代行经理之法,经理法是当时清查土地的方法。元仁宗延佑元年(1314 年),采纳铁木迭奏议,实行经理法。

明朝初期,令民自实田,汇为图籍。朱元璋出身农家,深知民间疾苦,有决心打击豪强地主,为了进一步严密地掌握全国土地的占有和利用状态,增加政府收入,使财力和人力充分运用,用了 20 年功夫,举行了大规模的土地丈量和人口普查,使 600 年来若干朝代政治家所不能做到的事情,得以划时代的完成,真正完成全国土地清丈,并建立起完善的地籍制度,绘制了"鱼鳞图册"。鱼鳞总图由各分图田块组成,田块内注有田块编号、面积及水陆山川桥梁道路情况,总图上各田块栉比排列,看似鱼鳞,故称《鱼鳞图册》。陆仪的《论鱼鳞图册》记有:"一曰黄册,以人户为母,以田为子,凡定徭役、征赋税用之。一曰鱼鳞图册,以田为本,以人户为子,凡分号数、稽四至,则用之。"这时,地籍完全从户籍中独立出来,这是我国地籍制度发展变化的重要里程碑。

到了清朝,继续沿袭明制,开始进行了大量的地形测量和地图编绘工作,设立清丈局,绘图,颁发田单,受理买卖土地过户、处理田产纠纷等业务;康熙四年(1665 年)奉文清丈,历时五年,填造鱼鳞图册,归户办粮。为在全国推行地丁合一、摊丁入亩提供了条件,为"康乾盛世"创造了基础。

1.2.1.2　民国时期的地籍管理

辛亥革命结束了中国两千年的帝制,孙中山先生提出"平均地权"之主张。1914 年民国北洋政府成立了"经界局";1922 年颁布"不动产登记条例";1927 年开始土地测量和登记;1929 年举办全国性大地测量,发起了全国耕地和农业的调查,调查结果全部在 1932 年1、2 月合期的《统计月报》中发表,成了土地利用调查的基本参考,实现了中国土地数字性质由纳税单位改成耕地面积的变革。1930 年 6 月 30 日公布《土地法》,该法第二篇为《土地登记》部分,规定土地登记的内容包括所有权、地上权、用佃权、地役典权和抵押权。明确"关于土地权利在登记程序进行中发生之争议,由土地裁判所裁判之"。规定要进行土地及其定着物的登记和土地权变更登记,开展地籍整理。

在同一时期,代表全中国劳苦大众根本利益的中国共产党,也一直十分重视和不断探索土地问题。1921 年 7 月党的"一大"通过的党纲中就提出了土地问题;1927 年,在武汉召开的党的"五大"通过了《土地问题决议案》;1928 年中国第一个红色政权——中华苏维埃政府颁布了《井冈山土地法》;1929 年出台《兴国土地法》;1931 年"中华苏维埃第一次全国代表大会"期间,又通过了《土地法》,之后中央人民委员会第四十一次常委会会议通过了土地部提出的《土地登记法》,决定"颁发土地证以确定土地所有权";1931 年 11 月 27日,中央土地人民委员会(土地部)在瑞金成立,下设"调查登记局"等四局;1933 年 6 月 1日,毛泽东同志签署发布临时中央政府《关于查地运动的训令》,中共苏区中央局做出《关于查地运动的决议》;1947 年 7 月,中共中央在河北省平山县西柏坡召开了全国土地工作会议,制定了《中国土地法大纲》。

综上所述,民国时期地籍管理的基本特点是:

(1)具有鲜明的阶级性。民国时期的地籍管理是为维护土地私有制和巩固官僚、买办资产阶级和地主阶级对土地私人占有、使用、买卖、出租的自由而服务的。

(2)作为强化国家对土地的控制和管理的一项综合性国家措施。

(3)在立法的基础上,实现由中央及地方政府的地政机关统一管理,地籍管理中的法治意识和各种规范措施得到强化。

(4)土地登记是地籍管理的核心。

(5)开始采用现代技术手段。

1.2.1.3　中华人民共和国建立后的地籍管理

1949 年 10 月 1 日,中华人民共和国宣告成立,新中国成立后仅半个月,即着手在京郊开展土改试点;1949 年 11 月 7 日,中央人民政府内务部正式成立地政司,主管农村土地政策及土地清丈、登记、土地证发放、城市房地产政策的规划等有关地政事项。1950 年颁布了《城市郊区土地改革条例》,开始建立以土地清查、地权登记发证等为主要内容的地籍管理体系;1953 年 6 月,中央人民政府委员会通过了《中华人民共和国土地改革法》;同年 12月,政务院公布《国家建设征用土地办法》,明确土地权属变更管理的依据;1982 年 5 月,五届人大常委会十三次会议决定,农业部设土地管理局,开始在不同的县开展土地调查、土地登记、土地统计试点等工作;1984 年 5 月,国务院决定,制定统一的技术规程,采用先进的技术方法,在全国开展土地利用现状调查工作;1986 年 6 月 25 日,《中华人民共和国土地法》公布,明确了土地所有权和使用权的确认、登记、发证规定;1986 年 8 月 1 日,国家土地管理局正式成立,设立了地籍管理司等职能司室,统一管理城乡地籍工作。随着土地使用制度改革的深入,逐步形成了以土地权属管理为核心,综合土地登记、调查、统计、分等定级、建立地籍档案为一体的地籍管理体系;1998 年 4 月 8 日,国务院机构改革中组建国土资源部,内设地籍管理司等 14 个职能司局,明确地籍管理司负责组织指导土地登记、土地调查和土地动态遥感监测、统计和土地权属纠纷调处工作。1998 年 8 月 29 日,九届全国人大常委会第四次会议通过修订后的《土地管理法》,国家主席江泽民签署第八号主席令,自 1999 年 1 月 1 日起施行新《土地管理法》,进一步明确国家建立土地调查制度和土地统计制度,依法登记的土地所有权和使用权受法律保护。地籍管理工作开始向依法有序的法制化、规范化和信息化的方向发展。

1.2.2　地籍测量的发展历史

1.2.2.1　国内地籍测量发展史

测绘技术产生之初的主要应用之一就是解决土地的划分和测算田亩的面积。据《中国历代经界纪要》记载"中国经界,权與禹贡"。从商周时代实行井田制起就开始了对田地界域进行划分和丈量。从出土的商代甲骨文中可以看出耕地被划分呈"井"字形的田块,此时已用"规、矩、弓"等测量工具进行土地测量,初步有了地籍测量技术和方法的雏形。

1387 年,中国明代开展地籍测量,编制鱼鳞图册,以田地为主,绘有田块图形,分号详列面积、地形、土质以及业主姓名,作为征收田赋的依据。到 1393 年完成全国地籍测量并进行土地登记,全国田地总计为 8 507 523 顷。

我国民国初期至解放初期,大力开展地籍测量工作。1914 年,国民政府中央设立经界局,并设测量队,制定了《经界法规草案》。1922 年,国民政府为开展土地测量,聘请德国土地测量专家单维康为顾问。1927 年,上海开始进行土地测量,这是我国用现代技术方法进行的最早的地籍测量。1928 年,国民政府在南京设立内政部,下设土地司,主管全国土地测量。1929 年南京政府决定陆军测量总局改为参谋部陆地测量总局,兼有土地测量任务。同年,内政部公布《修正土地测量应用尺度章程》。1931 年,陆地测量总局会同各有关部门召开了全国经纬度测量及全国统一测量会议,制定了 10 年完成全国军用图、地籍图的计划,确定用海福特椭圆体、兰勃特投影,改定新图廓。1942 年,各省地政局下设地籍测量队,还设立了测量仪器制造厂。1944 年地政署公布了《地籍测量规则》,这是我国第一部完整的国家地籍测量法规,也标志着我国地籍测量发展进入了一个新的阶段。

由于历史的原因,至 20 世纪 80 年代中期,我国才正式开展地籍测量工作。为适应我国经济发展和改革开放的形势,国家于 1986 年成立国家土地管理局,并颁布了《中华人民共和国土地管理法》。至此,地籍测量成为我国土地管理工作的重要组成部分。国家相继制定了《城镇地籍调查规程》《地籍测量规范》《房产测量规范》等技术规则,开展了大规模的土地利用调查、城镇地籍调查、房产调查和行政勘界工作,同时进行了土地利用监测,理顺了土地权属关系,解决了大量的边界纠纷,达到了和睦邻里关系和稳定社会秩序的目的。

1.2.2.2　国外地籍测量发展概况

约在公元前 30 世纪,古埃及皇家登记的税收记录中,有一部分是以土地测量为基础的,在一些古墓中也发现了土地测量者正在工作的图画。公元前 21 世纪,尼罗河洪水泛滥时就曾以测绳为工具用测量方法测定和恢复田界。

公元前 500 多年前的古罗马皇帝始创了地籍（Cadast）名词，要求所有罗马人登记他们的姓名，并按货币价格交地产税（人头税）。1085 年在英格兰，威廉一世在对整个王国的土地和征税资源进行测量和调查后，开始征税。1086 年，一个著名的土地记录——《末日审判书》（The Doomsday Book）在英格兰创立，完成了大体覆盖整个英格兰的地籍测量，遗憾的是这个记录没有标绘在图上。1628 年，瑞典为了税收目的，对土地进行了测量和评价，包括英亩数和生产能力并绘制成图。

1807 年，法国为征收土地税而建立地籍，开展了地籍测量；1808 年，拿破仑一世颁布全国土地法令。这项工作最引人注目的是布设了三角控制网作为地籍测量的基础，并采用了统一的地图投影，在 1∶2 500 或 1∶1 250 比例尺的地籍图上定出每一街坊中地块的编号，这样在这个国家中所有的土地都做到了唯一划分。这时的法国已建立了一套较完整的地籍测量理论、技术和方法。现在许多国家仍在沿用拿破仑时代的地籍测量思想及其所形成的理论和技术。

此外，奥地利于 1817 年也开始了地籍测量，根据法国的经验，普鲁士王国于 1865—1869 年完成了 27.5 万 km^2 的征税地籍测量，为普鲁士领导建立统一的德意志帝国起到了重要作用。美国早在 17 世纪初殖民地时期就开始土地测量。

1871—1875 年，德意志帝国成立了官方地籍测量和管理机构——地籍局。1885 年在新的地籍测量规范中，禁止采用平板仪图解交会的方法生产地籍图，并颁布了地产边界标定法，还增加了地产边界关系检核、边界埋石等方面的规范等，使征税地籍发展成为地产地籍。

20 世纪以来，由于社会的不断发展和变革，人口的急剧增长和建设事业的迅猛发展，迫切要求及时解决土地资源的有效利用和保护等问题，由此对地籍测量提出了更高的要求。随着计算机技术、光电测距、航空摄影测量与遥感技术、GPS 定位技术以及卫星监测技术的迅速发展，也使得地籍测量理论和技术得到不断发展，并可对社会发展过程中出现的各种问题及时做出解决。

第 2 章

土地分类

【学习任务】

1. 掌握土地分类的概念与目的。
2. 了解我国土地管理应用的土地分类。
3. 掌握第二次土地调查和第三次土地调查土地分类的含义、内容。

【知识内容】

2.1　土地分类概述

　　土地分类是地籍管理与地籍测量的出发点,地籍管理与测量工作要求对土地分类系统的分类结构十分明白,并能结合实际对各地类的含义掌握清楚、明辨彼此。我国实行土地统一管理、统一分类,土地分类为正确认识土地、因地制宜地开展土地开发、利用、保护、改良、调查、统计和管理等奠定基础。

2.1.1　土地分类

　　土地分类是按一定分类标志(指标),将性质上有差异的土地划分为若干类型。
　　土地分类的目的就是在正确认识土地的基础上,因地制宜地开展土地的开发、利用、保护、改良、调查、统计、管理等活动。
　　土地分类的工作内涵主要在于对不同部位土地辨识它们的相同性,进而将相同的个体进行归并,同时也就它们之间的差异性将不同个体分开,这两个过程同时进行、相互补充。

2.1.2　土地分类标志

土地分类研究对象的核心是分类标志。分类标志依据土地分类成果应用的需要而不一样。依据各个个体之间的某些方面的相同性和差异性,事物间施以归并和划类时的指标,称之为分类标志。土地分类标志是对土地进行归并划类时应用的分类指标或者分类标准。分类标志依据土地分类成果应用的需要而不同。人们依据土地分类标志来辨识不同部位土地(或土地个体)的差异和类同,以便归入相应的地类。不同部位的土地之间,存在着普遍相同的东西和诸多差异的方面,对于不同目的,归并划类的具体根据和指标是大不一样的。例如,为探索土地开发整理潜力而开展土地分类时,土地的外部形态(地貌、坡度)、当前是否已投入利用、肥力水平、适宜利用度(适宜类别及等级程度)、开发难易程度等的差异性和相同性十分重要,对于归并和区分出一定年限内是否应当将其列为开发整理的对象、安排开发整理的先后次序、划分开发整理项目边界以及确定重点项目等都是重要的分类指标。作为土地资源管理需要的土地分类,主要依据土地用途、经营方式的相同性和差异性来进行归并划类。为了分析土地资产社会分配的态势,按土地的归属(国有、集体所有多部门管理的归属等)加以归并划类,才具有实用意义。

2.1.3　土地分类体系及分类系统

土地分类系统是按照统一规定的原则和分类标志,将分类的土地有规律分层次地排列组合在一起。土地分类体系在现实生活中分别在不同的科学研究领域和管理工作中发挥着重要作用。在科学研究和实际工作中常见的土地分类体系有:

(1)土地自然分类体系　亦称土地类型分类体系,主要依据土地自然属性的相同性和差异性进行土地的归并划类。常用地貌、土壤、植被作为具体标志,应用其中的若干个标志或全部标志的综合作为归并划类的具体标志。

(2)土地评价分类体系　亦称土地生产潜力分类体系,主要依据某些评判尺度标志,如土地生产力水平、土地质量、土地生产潜力等的相同性和差异性进行土地的归并划类。有人认为这种分类体系主要依据土地经济特性开展,主要研究区域性土地资源特征及其合理利用、土地开发和适宜性评价等内容。

(3)土地利用分类体系　土地利用分类体系依据的是土地的综合特性指标,包括土地的自然特性和社会经济特性来进行土地的归并划类。土地综合特性影响着人们对土地利用的方式,影响着土地用途的确定,形成土地经营特点,决定土地利用效果等的差异。在人们的日常习惯上就归结为是用途上的差异、利用方式上的差异。

2.1.4　地籍管理中的土地分类——土地利用分类

地籍管理是土地管理的基础,"最大限度地提高土地利用综合效益"和"维护社会主义土地的社会主义公有制"是我国土地管理的根本目的。土地的分类应当充分反映土地资源利用的状况,根据管理工作的需要反映土地的用途、利用效果、利用规划、权力的分配和转移等情况。土地利用分类一方面围绕土地利用的水平状况、潜力水平和改良情况,为土地的充分、合理、高效利用展开管理服务;另一方面则围绕着土地在社会分配中有利于利用效果的提高,增加土地利用整体效益,同时维护社会主义土地制度。可见,从地籍管理需要出发的土地利用分类体系则是最适用的。

同属土地利用分类,但会出现不完全相同的土地利用分类系统,往往是由于土地利用分类的具体标志不完全一致或由于土地利用分类标志存在着层次上的差异。低层次的标志往往是一些单一的、较为具体的指标,这些指标比较容易辨识应用,有时甚至可以定量地来辨识和判定地类;层次较高的标志相对而言综合性较强,在辨识应用时就较困难,辨识结果也就容易出现差别。正因为如此,具体进行土地归并划类时,都需要首先确定土地利用分类系统,确定土地利用分类标志、土地利用类型名称及其含义,以求得不同人员归并划类基本趋于一致。

地籍管理多用途性和高效性的特点,决定了土地利用分类不可能只采用某一个单一的分类标志,而是应用多种标志的综合,形成有层次的有序的分类系统,才能满足规划、调查、分析、评价、管理等各项工作的需要。

在地籍管理中土地的分类与功能有着密切的关系。土地作为资源的利用是地籍管理的一个重要方面,土地的生产功能、承载功能和景观功能是土地利用分类的根本性标志。这些功能的发挥反映出土地在用途上、经营特点上的差异。因而,用途、经营特点等也就成为直观的、比较易于辨识的土地利用分类的标志。

2.1.5　土地利用分类的方法和技术路线

2.1.5.1　土地利用分类的方法

采用线与面混合的分类法,在不同层次和不同比例尺两方面进行分类。

2.1.5.2　土地利用分类的技术路线

(1)确定分类成果应用的目的和范围。

土地利用分类作为一种分类体系,主要应用于反映土地在利用上的综合特征,反映其利用状况、经营特点、其他可辨识的客观用途标志,甚至表面的覆盖特征等。这些方面对于生产管理、经营管理、土地管理(包括地籍管理)、资源管理、资产管理等都是十分有用的。

(2)对全部土地开展详尽的调查分析,抓住最主要的、起着关键作用的个别标志。

土地的构成十分复杂,单纯的依据其内在构成或其外在表征,不易揭示出不同个体之间的差异和类同程度,需要经过对多项指标的综合分析,才能做出归并和分类的决策。对于土地的纷繁众多的标志,不能同等对待,必须抓住其中最主要的、起着关键作用的个别标志。土地利用分类依据通常是土地的利用度、利用价值、利用集约度、利用效益等一些与现实利用和未来利用相关的指标。我国和世界上多数国家的土地利用分类,主要依据各地类在农业利用上的集约程度或者依据它们在国民经济中的地位来排序,如耕地、园地、林地、草地、居住用地、交通用地等。

(3)土地利用分类系统要通过实践的检验和修正,形成完整的分类系统。

一个土地利用分类系统的形成必须能适用于整个土地调查、统计和管理的全部范围。经过多年的实践,我国的土地利用分类已逐渐形成比较完整和成熟的系统,且提升为一个国家标准系统,这一分类系统得到了多数相关学科的认同,已能适应各种工作的需要。在与土地管理有关的工作中,应当严格按国家标准完成土地调查、统计和管理工作,以利于保证科学、合理、全国统一,有利于汇总、相互比较和分析。

◆ 2.1.6 土地利用分类的原则

地籍管理中的分类重在实用,它既要符合科学分类的基本要求,要合理,也必须简练易用。土地利用分类遵循如下基本原则:

(1)统一性 土地利用分类必须高度统一,从分类标志到土地类型划分的层次、从类型名称到各类型土地的含义都必须在全国统一,否则调查结果无法汇总,全国土地总量、总体结构、总体利用水平等总体状况无法形成,且不同地区之间也无法类比。土地调查、土地统计、土地报表制度、土地的顺利流转都依仗着土地分类的统一性。

(2)地域性 土地利用分类的高度统一,并不遏制土地分类上的地域差异。各地土地资源的利用方式、经营特点等方面受自然条件、社会经济条件或者技术条件的影响而存在一些差异,这些差异可以在当地的土地利用分类中得到反映,但应体现在保持统一性的前提下,这种差异可以通过因地制宜地延伸分类层次和分类的细化来反映。

(3)科学性 依据土地的自然和社会经济属性,运用土地管理科学及相关科学技术,采用多级续分法,对土地利用现状类型进行归纳、分类,利用分类标志划分土地类型,分类标志具备合理性和综合性,既突出主要标志又综合众多标志。土地利用类型通常以编码方式表示,编码要有利于信息系统的规范、应用和维护。

(4)实用性 土地利用分类是一项实务性的工作,需要有众多人共同完成,必须类型简明,层次简明,标准易于判别,含义要力求准确,同时命名要通俗。尽可能与习惯称谓相一致。土地利用分类必须适应管理的需要,全国土地、城乡地政实行统一管理,继承过去分类中实用的方法和类型,防止部门局限性的影响。

2.2 我国土地利用分类系统

全国全面开展地籍管理工作是在 1986 年成立国家土地管理局、颁布第一个《中华人民共和国土地管理法》之后。但实际工作,特别是土地调查工作的试点,是在 20 世纪 80 年代初开始启动的。到现在为止我国先后出台有 4 个土地分类系统和一个过渡分类系统。

1984 年由全国农业区划委员会发布了《土地利用现状调查技术规程》,其中制定了《土地利用现状分类及含义》,对土地资源的分类作了突破部门规范的、适用于全国范围的土地分类标准。依据这一土地分类标准,自 1984—1996 年完成了全国土地利用现状调查,第一次用近代技术手段全面、高精度地查清了我国土地资源家底。这一分类系统也被广泛应用于土地科学的研究工作。

　　1989 年 9 月原国家土地管理局发布了《城镇地籍调查规程》,其中制定的《城镇土地分类及含义》,对《土地利用现状分类及含义》中的城、镇、村土地分类做了细化和充实,同时也详尽地对城镇及农村居民点内部土地做了分类。

　　2001 年 8 月国土资源部发出了试行新的土地分类的通知,发布了《全国土地分类(试行)》,在原有两个土地利用分类的基础上,根据市场经济的发展、土地使用制度改革的需要和我国土地管理城乡一体化进程的加快,进行了城乡土地统一分类,更好地满足了土地管理的需要。

　　2007 年 8 月 10 日国土资源部颁布的《土地利用现状分类》,标志着我国土地资源分类第一次拥有了全国统一的国家标准。《土地利用现状分类》国家标准采用一级、二级两个层次的分类体系,共分 12 个一级类、57 个二级类。此分类是地籍管理司紧密结合《土地管理法》的修改和《中华人民共和国物权法》(以下简称《物权法》)、《不动产登记法》而制定的,把土地分类的部门标准上升为国家标准,消除了建设部、林业部、农业部、国土资源部等相关部门的统计口径不一致的情况。

　　2017 年 11 月 1 日,国土资源部颁布 GB/T 21010—2017《土地利用现状分类》,代替 GB/T 21010—2007,采用二级分类,一级类 12 个,二级类 73 个。

▶ 2.2.1　1984 年的土地利用现状分类

2.2.1.1　1984 年的土地利用现状分类含义

　　1984 年国家农业区划委员会制定了《土地利用现状分类及含义》,是在开展全国土地利用详查,查清全国各种土地利用分类面积、分布和利用状况等工作服务的背景下制定的,强调了农业利用的详细分类,曾被广泛用于我国 20 世纪 80 年代中期至 90 年代初的全国土地利用现状调查。该分类由两个级组成,其中一级地类 8 个,二级地类 46 个,以调查当时的实际用途作为归并划类的主要标志,见表 2-1。

表 2-1　土地利用现状分类及含义

一级分类		二级分类		含义
代码	名称	代码	名称	
1	耕地			指种植农作物的土地。包括熟地、新开荒地、休闲地、轮歇地、草田轮作地;以种植农作物为主间有零星果树、桑树或其他树木的土地;耕种三年以上的滩地和海涂。耕地中包括南方宽小于 1.0 m,北方宽小于 2.0 m 的沟、渠、路和田埂。
		11	灌溉水田	指有水源保证和灌溉设施,在一般年景能正常灌溉,用于种植水稻、莲藕、席草等水生作物的耕地,包括灌溉的水旱轮作地。
		12	望天田	指无浇灌工程设施,主要依靠天然降雨,用以种植水稻、莲藕、席草等水生作物的耕地,包括无灌溉的水旱轮作地。
		13	水浇地	指水田、菜地以外,有水源保证和固定灌溉设施,在一般年景能保浇一次水以上的耕地。
		14	旱地	指无灌溉设施,靠天然降水生长作物的耕地,包括没有固定灌溉设施,仅靠引洪灌溉的耕地。
		15	菜地	指以种植蔬菜为主的耕地,包括温室、塑料大棚用地。

续表 2-1

一级分类		二级分类		含义
代码	名称	代码	名称	
2	园地			指种植以采集果、叶、根茎等为主的集约经营的多年生木本和草本作物,覆盖度大于50%,或每亩株数大于合理数70%的土地,包括果树苗圃等设施。
		21	果园	指种植果树的园地。
		22	桑园	指种植桑树的园地。
		23	茶园	指种植茶树的园地。
		24	橡胶园	指种植橡胶树的园地。
		25	其他园地	指种植可可、咖啡、油棕、胡椒等其他多年生作物的园地。
3	林地			指生长乔木、竹类、灌木、沿海红树林的土地,不包括居民绿化用地以及铁路、公路、河流、沟渠的护路、护岸林。
		31	有林地	指为国民经济建设用材所造的树木郁闭度大于30%的天然、人工林。
		32	灌木林地	指覆盖度大于30%的灌木林地。
		33	疏林地	指树木郁闭度为10%～30%的疏林地。
		34	未成林造林地	指造林成活率大于或等于合理造林株数的41%,尚未郁闭但有成林希望的新造林地(一般指造林后不满3～5年或飞机播种后不满5～7年的造林地)。
		35	迹地	指森林采伐、火烧后,5年内未更新的土地。
		36	苗圃	指固定的林木育苗地。
4	牧草地			指生长草本植物为主,用于畜牧业的土地。草本植被覆盖度一般在15%以上、干旱地区在5%以上、树木郁闭度在10%以下、用于牧业的均划为牧草地。
		41	天然草地	指以天然草本植物为主,未经改良,用于放牧或割草的草地,包括以牧为主的疏林、灌木草地。
		42	改良草地	指采用灌溉、排水、施肥、松耙、补植等措施进行改良的草地。
		43	人工草地	指人工种植牧草的草地,包括人工培植用于牧业的灌木。
5	居民点及工矿用地			指城乡居民点和独立于居民点以外的工矿、国防、名胜古迹等企事业单位用地,包括其内部交通、绿化用地。
		51	城镇	指市、镇建制的居民点,不包括市、镇范围内用于农、林、牧、渔业的生产用地。
		52	农村居民点	指镇以下的居民点用地。
		53	独立工矿用地	指居民点以外独立的各种工矿企业、采石场、砖瓦窑、仓库及其他企事业单位的建设用地,不包括附属于工矿、企事业单位的农副业生产基地。
		54	盐田	指以经营盐业为目的,包括盐场及附属设施用地。
		55	特殊用地	指居民点以外的国防、名胜古迹、公墓、陵园等范围内的建设用地。范围内的其他用地按土地类型分别归入规程中的相应地类。

一级分类		二级分类		含义
代码	名称	代码	名称	
6	交通用地			指居民点以外的各种道路(包括护路林)及其附属设施和民用机场用地。
		61	铁路	指铁道线路及站场用地,包括路堤、路堑、道沟、取土坑及护路林。
		62	公路	指国家和地方公路,包括路堤、路堑、道沟和护路林。
		63	农村道路	指农村南方宽不小于 1.0 m,北方宽不小于 2.0 m 的道路。
		64	民用机场	指民用机场及其附属设施用地。
		65	港口、码头	指专供客运、货运船舶停靠的场所,包括海运、河运及其附属建筑物,不包括常水位以下部分。
7	水域			指陆地水域和水利设施用地,不包括滞洪区和垦殖 3 年以上的滩地、海涂中的耕地、林地、居民点、道路等。
		71	河流水面	指天然形成或人工开挖的河流,常水位岸线以下的面积。
		72	湖泊水面	指天然形成的积水区常水位岸线以下的面积。
		73	水库水面	指人工修建总库容不小于 10 万 m³,正常蓄水位线以下的面积。
		74	坑塘水面	指天然形成或人工开挖蓄水量小于 10 万 m³,常水位岸线以下的蓄水面积。
		75	苇地	指生长芦苇的土地,包括滩涂上的苇地。
		76	滩涂	指沿海大潮高潮位与低潮位之间的潮湿地带;河流湖泊常水位至洪水位间的滩地;时令湖、河洪水位以下的滩地;水库、坑塘的正常蓄水位与最大洪水位间的面积。
		77	沟渠	指人工修建、用于排灌的沟渠,包括渠槽、渠堤、取土坑、护堤林。南方宽不小于 1 m,北方宽不小于 2 m 的沟渠。
		78	水工建筑物	指人工修建的,用于除害兴利的闸、坝、堤路林、水电厂房、扬水站等常水位岸线以上的建筑物。
		79	冰川及永久积雪	指表层被冰雪常年覆盖的土地。
8	未利用土地			指目前还未利用的土地,包括难利用的土地。
		81	荒草地	指树木郁闭度小于 10%,表层为土质,生长杂草的土地,不包括盐碱地、沼泽地和裸土地。
		82	盐碱地	指表层盐碱聚集,只生长天然耐盐植物的土地。
		83	沼泽地	指经常积水或渍水,一般生长湿生植物的土地。
		84	沙地	指表层为沙覆盖,基本无植被的土地,包括沙漠,但不包括水系中的沙滩。
		85	裸土地	指表层为土质,基本无植被覆盖的土地。
		86	裸岩、石砾地	指表层为岩石或砾石,其覆盖面积大于 70% 的土地。
		87	田坎	主要指耕地中南方宽不小于 1 m,北方宽不小于 2 m 的地坎或堤坝。
		88	其他	指其他未利用土地,包括高寒荒漠、苔原等。

21

2.2.1.2　1984 年的土地利用现状分类缺点

（1）存在类型划分不十分准确和详略不一的问题。

土地利用现状分类中首先以土地是否已投入利用作为第一层次的划分标志，但这一层次并没有在分类表中表现出来，已投入利用的土地是由前七类构成的，第八类为未利用土地。既然是对土地的利用类型进行分类，则"未利用"不应属于利用的一种类型。

已利用土地的二级分类与土地利用的经济性质、集约化程度等密切相关。未利用土地的二级分类主要反映出当前妨碍利用的主要原因或者覆盖上的特征。这一分类由于对农业用地的划分比较细，常被认为是城镇以外土地的分类。在土地利用现状调查中，城镇、农村居民点和独立工矿用地都在同一个一级类里，而在调查中仅调查出它们的外围界线，对于它们内部详细的用地分类，未予以反映。

水域在该分类系统中被划入了已利用土地的范畴。实际上水域是被水体覆盖的部分，在实地难以确立起已利用和未利用的明确界限。即使是已经被人们利用的水域，在用途上也是有着很大差异的，有的与土地上生产活动的生产能力直接有关，有的则不然。该分类中将那些与耕地密切相关的田坎也归入了未利用土地。

（2）城镇土地在《土地利用现状分类及含义》中级别太低。

20 世纪八九十年代我国社会经济得到了快速的发展，城镇土地的经济价值，在国民经济中所占的分量越来越重，但在此分类系统中，城镇是"居民点及工矿用地"中的二级类，大量的工矿用地本来就是城镇的一个组成部分，而其级别与城镇用地相同，城镇用地的地位还不如交通用地，这显然是不合理的。

为了弥补上述存在的显然不适用的状况，在第一次土地调查（详查）时做了补充规定，将原分类中编号为"51"的二级类——"城镇"细化为两类："51A——城市"和"51B——建制镇"，以适应管理的需要。客观上在二级分类与三级分类之间，派生出了两个二级的支类，导致分类体系不顺畅。

▶ 2.2.2　1989 年的城镇土地分类系统

2.2.2.1　1989 年的城镇土地分类含义

原国家土地管理局制定的《城镇土地分类及含义》于 1989 年正式发布，主要依据城镇内部土地用途和在城镇生活中的功能差异（包括农业用途）分类，同时吸取城镇土地利用的特点，对地上建筑物的用途、服务对象等的差异也做了考虑。共由 10 个一级类和 24 个二级类构成，有着与土地利用现状分类不完全一致的编码方式，见表 2-2。

2.2.2.2　1989 年的城镇土地分类缺点

（1）与《土地利用现状分类及含义》存在同名不同义的问题。

城镇土地分类中有不少地类与土地利用现状分类同级同名，如交通用地在土地利用现状分类和城镇土地利用分类中都有，且交通用地都是作为一级地类存在的，但其含义却

表 2-2 城镇土地分类及含义

一级分类		二级分类		含义
代码	名称	代码	名称	
10	商业金融业用地		指商业服务业、旅游业、金融保险业等用地。	
		11	商业服务业	指各种商店、公司、修理服务部、生产资料供应站、饭店、旅社、对外经营的食堂、文印撰写社、报刊门市部、蔬菜购销转运站等用地。
		12	旅游业	指主要为旅游业服务的宾馆、饭店、大厦、乐园、俱乐部、旅行社、旅游商店、友谊商店等用地。
		13	金融保险业	指银行、储蓄所、信用社、信托公司、证券兑换所、保险公司等用地。
20	工业仓储用地		指工业、仓储用地。	
		21	工业	指独立设置的工厂、车间、手工业作坊、建筑安装的生产场地、排渣(灰)场地等用地。
		22	仓储	指国家、省(自治区、直辖市)及地方的储备、中转、外贸、供应等各种仓库、油库、材料堆场及其附属设备等用地。
30	市政用地		指市政公用设施、绿化用地。	
		31	市政公用设施	指自来水厂、泵站、污水处理厂、变电所、煤气站、供热中心、环卫所、公共厕所、火葬场、消防队、邮电局(所)及各种管线工程专用地段等用地。
		32	绿化	指公园、动植物园、陵园、风景名胜、防护林、水源保护林以及其他公共绿地等用地
40	公共建筑用地		指文化、体育、娱乐、机关、科研、设计、教育、医卫等用地。	
		41	文、体、娱	指文化馆、博物馆、图书馆、展览馆、纪念馆、体育场馆、俱乐部、影剧院、游乐场、文艺体育团体等用地。
		42	机关、宣传	指行政及事业机关,党、政、工、青、妇、群众组织驻地,广播电台、电视台、出版社、报社、杂志社等用地。
		43	科研、设计	指科研、设计机构用地。如研究院(所)、设计院及其试验室、试验场等用地。
		44	教育	指大专院校、中等专业学校、职业学校、干校、党校,中、小学校、幼儿园、托儿所、业余、进修院校,工读学校等用地。
		45	医卫	指医院、门诊部、保健院(站、所)、疗养院(所)、救护站、血站、卫生院、防治所、检疫站、防疫站,医学化验、药品检验等用地。
50	住宅用地		指供居住的各类房屋用地。	
60	交通用地		指铁路、民用机场、港口码头及其他交通用地。	
		61	铁路	指铁路线路及场站、地铁出入口等用地。
		62	民用机场	指民用机场及其附属设施用地。
		63	港口码头	指专供客、货运船舶停靠的场所用地。
		64	其他交通	指车场站、广场、公路、街、巷、小区内的道路等用地。

续表 2-2

一级分类		二级分类		含 义
代码	名称	代码	名称	
70	特殊用地			指军事设施、涉外、宗教、监狱等用地。
		71	军事设施	指军事设施用地。包括部队机关、营房、军用工厂、仓库和其他军事设施等用地。
		72	涉外	指外国使领馆、驻华办事处等用地。
		73	宗教	指专门从事宗教活动的庙宇、教堂等宗教自用地。
		74	监狱	指监狱用地,包括监狱、看守所、劳改场(所)等用地。
80	水域用地			指河流、湖泊、水库、坑塘、沟渠、防洪堤防等用地。
90	农用地			指水田、菜地、旱地、园地等用地。
		91	水田	指筑有田埂(坎)可以经常蓄水,用于种植水稻等水生作物的耕地。
		92	菜地	指种植蔬菜为主的耕地。包括温室、塑料大棚等用地。
		93	旱地	指水田、菜地以外的耕地。包括水浇地和一般旱地。
		94	园地	指种植以采集果、叶、根、茎等为主的集约经营的多年生木本和草本作物,覆盖度大于50%或每单位面积株数大于合理株数70%的土地,包括树苗圃等用地。
00	其他用地			指各种未利用土地、空闲地等其他用地。

资料来源:城镇地籍调查规程

不一致,在前一类是指居民点以外的各种道路及其附属设施和民用机场用地,包括护路林用地;而后一种是指"铁路、民用机场、港口码头及其他交通用地"。同样,特殊用地的地类在前一分类中指"居民点以外的国防、名胜古迹、风景旅游基地等",而在后一种分类中指"军事设施、涉外、宗教、监狱等用地"。由于它们的应用对象和范围不一样,统计范畴不统一,相互不能衔接。

农用地在土地利用现状分类和城镇土地分类中都是一级地类,如果将以上两个分类合成一套完整的分类,即城镇土地分类作为土地利用现状分类中城镇的进一步细化,那么,部分农用地就变成了城镇用地,这显然是不恰当的。又如特殊用地在土地利用现状分类中是二级地类,而在城镇土地分类中却是一级地类。

(2)与新的社会经济发展形势不相适应。

随着市场经济的发展和土地使用制度的改革,土地分类也需要变化,有些行业已扩大成独具特色的用地类型。绿化用地是一个通用的地类,城镇中有多种起着绿化作用的土地,有的是较为成片的,具有相当规模,在城镇中具有独立的功能,能起到环境屏障的作用,它们是服务于较大范围、起着城市景观和丰富精神生活作用的绿地。有的规模不大,仅在有限的住宅、厂区内起着点缀环境、调剂精神、美化视觉和改善小区环境的作用。后

24

者是一种附属于住宅和厂区的一个用地组成部分,起不到城镇中具有独立功能的作用。因此,原城镇土地分类中有的分类含义词性不够明确,过于含糊。

1999 年 1 月 1 日新《土地管理法》第四条规定,国家编制的土地利用总体规划,规定土地用途,将土地分为农用地、建设用地和未利用地。而在城镇土地分类中划分了 10 大地类,土地分类与新《土地管理法》的精神要求之间存在着明显的不相协调的状况。

▶ 2.2.3 2001 年的《全国土地分类(试行)》

2.2.3.1 2001 年的《全国土地分类(试行)》含义

随着新《土地管理法》的颁布实施,需要依照法律的规定,进一步明确三大地类(农用地、建设用地和未利用地)的范围及与土地分类的衔接。同时,根据近年来市场经济的发展和土地使用制度的改革,尤其是土地有偿使用以及第三产业用地的发展,也要求对原有城市土地分类进行适当调整。为科学地实施土地和城乡地政统一管理,2001 年国土资源部以原有两个土地分类为基础,以最小的修改成本,最大限度地满足土地管理和国家社会经济发展,为今后的发展、修改留有足够空间为目标,制定了全国城乡统一的《全国土地分类(试行)》(表 2-3),新土地利用分类是将我国土地管理事业进一步推向全国土地和城乡地政统一管理新水平的一大举措,是一个全国城乡统一的土地分类系统。

表 2-3 全国土地分类(试行)

一级类		二级类		三级类		含义
编号	名称	编号	名称	编号	名称	
1	农用地	11	耕地			指直接用于农业生产的土地,包括耕地、园地、林地、牧草地及其他的农业用地。
						指种植农作物的土地,包括熟地、新开发复垦整理地、休闲地、轮歇地、草田轮作地;以种植农作物为主,间有零星果树、桑树或其他树木的土地;平整每年能保证收获一季的已垦滩地和海涂。耕地中还包括南方<1.0 m,北方<2.0 m 的沟、渠、路和田埂。
				111	灌溉水田	指有水源保证和灌溉设施,在一般年景能正常灌溉,用于种植水生作物的耕地,包括灌溉的水旱轮作地。
				112	望天田	指无灌溉设施,主要依靠天然降雨,用于种植水生作物的耕地,包括无灌溉的水旱轮作地。
				113	水浇地	指水田、菜地以外,有水源保证和灌溉设施,在一般年景能正常灌溉的耕地。
				114	旱地	指无灌溉设施,靠天然降水种植旱作物的耕地,包括没有灌溉设施,仅靠引洪淤灌的耕地。
				115	菜地	指常年种植蔬菜为主的耕地,包括大棚用地。

续表 2-3

一级类		二级类		三级类		含义	
编号	名称	编号	名称	编号	名称	含义	
1	农用地	12	园地			指种植以采集果、叶、根、茎等为主的集约经营的多年生木本和草本作物（含其苗圃），覆盖度大于50%或每亩有收益的株数达到合理株数的70%的土地。	
				121	果园	指种植果树的园地。	
						121K	可调整果园	指由耕地改为果园，但耕地层未被破坏的土地*。
				122	桑园	指种植桑树的园地。	
						122K	可调整桑园	指由耕地改为桑园，但耕地层未被破坏的土地*。
				123	茶园	指种植茶树的园地。	
						123K	可调整茶园	指由耕地改为茶园，但耕地层未被破坏的土地*。
				124	橡胶园	指种植橡胶树的园地。	
						124K	可调整橡胶园	指由耕地改为橡胶园，但耕地层未被破坏的土地*。
				125	其他园地	指种植可可、咖啡、油棕、胡椒、花卉、药材等其他多年生作物的园地。	
						125K	可调整其他园地	指由耕地改为其他园地，但耕地层未被破坏的土地*。
		13	林地			指生长乔木、竹类、灌木、沿海红树林的土地，不包括居民点绿地以及铁路、公路、河流、沟渠的护路、护岸林。	
				131	有林地	指树木郁闭度≥20%的天然、人工林地。	
						131K	可调整有林地	指由耕地改为有林地，但耕地层未被破坏的土地*。
				132	灌木林地	指树木郁闭度≥40%的灌木林地。	
				133	疏林地	指树木郁闭度≥10%，但<20%的疏林地。	
				134	未成林造林地	指造林成活率大于或者等于合理造林数的41%，尚未郁闭但有成林希望的新造林地（一般指造林后不满3～5年或飞机播种后不满5～7年的造林地）。	
						134K	可调整未成林造林地	指由耕地改为未成林造林地，但耕地层未被破坏的土地*。
				135	迹地	指森林采伐、火烧后，5年内未更新的土地。	
				136	苗圃	指固定的林木育苗地。	
						136K	可调整苗圃	指由耕地改为苗圃，但耕地层未被破坏的土地*。

续表 2-3

一级类		二级类		三级类		含义
编号	名称	编号	名称	编号	名称	
1	农用地	14	牧草地			指生长草本植物为主,用于畜牧业的土地。
				141	天然草地	指以天然草本植物为主,未经改良,用于放牧或割草的草地,包括以牧为主的疏林、灌木草地。
				142	改良草地	指用灌溉、排水、施肥、松耙、补植等措施进行改良的土地。
				143	人工草地	指人工种牧草的草地,包括人工培植用于牧业的灌木地。
				143K	可调整人工草地	指由耕地改为人工草地,但耕地层未被破坏的土地*。
		15	其他农用地			指上述耕地、园地、林地、牧草地以外的农用地。
				151	畜禽饲养地	指以经营性养殖为目的的畜禽舍及相应附属设施用地。
				152	设施农业用地	指进行工厂化作物栽培或水产养殖的生产设施用地。
				153	农村道路	指农村南方宽≥1.0 m,北方宽≥2.0 m 的村间、田间道路(含机耕道)。
				154	坑塘水面	指人工开挖或天然形成的蓄水量≤10 万 m³(不含养殖水面)的坑塘常水位以下的面积。
				155	养殖水面	指人工开挖或天然形成的专门用于水产养殖的坑塘水面及相应附属设施用地。
				155K	可调整养殖水面	指由耕地改为养殖水面,但可复耕的土地*。
				156	农田利用地	指农民、农民集体或其他农业企业等自建或联建的农田排灌沟渠及相应附属设施用地。
				157	田坎	主要指耕地中南方≥1.0 m,北方宽≥2.0 m 的梯田田坎。
				158	晒谷场等用地	指晒谷场及上述用地中未包含的其他农用地。

27

续表 2-3

一级类		二级类		三级类		含义
编号	名称	编号	名称	编号	名称	
2	建设用地					指建造建筑物、构筑物的土地。包括商业、工矿、仓储、公用设施、公共建筑、住宅、交通、水利设施、特殊用地等。
		21	商服用地			指商业、金融业、餐饮旅馆业及其他经营性服务业建筑及相应附属设施用地。
				211	商业用地	指商店、商场,各类批发、零售市场及相应附属设施用地。
				212	金融保险用地	指银行、保险、证券、信托、期货、信用社等用地。
				213	餐饮旅馆业用地	指饭店、餐厅、酒吧、宾馆、旅馆、招待所、度假村等及其相应附属设施用地。
				214	其他商服用地	指上述用地以外的其他商服用地,包括写字楼、商业性办公楼和企业厂区外独立的办公用地;旅行社、运动保健休闲设施、夜总会、歌舞厅、俱乐部、高尔夫球场、加油站、洗车场、洗染店、废旧物资回收站、维修网点、照相、理发、洗浴等服务设施用地。
		22	工矿仓储用地			指工业、采矿、仓储用地。
				221	工业用地	指工业生产及其相应附属设施用地。
				222	采矿地	指采矿、采石、采沙场、盐田、砖瓦窑等生产用地及其尾矿堆放地。
				223	仓储用地	指用于物资储备、中转的场所及其相应附属设施用地。
		23	公用设施用地			指为居民生活和二、三产业服务的公用设施及瞻仰,休憩用地。
				231	公共基础设施用地	指给排水、供电、供燃气、供热、邮政、电信、消防、公用设施维修、环卫等用地。
				232	瞻仰景观休闲用地	指名胜古迹、革命遗址、景点、公园、广场、公用绿地等。
		24	公共建筑用地			指公共文化、体育、娱乐、机关、团体、科研、设计、教育、医卫、慈善等建筑用地。
				241	机关团体用地	指国家机关、社会团体、群众组织,广播电台、电视台、报社、杂志社、通讯社、出版社等单位的办公用地。
				242	教育用地	指各种教育机构,包括大专院校、中专、职业学校、成人业余教育学校、中小学校、幼儿园、托儿所、党校、行政学院、干部管理学院、盲聋哑学校、工读学校等直接用于教育的用地。
				243	科研设计用地	指独立的科研、设计机构用地,包括研究、勘测、设计、信息等单位用地。
				244	文体用地	指为公众服务的公益性文化、体育设施用地。包括博物馆、展览馆、文化馆、图书馆、纪念馆、影剧院、音乐厅、少青老年活动中心、体育场馆、训练基地等。
				245	医疗卫生用地	指医疗、卫生、防疫、急救、保健、疗养、康复、医药检验、血库等用地。
				246	慈善用地	指孤儿院、养老院、福利院等用地。

28

续表 2-3

一级类		二级类		三级类		含义
编号	名称	编号	名称	编号	名称	
2	建设用地	25	住宅用地			指供人们日常生活居住的房基地（有独立院落包括院落）。
				251	城镇单一住宅用地	指城镇居民的普通住宅、公寓、别墅用地。
				252	城镇混合住宅用地	指城镇居民以居住为主的住宅与工业或商业等混合用地。
				253	农村宅基地	指农村村民居住的宅基地。
				254	空闲宅基地	指村庄内部的空闲旧宅基地及其他的空闲用地。
		26	交通运输用地			指用于运输通行的地面线路、场站等用地，包括民用机场、港口、码头、地面运输通道和居民点道路及其相应附属设施用地。
				261	铁路用地	指铁路线路及场站用地，包括路堤、路堑、道沟及护路林；地铁地上部分及出入口等地。
				262	公路用地	指国家和地方公路（含乡镇公路），包括路堤、路堑、道沟及护路林及其附属设施用地。
				263	民用机场	指民用机场及其附属设施用地。
				264	港口码头用地	指人工修建的客、货运、捕捞船舶停靠的场所及其相应的附属建筑物，不包括常水位以下的部分。
				265	管道运输用地	指运输煤炭、石油和天然气等的管道及其相应设施地面用地。
				266	街巷	指城乡居民点内公用道路（含立交桥）、公共停车场。
		27	水利设施用地			指用于水库、水工建筑的土地。
				271	水库水面	指人工修建总库容≥10 万 m^3，正常蓄水位以下的面积。
				272	水工建设用地	指除农田水利用地以外的人工修建的沟渠（包括渠槽、渠堤、护堤林）、闸、坝、堤路林、水电站、场水站等常水位岸线以上的水工建筑用地。
		28	特殊用地			指军事设施、涉外、宗教、监狱、墓地等用地。
				281	军事设施用地	指专门用于军事目的的设施用地，包括军事指挥机关和营房等。
				282	使领馆用地	指外国政府及国际组织驻华使领馆、办事处用地。
				283	宗教用地	指专门用于宗教活动的庙宇、寺院、道观、教堂等宗教自用地。
				284	监教场用地	指监狱、看守所、劳改所、劳教所、戒毒所等用地。
				285	墓葬地	指陵园、墓地、殡葬场所及附属设施用地。

续表 2-3

一级类		二级类		三级类		含义
编号	名称	编号	名称	编号	名称	
3	未利用地					指农用地和建设用地以外的土地。
		31	未利用土地			指目前还未利用的土地,包括难以利用的土地。
				311	荒草地	指树木郁闭度≤10%,表层为土质,生长杂草,不包括盐碱地、沼泽地和裸土地。
				312	盐碱地	指表层盐碱聚集,只生长天然的耐盐植物的土地。
				313	沼泽地	指经常积水或渍水,一般生长湿生植物的土地。
				314	沙地	指表层为沙覆盖,基本无植被的土地,包括沙漠,不包括水系中的沙滩。
				315	裸土地	指表层为土质,基本无植被覆盖的土地。
				316	裸岩石砾地	指表层为岩石或石砾,其覆盖面积≥70%的土地。
				317	其他未利用土地	指包括高寒荒漠、苔原等尚未利用的土地。
		32	其他土地			指未列入农用地、建设用地的其他水域地。
				321	河流水面	指天然形成或者人工开挖的河流常水位岸线以下的土地。
				322	湖泊水面	指天然形成的积水区常水位岸线以下的土地。
				323	苇地	指生长芦苇的土地,包括滩涂上的土地。
				324	滩涂	指沿海大潮高潮位与低潮位之间的潮侵地带;河流、湖泊常水位至洪水位间的土地;时令湖、河洪水位以下的滩地;水库、坑塘的正常蓄水位与最大洪水位之间的滩地。不包括已利用的滩涂。
				325	冰川及永久积雪	指表层被冰雪常年覆盖的土地。

注:K 代表可调整。＊ 指生态退耕以外,按照国土资发〔1999〕511 号文件规定,在农业结构调整中将耕地调整为其他农用地,但未破坏耕作层,不作为耕地减少衡量指标。

2.2.3.2　2001 年的《全国土地分类(试行)》的特点

(1)类型全面　该土地分类立足于全国土地和城乡地政统一管理的出发点,对原有的两个土地分类系统作了综合和改进,打破了原有两个土地分类分地域应用的局限性,确保调查统计成果的一致。为了贯彻城乡统一的分类原则,对城镇和村庄都可能有的用地类型在地类名称上做了调整。如原城镇土地分类中的"市政公共设施"改为"公共设施用地",删去了"市政"这一仅适用于城市的称谓。新的土地分类不仅类型结构全面,包括了城、镇、村各种用途的地类,而且同一地类也适用于城、镇、村的不同地域范围。

(2)系统更详尽、准确　该土地分类依据《土地管理法》第四条"将土地分为农用地、建设用地和未利用地"的规定,在原有两个土地分类系统基础上,构建新的土地分类系统,为此增设了一个仅含 3 个一级类的层次,与原有土地分类的系统衔接很吻合,很自然。

土地分类(试行)较旧分类还新增设了一些更能确切反映我国当前土地利用实际状况

的地类：①在农用地中的其他农用地中，增设了畜禽饲养地、设施农业用地、养殖水面、农田水利用地、晒谷场三级地类 5 个；另外，对农用地增加了可调整地类 10 个，可调整果园、可调整桑园、可调整茶园、可调整橡胶园、可调整其他园地、可调整有林地、可调整未成林造林地、可调整苗圃、可调整人工草地、可调整养殖水面。②在建设用地的交通运输用地中，增设街巷、管道运输用地三级地类；公共用地中，增设了慈善用地（包括孤儿院、养老院和福利院）；考虑到目前村庄内部有部分空闲旧宅基地及其他空闲地等难以归类，在农村居民点用地中新设空闲宅基地。

（3）通用性提高　旧城镇土地分类及含义中商业服务业含义涵盖了各类公司，而随着现代企业制度的建立，一些工厂逐步改造为公司制企业，如按原来分类解释，这类工业生产用地也纳入了商业服务业用地范畴，这样旧城镇土地分类将不能适应建立现代企业制度的需要。在原土地利用现状分类中名胜古迹、风景旅游、陵园等属于"居民点及工矿用地"中的"特殊用地"，与原城镇土地分类中市政用地中的"绿化"用地交叉，且"绿化"含义范围过大，将风景名胜、陵园也归为此类，显然从其作用和性质上不适宜。另外有些人文景观如承德的外八庙景观虽有零星古松，但将其纳入"绿化"用地，不仅用途不一样，而且就旅游城市来说，体现不出风景名胜用地的特点和作用。基于以上问题，土地分类（试行）对原城镇土地利用分类中的地类进行了一些调整：①保留商业服务业用地中的商业、金融、保险业用地，将原来的旅游业用地，改为餐饮旅馆业和其他服务业用地；②将原土地利用现状分类中独立工矿用地中的采矿、采石、采沙场，砖瓦窑与盐田合并为采矿地，作为工矿仓储用地的三级类公用设施用地，原来有"市政"两字，为适用村庄调查，删去"市政"两字，把原有的"绿化用地"地类名改为"瞻仰景观休闲用地"。同时从公用基础设施用地中划出殡葬用地和墓地合并为墓葬地，列为特殊用地的三级类。

一些地区，由于过去对城市土地的分类调查不够细，暂时无法满足新《全国土地分类（试行）》的需要，在实际操作中，特别是对原有的交通用地、水域及水利设施用地的新归类存在一些不够明确的界限。故在公布该分类之后，紧接着公布了《全国土地分类（过渡期间使用）》的分类标准，给土地类的平稳过渡提供了方便。

2.2.4　第二次全国土地调查的土地利用现状分类

1984—1996 年第一次土地详查依靠传统的技术手段和方法取得的资料，在很大程度上限制了成果的应用与共享。在具体的土地数据统计中，建设部、林业部、农业部、国土资源部等相关部门的统计口径不一致，由此导致土地统计数出多门，统计数据混乱。此外，日常的土地变更往往不够规范，不能及时进行；另一方面经济、社会发展十分迅速，土地利用现状发生了很大的变化，原有的土地调查数据已经不适应土地管理的现状，更不利于土地利用的监控与管理，亟待进行全面更新。在此背景下，国家为了"摸清家底"，于 2007 年 1 月开始全国第二次土地调查。在土地调查开始之前，制定了统一的、系统的和科学的土地分类系统，作为土地调查的前提和基础，为此国土资源部发布了新的《土地利用现状分类》国家标准。

第二次全国土地调查面临的首要问题就是统一土地分类，2006 年年底公布的《国务院关于深化改革严格土地管理的决定》明确要求:"国土资源部要会同有关部门抓紧建立和完善统一的土地分类、调查、登记和统计制度,启动新一轮土地调查,保证土地数据的准确性。"

在全国第二次土地调查中,国土资源部门紧密结合《土地管理法》的修改和《物权法》《不动产登记法》的起草制定了新的土地分类,以城乡一体化为前提,结合我国当前实际,采用二级分类,其中一级类 12 个,二级类 57 个,见表 2-4。第二次全国土地调查城镇村级工矿用地见表 2-5。

表 2-4 第二次全国土地调查土地分类

一级类		二级类		含义
编码	名称	编码	名称	
01	耕地			指种植农作物的土地,包括熟地,新开发、复垦、整理地,休闲地(含轮歇地、轮作地);以种植农作物(含蔬菜)为主,间有零星果树、桑树或其他树木的土地;平均每年能保证收获一季的已垦滩地和海涂。耕地中包括南方宽度<1.0 m,北方宽度<2.0 m 固定的沟、渠、路和地坎(埂);临时种植药材、草皮、花卉、苗木等的耕地,以及其他临时改变用途的耕地。
		011	水田	指用于种植水稻、莲藕等水生农作物的耕地。包括实行水生、旱生农作物轮种的耕地。
		012	水浇地	指有水源保证和灌溉设施,在一般年景能正常灌溉,种植旱生农作物的耕地。包括种植蔬菜等的非工厂化的大棚用地。
		013	旱地	指无灌溉设施,主要靠天然降水种植旱生农作物的耕地,包括没有灌溉设施,仅靠引洪淤灌的耕地。
02	园地			指种植以采集果、叶、根、茎、汁等为主的集约经营的多年生木本和草本作物,覆盖度大于50%或每亩株数大于合理株数70%的土地。包括用于育苗的土地。
		021	果园	指种植果树的园地。
		022	茶园	指种植茶树的园地。
		023	其他园地	指种植桑树、橡胶、可可、咖啡、油棕、胡椒、药材等其他多年生作物的园地。
03	林地			指生长乔木、竹类、灌木的土地,及沿海生长红树林的土地。包括迹地,不包括居民点内部的绿化林木用地,铁路、公路征地范围内的林木,以及河流、沟渠的护堤林。
		031	有林地	指树木郁闭度≥0.2 的乔木林地,包括红树林地和竹林地。
		032	灌木林地	指灌木覆盖度≥40%的林地。
		033	其他林地	包括疏林地(指树木郁闭度≥0.1、<0.2 的林地)、未成林地、迹地、苗圃等林地。
04	草地			指生长草本植物为主的土地。
		041	天然牧草地	指以天然草本植物为主,用于放牧或割草的草地。
		042	人工牧草地	指人工种植牧草的草地。
		043	其他草地	指树木郁闭度<0.1,表层为土质,生长草本植物为主,不用于畜牧业的草地。

续表 2-4

一级类		二级类		含义
编码	名称	编码	名称	
05	商服用地			指主要用于商业、服务业的土地。
		051	批发零售用地	指主要用于商品批发、零售的用地。包括商场、商店、超市、各类批发（零售）市场，加油站等及其附属的小型仓库、车间、工场等的用地。
		052	住宿餐饮用地	指主要用于提供住宿、餐饮服务的用地。包括宾馆、酒店、饭店、旅馆、招待所、度假村、餐厅、酒吧等。
		053	商务金融用地	指企业、服务业等办公用地，以及经营性的办公场所用地。包括写字楼、商业性办公场所、金融活动场所和企业厂区外独立的办公场所等用地。
		054	其他商服用地	指上述用地以外的其他商业、服务业用地。包括洗车场、洗染店、废旧物资回收站、维修网点、照相馆、理发美容店、洗浴场所等用地。
06	工矿仓储用地			指主要用于工业生产、物资存放场所的土地。
		061	工业用地	指工业生产及直接为工业生产服务的附属设施用地。
		062	采矿用地	指采矿、采石、采砂（沙）场，盐田，砖瓦窑等地面生产用地及尾矿堆放地。
		063	仓储用地	指用于物资储备、中转的场所用地。
07	住宅用地			指主要用于人们生活居住的房基地及其附属设施的土地。
		071	城镇住宅用地	指城镇用于生活居住的各类房屋用地及其附属设施用地。包括普通住宅、公寓、别墅等用地。
		072	农村宅基地	指农村用于生活居住的宅基地。
08	公共管理与公共服务用地			指用于机关团体、新闻出版、科教文卫、风景名胜、公共设施等的土地。
		081	机关团体用地	指用于党政机关、社会团体、群众自治组织等的用地。
		082	新闻出版用地	指用于广播电台、电视台、电影厂、报社、杂志社、通讯社、出版社等的用地。
		083	科教用地	指用于各类教育，独立的科研、勘测、设计、技术推广、科普等的用地。
		084	医卫慈善用地	指用于医疗保健、卫生防疫、急救康复、医检药检、福利救助等的用地。
		085	文体娱乐用地	指用于各类文化、体育、娱乐及公共广场等的用地。
		086	公共设施用地	指用于城乡基础设施的用地。包括给排水、供电、供热、供气、邮政、电信、消防、环卫、公用设施维修等用地。
		087	公园与绿地	指城镇、村庄内部的公园、动物园、植物园、街心花园和用于休憩及美化环境的绿化用地。

续表 2-4

一级类		二级类		含义
编码	名称	编码	名称	
09	特殊用地			指用于军事设施、涉外、宗教、监教、殡葬等的土地。
		091	军事设施用地	指直接用于军事目的的设施用地。
		092	使领馆用地	指用于外国政府及国际组织驻华使领馆、办事处等的用地。
		093	监教场所用地	指用于监狱、看守所、劳改场、劳教所、戒毒所等的建筑用地。
		094	宗教用地	指专门用于宗教活动的庙宇、寺院、道观、教堂等宗教自用地。
		095	殡葬用地	指陵园、墓地、殡葬场所用地。
10	交通运输用地			指用于运输通行的地面线路、场站等的土地。包括民用机场、港口、码头、地面运输管道和各种道路用地。
		101	铁路用地	指用于铁道线路、轻轨、场站的用地。包括设计内的路堤、路堑、道沟、桥梁、林木等用地。
		102	公路用地	指用于国道、省道、县道和乡道的用地。包括设计内的路堤、路堑、道沟、桥梁、汽车停靠站、林木及直接为其服务的附属用地。
		103	街巷用地	指用于城镇、村庄内部公用道路(含立交桥)及行道树的用地。包括公共停车场、汽车客货运输站点及停车场等用地。
		104	农村道路	指公路用地以外的南方宽度≥1.0 m,北方宽度≥2.0 m 的村间、田间道路(含机耕道)。
		105	机场用地	指用于民用机场的用地。
		106	港口码头用地	指用于人工修建的客运、货运、捕捞及工作船舶停靠的场所及其附属建筑物的用地,不包括常水位以下部分。
		107	管道运输用地	指用于运输煤炭、石油、天然气等管道及其相应附属设施的地上部分用地。
11	水域及水利设施用地			指陆地水域、海涂、沟渠、水工建筑物等用地。不包括滞洪区和已垦滩涂中的耕地、园地、林地,居民点、道路等用地。
		111	河流水面	指天然形成或人工开挖河流常水位岸线之间的水面,不包括被堤坝拦截后形成的水库水面。
		112	湖泊水面	指天然形成的积水区常水位岸线所围成的水面。
		113	水库水面	指人工拦截汇集而成的总库容≥10 万 m^3 的水库正常蓄水位岸线所围成的水面。
		114	坑塘水面	指人工开挖或天然形成的蓄水量<10 万 m^3 的坑塘常水位岸线所围成的水面。
		115	沿海滩涂	指沿海大潮高潮位与低潮位之间的潮浸地带。包括海岛的沿海滩涂。不包括已利用的滩涂。
		116	内陆滩涂	指河流、湖泊常水位至洪水位间的滩地;时令湖、河洪水位以下的滩地;水库、坑塘的正常蓄水位与洪水位间的滩地。包括海岛的内陆滩地。不包括已利用的滩地。

续表 2-4

一级类		二级类		含义
编码	名称	编码	名称	
11	水域及水利设施用地	117	沟渠	指人工修建,南方宽度≥1.0 m、北方宽度≥2.0 m用于引、排、灌的渠道,包括渠槽、渠堤、取土坑、护堤林。
		118	水工建筑用地	指人工修建的闸、坝、堤路林、水电厂房、扬水站等常水位岸线以上的建筑物用地。
		119	冰川及永久积雪	指表层被冰雪常年覆盖的土地。
12	其他土地			指上述地类以外的其他类型的土地。
		121	空闲地	指城镇、村庄、工矿内部尚未利用的土地。
		122	设施农用地	指直接用于经营性养殖的畜禽舍、工厂化作物栽培或水产养殖的生产设施用地及其相应附属用地,农村宅基地以外的晾晒场等农业设施用地。
		123	田坎	主要指耕地中南方宽度≥1.0 m、北方宽度≥2.0 m的地坎。
		124	盐碱地	指表层盐碱聚集,生长天然耐盐植物的土地。
		125	沼泽地	指经常积水或渍水,一般生长沼生、湿生植物的土地。
		126	沙地	指表层为沙覆盖、基本无植被的土地。不包括滩涂中的沙地。
		127	裸地	指表层为土质,基本无植被覆盖的土地;或表层为岩石、石砾,其覆盖面积≥70%的土地。

资料来源:第二次全国土地调查技术规程,中华人民共和国土地管理行业标准,TD/T 1014—2007。

表 2-5　第二次全国土地调查城镇村及工矿用地

一级类		二级类		含义
编码	名称	编码	名称	
20	城镇村及工矿用地			指城乡居民点、独立居民点以及居民点以外的工矿、国防、名胜古迹等企事业单位用地。包括其内部交通、绿化用地。
		201	城市	指城市居民点以及与城市连片的和区政府、县级市政府所在地镇级辖区内的商服、住宅、工业、仓储、机关、学校等单位用地。
		202	建制镇	指建制镇居民点以及与城市连片的和区政府、县级市政府所在地镇级辖区内的商服、住宅、工业、仓储、机关、学校等单位用地。
		203	村庄	指农村居民点以及所属的商服、住宅、工业、仓储、学校等单位用地。
		204	采矿用地	指采矿、采石、采沙场,盐田,砖瓦窑等生产用地及尾矿堆放地。
		205	风景名胜及特殊用地	指城镇村用地以外用于军事设施、涉外、宗教、监教、殡葬等的土地以及风景名胜(包括名胜古迹、旅游景点、革命遗址等)景点及管理机构的建筑用地。

注:开展农村土地调查时,对《土地利用现状分类》中 05、06、07、08、09 一级类和 103、121 二级类按本表进行归类。

35

第二次全国土地调查分类标志着我国土地资源分类第一次拥有了全国统一的国家标准,具有实用性、连贯性、开放性的特点,结束了我国土地资源基础数据数出多门、口径不一的时代,为我们科学、准确地掌握土地资源利用现状,提高国土资源管理利用的科学性、合理性,以及为国家宏观管理和科学决策,带来了积极的深远的影响。

▶ 2.2.5　第三次全国土地调查的土地分类

2018 年 1 月,《第三次全国土地调查总体方案》经国务院批准发布。第三次全国土地调查的目标是在第二次全国土地调查成果的基础上,全面细化和完善全国土地利用基础数据,满足生态文明建设、空间规划编制、自然资源管理体制改革和统一确权登记等各项工作的需要。

相比第二次全国土地调查,第三次全国土地调查内容更广、精度更高、评价更深。第三次全国土地调查都用优于 1 m 分辨率的卫星数据进行调查,图斑的面积精度也提高很多,200 m² 甚至 100 m² 就要上图;在内容上,第三次全国土地调查内容增加至 12 个一级类,53 个二级类,重点加入了重点生态功能区、生态环境敏感区和脆弱区内水流、森林、山岭、草原、荒地、滩涂等自然资源范围内的土地利用状况,支撑生态文明建设。增加的内容主要是服务于建设用地管理和生态文明建设,特别是对和生态相关的一些地类进行了细化调查。第三次全国土地调查工作分类见表 2-6。第三次全国土地调查城镇村级工矿用地见表 2-7。第三次全国土地调查工作分类与三大类对照见表 2-8。

表 2-6　第三次全国土地调查工作分类

一级类		二级类		含义
编码	名称	编码	名称	
00	湿地			指红树林地,天然或人工的,永久的或间歇性的沼泽地、泥炭地、盐田,滩涂等。
		0303	红树林	沿海生长红树植物的林地。
		0304	森林沼泽	以乔木森林植物为优势群落的淡水沼泽。
		0306	灌丛沼泽	以灌丛植物为优势群落的淡水沼泽。
		0402	沼泽草地	指以天然草本植物为主的沼泽化的低地草甸、高寒草甸。
		0603	盐田	指用于生产盐的土地,包括晒盐场所、盐池及附属设施用地。
		1105	沿海滩涂	指沿海大潮高潮位与低潮位之间的潮浸地带。包括海岛的沿海滩涂。不包括已利用的滩涂。
		1106	内陆滩涂	指河流、湖泊常水位至洪水位间的滩地;时令湖、河洪水位以下的滩地;水库、坑塘的正常蓄水位与洪水位间的滩地。包括海岛的内陆滩地。不包括已利用的滩地。
		1108	沼泽地	指经常积水或渍水,一般生长湿生植物的土地。包括草本沼泽、苔藓沼泽、内陆盐沼等。不包括森林沼泽、灌丛沼泽和沼泽草地。

续表 2-6

一级类		二级类		含义
编码	名称	编码	名称	含义
01	耕地	指种植农作物的土地,包括熟地,新开发、复垦、整理地,休闲地(含轮歇地、轮作地);以种植农作物(含蔬菜)为主,间有零星果树、桑树或其他树木的土地;平均每年能保证收获一季的已垦滩地和海涂。耕地中包括南方宽度<1.0 m、北方宽度<2.0 m固定的沟、渠、路和地坎(埂);临时种植药材、草皮、花卉、苗木等的耕地,以及其他临时改变用途的耕地。		
		0101	水田	指用于种植水稻、莲藕等水生农作物的耕地。包括实行水生、旱生农作物轮种的耕地。
		0102	水浇地	指有水源保证和灌溉设施,在一般年景能正常灌溉,种植旱生农作物的耕地。包括种植蔬菜等的非工厂化的大棚用地。
		0103	旱地	指无灌溉设施,主要靠天然降水种植旱生农作物的耕地,包括没有灌溉设施,仅靠引洪淤灌的耕地。
02	园地	指种植以采集果、叶、根、茎、汁等为主的集约经营的多年生木本和草本作物,覆盖度大于50%或每亩株数大于合理株数70%的土地。包括用于育苗的土地。		
		0201	果园	指种植果树的园地。
		0201K	可调整果园	指由耕地改为果园,但耕作层未被破坏的土地。
		0202	茶园	指种植茶树的园地。
		0202K	可调整茶园	指由耕地改为茶园,但耕作层未被破坏的土地。
		0203	橡胶园	指种植橡胶树的园地。
		0203K	可调整橡胶园	指由耕地改为橡胶园,但耕作层未被破坏的土地。
		0204	其他园地	指种植桑树、可可、咖啡、油棕、胡椒、药材等其他多年生作物的园地。
		0204K	可调整其他园地	指由耕地改为其他园地,但耕作层未被破坏的土地。
03	林地	指生长乔木、竹类、灌木的土地及沿海生长红树林的土地。包括迹地,不包括城镇、村庄范围内的绿化林木用地,铁路、公路征地范围内的林木,以及河流、沟渠的护堤林。		
		0301	乔木林地	指树木郁闭度≥0.2的林地,不包括森林沼泽。
		0301K	可调整乔木林地	指由耕地改为乔木林地,但耕作层未被破坏的土地。
		0302	竹林地	指生长竹类植物,郁闭度≥0.2的林地。
		0302K	可调整竹林地	指由耕地改为竹林地,但耕作层未被破坏的土地。
		0305	灌木林地	指灌木覆盖度≥40%的林地,不包括灌丛沼泽。
		0307	其他林地	包括疏林地(指树木郁闭度≥0.1、<0.2的林地)、未成林地、迹地、苗圃等林地。
		0307K	可调整其他林地	指由耕地改为未成林造林地和苗圃,但耕作层未被破坏的土地。

续表 2-6

一级类		二级类		含义
编码	名称	编码	名称	
04	草地			指生长草本植物为主的土地。
		0401	天然牧草地	指以天然草本植物为主,用于放牧或割草的草地。
		0403	人工牧草地	指人工种植牧草的草地。
		0403K	可调整人工草地	指由耕地改为人工草地,但耕作层未被破坏的土地。
		0404	其他草地	指树木郁闭度<0.1,表层为土质,生长草本植物为主,不用于畜牧业的草地。
05	商服用地			指主要用于商业、服务业的土地。
		05H1	商业服务用地	主要用于零售、批发、餐饮、旅馆、商服金融、娱乐及其他商服的土地。
		0508	物流仓储用地	指用于物资储备、中转、配送等的场所用地,包括物流仓储设施、配送中心、运转中心等。
06	工矿仓储用地			指主要用于工业生产、物资存放场所的土地。
		0601	工业仓储用地	指工业生产、产品加工制造、机械和设备修理,物资储备、中转的场所及直接为工业生产等服务的附属设施用地。包括物流仓储设施、配送中心、转运中心等。
		0602	采矿用地	指采矿、采石、采砂(沙)场,盐田,砖瓦窑等地面生产用地及尾矿堆放地。
07	住宅用地			指主要用于人们生活居住的房基地及其附属设施的土地。
		0701	城镇住宅用地	指城镇用于生活居住的各类房屋用地及其附属设施用地。包括普通住宅、公寓、别墅等用地。
		0702	农村宅基地	指农村用于生活居住的宅基地。
08	公共管理与公共服务用地			指用于机关团体、新闻出版、科教文卫、风景名胜、公共设施等的土地。
		08H1	机关团体新闻出版用地	指用于党政机关、社会团体、群众自治组织,广播电台、电视台、电影厂、报社、杂志社、通讯社、出版社等的用地。
		08H2	科教文卫用地	指用于各类教育,独立的科研、勘察、研发、设计、检验检测、技术推广、环境评估与监测、科普等科研事业单位,医疗、保健、卫生、防疫、康复和急救设施,为社会提供福利和慈善服务的设施,图书、展览等公共文化活动设施,体育场馆和体育训练基地等用地及其附属设施用地。
		08H2A	高教用地	指高等院校及其附属设施用地。
		0809	公共设施用地	指用于城乡基础设施的用地。包括给排水、供电、供热、供气、邮政、电信、消防、环卫、公用设施维修等用地。
		0810	公园与绿地	指城镇、村庄内部的公园、动物园、植物园、街心花园和用于休憩及美化环境的绿化用地。
		0810A	广场用地	指城镇、村庄范围内的广场用地。

续表 2-6

一级类		二级类		含义
编码	名称	编码	名称	
09	特殊用地			指用于军事设施、涉外、宗教、监教、殡葬等的土地。
10	交通运输用地			指用于运输通行的地面线路、场站等的土地。包括民用机场、港口、码头、地面运输管道和各种道路用地。
		1001	铁路用地	指用于铁道线路及场站的用地。包括设计内的路堤、路堑、道沟、桥梁、林木等用地。
		1002	轨道交通用地	指用于轻轨、现代有轨电车、单轨等轨道交通用地以及场站的用地。
		1003	公路用地	指用于国道、省道、县道和乡道的用地。包括设计内的路堤、路堑、道沟、桥梁、汽车停靠站、林木及直接为其服务的附属用地。
		1004	城镇村道路用地	指城镇、村庄范围内公用道路及行道树用地,包括快速路、主干路、次干路、支路、专用人行道和非机动车道及其交叉口等。
		1005	交通服务场站用地	指城镇、村庄范围内交通服务设施用地,包括公交枢纽及其附属设施用地、公路长途客运站、公共交通场站、公共停车场(含设有充电桩的停车场)、停车楼、教练场等用地,不包括交通指挥中心、交通队用地。
		1006	农村道路	在农村范围内,南方宽度≥1.0 m、≤8.0 m,北方宽度≥2.0 m、≤8.0 m,用于村间、田间交通运输,并在国家公路网络体系之外,以服务于农村农业生产为主要用途的道路(含机耕道)。
		1007	机场用地	指用于民用机场、军民合用机场的用地。
		1008	港口码头用地	指用于人工修建的客运、货运、捕捞及工作船舶停靠的场所及其附属建筑物的用地,不包括常水位以下部分。
		1009	管道运输用地	指用于运输煤炭、石油、天然气等管道及其相应附属设施的地上部分用地。
11	水域及水利设施用地			指陆地水域,海涂,沟渠,水工建筑物等用地。不包括滞洪区和已垦滩涂中的耕地、园地、林地、城镇、村庄、道路等用地。
		1101	河流水面	指天然形成或人工开挖河流常水位岸线之间的水面,不包括被堤坝拦截后形成的水库区段水面。
		1102	湖泊水面	指天然形成的积水区常水位岸线所围成的水面。
		1103	水库水面	指人工拦截汇集而成的总设计库容≥10 万 m^3 的水库正常蓄水位岸线所围成的水面。
		1104	坑塘水面	指人工开挖或天然形成的蓄水量<10 万 m^3 的坑塘常水位岸线所围成的水面。

表格最后部分(嵌套):

1104	坑塘水面	1104A	养殖坑塘	指人工开挖或天然形成的用于水产养殖的水面及相应附属设施用地。
				1104K 可调整养殖坑塘 — 指由耕地改为养殖坑塘,但可复耕的土地。

39

续表 2-6

一级类 编码	一级类 名称	二级类 编码	二级类 名称	含义
11	水域及水利设施用地	1107	沟渠	指人工修建,南方宽度≥1.0 m、北方宽度≥2.0 m,用于引、排、灌的渠道,包括渠槽、渠堤、取土坑、护堤林。
		1107A	干渠	指除农田水利用地以外的人工修建的沟渠。
		1109	水工建筑用地	指人工修建的闸、坝、堤路林、水电厂房、扬水站等常水位岸线以上的建筑物用地。
		1110	冰川及永久积雪	指表层被冰雪常年覆盖的土地。
12	其他土地			指上述地类以外的其他类型的土地。
		1201	空闲地	指城镇、村庄、工矿范围内尚未使用的土地,包括尚未确定用途的土地。
		1202	设施农用地	指直接用于经营性畜禽养殖生产的设施及附属设施用地;直接用于作物栽培或水产养殖等农产品生产的设施及附属设施用地;直接用于设施农业项目辅助生产的设施用地;晾晒场、粮食果品烘干设施、粮食和农资临时存放场所、大型农机具临时存放场所等规模化粮食生产所必需的配套设施用地。
		1203	田坎	指梯田及梯状坡地耕地中,主要用于拦蓄水和护坡,南方宽度≥1.0 m、北方宽度≥2.0 m 的地坎。
		1204	盐碱地	指表层盐碱聚集,生长天然耐盐植物的土地。
		1205	沙地	指表层为沙覆盖、基本无植被的土地,不包括滩涂中的沙地。
		1206	裸土地	指表层为土质,基本无植被覆盖的土地。
		1207	裸岩石砾地	指表层为岩石或石砾,其覆盖面积≥70%的土地。

表 2-7 第三次全国土地调查城镇村及工矿用地

一级类 编码	一级类 名称	二级类 编码	二级类 名称	含义
20	城镇村及工矿用地			指城乡居民点、独立居民点以及居民点以外的工矿、国防、名胜古迹等企事业单位用地。包括其内部交通、绿化用地。
		201	城市	指城市居民点以及与城市连片的和区政府、县级市政府所在地镇级辖区内的商服、住宅、工业、仓储、机关、学校等单位用地。
		201A	城市独立工业仓储用地	城市辖区内独立的工业、仓储用地。
		202	建制镇	指建制镇居民点以及与城市连片的和区政府、县级市政府所在地镇级辖区内的商服、住宅、工业、仓储、机关、学校等单位用地。
		202A	建制镇独立工业仓储用地	建制镇辖区内独立的工业、仓储用地。

续表2-7

一级类		二级类		含义
编码	名称	编码	名称	
20	城镇村及工矿用地	203	村庄	指农村居民点以及所属的商服、住宅、工业、仓储、学校等单位用地。
		203A	村庄独立工业仓储用地	村庄所属独立的工业、仓储用地。
		204	采矿用地	指采矿、采石、采沙场,盐田,砖瓦窑等地面生产用地及尾矿堆放地。
		205	风景名胜及特殊用地	指城镇村用地以外用于军事设施、涉外、宗教、监教、殡葬等的土地,以及风景名胜(包括名胜古迹、旅游景点、革命遗址等)景点及管理机构的建筑用地。

注:对工作分类中05、06、07、08、09一级类和1004、1005、1201二级类按此表进行归并。

表2-8 第三次国土调查工作分类与三大类对照表

三大类	土地利用现状分类	
	类型编码	类型名称
农用地	0101	水田
	0102	水浇田
	0103	旱地
	0201	果园
	0202	茶园
	0203	橡胶园
	0204	其他园地
	0301	乔木林地
	0302	竹林地
	0303	红树林地
	0304	森林沼泽
	0305	灌木林地
	0306	灌丛沼泽
	0307	其他林地
	0401	天然牧草地
	0402	沼泽草地
	0403	人工牧草地
	1006	农村道路
	1103	水库水面
	1104	坑塘水面
	1107	沟渠
	1202	设施农用地
	1203	田坎

41

续表 2-8

三大类	土地利用现状分类	
	类型编码	类型名称
建设用地	05H1	商业服务业用地
	0508	物流仓储用地
	0601	工业用地
	0602	采矿用地
	0603	盐田
	0701	城镇住宅用地
	0702	农村宅基地
	08H1	机关团体新闻出版用地
	08H2	科教文卫用地
	0809	公用设施用地
	0810	公园与绿地
	09	特殊用地
	1001	铁路用地
	1002	轨道交通用地
	1003	公路用地
	1004	城镇村道路用地
	1005	交通服务场站用地
	1007	机场用地
	1008	港口码头用地
	1009	管道运输用地
	1109	水工建筑用地
	1201	空闲地
未利用地	0404	其他草地
	1101	河流水面
	1102	湖泊水面
	1105	沿海滩涂
	1106	内陆滩涂
	1108	沼泽地
	1110	冰川及永久积雪
	1204	盐碱地
	1205	沙地
	1206	裸土地
	1207	裸岩石砾地

2.3　土地利用分类系统的应用

　　土地利用分类系统是土地调查中实地判定地类单元最重要的依据,能否准确了解和把握土地利用分类系统,直接关系着实地判定地类单元的准确性和可靠性,对土地调查成果的质量起着至关重要的作用,进而影响着地籍管理工作的质量和水平。

　　为了保证人们对土地利用分类系统理解认识的一致性,土地利用分类系统对各地类的描述应当是唯一的、固定的、规范的,但是土地利用的实际情况是非常复杂的。局部利用和整体利用的差异、长期利用与临时利用的差异、合法利用与非法利用的差异是普遍存在的,土地实际利用情况的复杂性常常与土地利用分类系统对地类的描述的规范性之间存在一些差异,使得实地判定地类变得难以把握。为了使土地调查工作者在土地实际利用的复杂情况下,科学、准确地判定地类单元,进一步了解土地利用情况的复杂性,注意实地判定地类时的注意事项显然是十分必要的。

▶ 2.3.1　耕地认定

　　耕地包括水田、水浇地和旱地。

　　下列土地确认为耕地:

　　(1)种植农作物的土地,包括粮食作物、经济作物、饲料作物及蔬菜作物。粮食作物包括稻类、麦类、杂粮类、豆类、薯类等。经济作物包括纤维类(如棉花)、油料类、糖料类等。饲料作物指纯牧区以外的饲料、绿肥作物等。

　　(2)新增耕地,指通过土地开发、土地复垦、土地整理和农民自主开发变为耕地的土地。

　　(3)不同耕作制度,以种植和收获农作物为主的土地。耕作制度主要包括轮作、间作、混作、套作(也称套种)、轮歇等。

　　(4)被临时占用的耕地:

　　①由于季节、经济利益、暂时需要等原因,在耕地上临时种植苗圃(育苗地)、草皮、花卉、果树、美化绿化用树木等的土地,并在调查底图、外业调查手簿、数据库中注记实际用途,如"苗"。

　　②在耕地上从事水产养殖未破坏耕作层的土地。在调查底图、外业调查手簿、数据库中注记"渔"。

　　(5)耕地受灾但耕作层未被严重破坏、可以恢复耕种的土地。

　　(6)耕地被人为撂荒的土地。

　　(7)其他情况:

　　①在江、河、湖等围垦地上种植农作物 3 年以上,且平均每年能保证收获一季的土地。

　　②在耕地上大面积种植果树、经济林、茶园、苎麻的土地,确认为耕地,并在调查底图、外业调查手簿、数据库中注记实际用途,如"橘""杨""茶""苎麻"等。

③25°以上的梯田以及土层较厚、能常年耕种、有稳定产量的坡地。

④按照国家退田还湖政策,规定实施双退,现仍在常年耕种的土地,确认为耕地,并在调查底图、外业调查手簿、数据库中注记"双退"。

⑤铁路、公路、大堤控制建设范围内实际耕种的土地。

⑥江、河、湖、水库以外实际种植农作物的低洼地。

⑦裸岩石砾地中种植农作物,耕地面积比例大于70%的土地。裸岩石砾地面积用比例系数扣除。

⑧油桐与农作物间作,油桐郁闭度小于40%的土地。

下列土地不能确认为耕地:

(1)已开始实质性建设(以施工人员进入、工棚已修建、塔吊等建筑设备已到位、地基已开挖等为标志,下同)的土地。

(2)江河、湖等常水位线和水库正常蓄水位线以下种植农作物的土地。

(3)路、渠、堤、堰等种植农作物的边坡、斜坡地。

(4)农民庭院中种植农作物,如蔬菜等的土地。

(5)由于工程需要、改善生存环境等因素,整建制移民造成耕地荒芜的土地。

(6)在耕地上,建造保护设施,工厂化种植农作物等的土地。如长期固定的日光温室、大型温室等。

(7)临时开垦种植农作物,不能正常收获的土地,包括临时种植农作物的坡度大于25°的陡坡地,以及在废旧矿区等地方临时开垦种植农作物的成片或零星土地。

(8)坡度25°以上已实际退耕还林的土地。

水田:常年种植水稻、茭白、菱角、莲藕(荷花)、荸荠(马蹄)等水生农作物的耕地。曾因气候干旱或缺水,暂时改种旱生农作物的耕地。实行水稻等水生农作物和旱生农作物轮种(如水稻和小麦、油菜、蚕豆等轮种)的耕地。

水浇地:一般年景能够保证灌溉、种植旱生作物的耕地。非工厂化的简易温室、塑料大棚,用于培育蔬菜秧苗、栽培蔬菜,以及种植草皮、花卉等的耕地。

旱地:除水田、水浇地以外的耕地。

"批而未用"耕地处理:耕地已被征用,有完整、合法用地手续,调查时实地没有实质性建设的,称为"批而未用"土地。"批而未用"土地按建设用地确认。调查时,按提供的批地文件,确定其位置、范围和地类。对"批而未用"土地,在调查底图、外业调查手簿注"批",数据库中对应字段处填写批准文号。

▶ 2.3.2 园地认定

园地包括果园、茶园、橡胶园和种植桑树、可可、咖啡、油棕、胡椒、药材等其他多年生作物的其他园地。

下列土地确认为园地:

(1)集约经营果树、茶树、桑树、橡胶树及其他园艺作物,如可可、咖啡、油棕、胡椒、药材等的土地。

(2)果园、果林、果草间作、混作、套种、套栽,以收获果树果实为主的土地。

(3)园地中,直接为其服务的用地,如粗加工场所、简易仓库等附属用地。

(4)城近郊区建设的非工厂化采摘园的土地。

(5)专门用于果树苗木培育、林业苗圃以外花圃(简易塑料大棚温室),如制作花茶用花圃等的土地。

(6)科研、教学建筑物(如教学、办公楼等)等建设用地范围以外的,以种植果树为主的园艺作物的,直接用于科研、教学、试验基地的土地。

下列土地不能确认为园地:

(1)果林间作,果树覆盖度或合理株数小于标准指标时的土地。

(2)粗放经营的核桃、板栗、柿子等干果的土地。

(3)农民在自家庭院种植果树的土地。

(4)具有钢架结构的玻璃(或 PC 板)连栋温室用地等工厂化设施建筑物采摘园的土地。

(5)采摘园、生态园、农家乐等园区中的旅游景点、餐饮、娱乐、体育、科普、住宿、会议等的用地。

2.3.3 林地认定

林地包括乔木林地、竹林地、红树林地、森林沼泽、灌木林地和疏林地、未成林地、迹地、苗圃等其他林地。

下列土地确认为林地:

(1)生长郁闭度大于等于 0.1 的乔木、竹类、沿海红树林。

(2)灌木生长覆盖度大于等于 40% 的土地。

(3)林木被采伐或火烧后五年未更新的土地。

(4)粗放经营核桃、板栗、柿子等干果果树的土地。

(5)林地中,修筑直接为林业生产服务的设施,如培育苗木(苗圃)、种子生产、存储种子等的土地。

(6)林地用于树木科研、试验、示范基地的土地(不包括其教学楼、实验楼等建设用地)。

(7)林地中,不以交通为主要目的的集材道、运材道等的土地。

(8)铁路、公路等建设用地已征用,征地范围以外生长乔木竹类、灌木并符合林地标准的土地。

(9)铁路、公路等建设用地未征用,农村道路、沟渠等,其两侧毗邻用于防护行树以外生长乔木、竹类、灌木的土地。防护行树一般不多于两行且行距≤4 m,或林冠宽度(林冠垂直投影)≤10 m;防护灌木林带一般不多于两行且行距≤2 m(下同)。

(10)林带覆盖的土地:乔木林带,一般指乔木两行以上(含两行)且行距≤4 m 时,林冠宽度(林冠垂直投影)小于图上 2 mm,且连续面积大于等于图上 15 mm²。当乔木林带的缺损长度超过林带宽度 3 倍时,应视为两条林带,两平行林带的带距≤8 m 时按片状乔木林调查。灌木林带,一般指灌木两行以上(含两行)且行距≤2 m 时,覆盖宽度小于图上 2 mm 且连续面积大于等于图上 15 mm²,当灌木林带的缺损长度超过林带宽度 3 倍时,应视为两条林带,两平行灌木林带的带距≤4 m 时按片状灌木林调查。

(11)农村居民点以外森林公园、自然保护区、地质公园等中生长乔木、竹类、灌木的土地。

(12)固定用于林木育苗的土地。

(13)农村居民点四周用于防风的林地。

(14)林果间作,以林为主的土地。

下列土地不能确认为林地:

(1)城市、建制镇内部,种植树木用于空地等绿化、公园内绿化的土地。

(2)与农村居民点四周相连(距最外围界线不大于图上 0.2 mm)且不够最小上图标准,生长零星乔木、竹类、灌木的土地。

(3)林带一般为一行乔木或灌木的土地。

(4)墓地中生长乔木、竹类、灌木的土地。

(5)森林公园、自然保护区、地质公园等中修建的建(构)筑物的土地。

(6)在耕地上临时用于树木育苗的土地。

(7)林农间作,以农作物为主的土地。

(8)林区专用公路。

▶ 2.3.4 草地认定

草地包括天然牧草地、沼泽草地、人工牧草地和其他草地。

下列土地确认为草地:

(1)以自然生长草本植物为主的土地。

(2)人工种植、管理、生长草本植物的土地。

(3)草本植物、林木、灌木生长在一起无法区分,以草本植物为主的土地。

(4)草地中,直接用于放牧、割草等服务设施的土地。

(5)用于对草本植物进行科学研究、试验、示范的土地(不包括其教学、实验田等的建设用地)。

(6)由于工程需要、改善生存环境等因素,农民整建制或部分移民,造成居民点和耕地自然生长或人工种植草本植物的土地。

(7)在废弃的砖瓦窑、铁路、公路、农村道路、采矿地范围内,自然生长草本植物的土地。

(8)在居民点外的铁路、公路、渠道两侧(征地范围外或未征地的道沟外),用于固定的、人工种植用于美化环境、绿化,生长草本植物的土地。

下列土地不能确认为草地:

(1)城镇内部、公园内用于美化环境和绿化的土地。

(2)在路、渠、堤、堰等的边坡、斜坡和田坎上生长草本植物的土地。

（3）草本植物、树木、灌木生长在一起无法区分，且以林木、灌木为主的土地。

（4）由于自然灾害造成耕地耕作层破坏，而自然生长草本植物的土地。

（5）墓地等自然或人工种植生长草本植物的土地。

（6）耕地人为撂荒，自然生长草本植物的土地。

（7）在天然牧草地、人工牧草地上修筑用于非畜牧业生产的建筑物、构筑物的土地。

（8）在科学研究、试验、示范基地中，用于教学、实验等建筑物的土地。

1）天然牧草地

下列草地确认为天然牧草地：

（1）天然生长用于放牧（包括轮牧）的草地。

（2）天然草地中，直接为其服务的设施，如储存饲草饲料、牲畜圈舍、人畜饮水、药浴池、剪毛点、防火等的土地。天然草地与树木、灌木生长在一起无法区分，以放牧为主的草地。

下列草地不能确认为天然牧草地： 国家在天然牧草地上修筑用于非畜牧业生产的建筑物、构筑物的土地及不用于畜牧业或放牧的草地。

2）人工牧草地

下列草地确认为人工牧草地：

（1）用于畜牧业而采用农业技术措施人工栽培而成的草地（实地一般有铁丝网等围栏拦挡）。

（2）在人工牧草地范围内，用于修建生产、储存、圈养、剪毛、药浴、饮水、灌溉等设施的土地。

（3）主要采用补播或者施肥等措施，对天然牧草地进行改良的土地。

（4）直接用于牧草的科研、试验、示范的草地（不包括其教学、试验等用的建筑物用地）。

下列草地不能确认为人工牧草地：

（1）在科学研究、试验、示范基地中，用于教学、实验等建筑物的土地。

（2）在人工牧草地上，用于修筑非畜牧业生产建筑物的土地。

▶ **2.3.5 商业服务业用地认定**

下列土地认定为商业服务业用地：

（1）以零售功能为主的商铺、商场、超市、市场和加油、加气、充换电站等的用地。

（2）以批发功能为主的市场用地。

（3）饭店、餐厅、酒吧等用地。

（4）宾馆、旅馆、招待所、服务型公寓、度假村等用地。

（5）商务服务用地，以及经营性的办公场所用地。包括写字楼、商业性办公场所、金融活动场所和企业厂区外独立的办公场所；信息网络服务、信息技术服务、电子商务服务、广告传媒等用地。

（6）剧院、音乐厅、电影院、歌舞厅、网吧、影视城、仿古城以及绿地率小于 65％ 的大型游乐等设施用地。

（7）零售商业、批发市场、餐饮、旅馆、商务金融、娱乐用地以外的其他商业、服务业用地。包括洗车场,洗染店,照相馆,理发美容店,洗浴场所,赛马场,高尔夫,废旧物资回收站,机动车、电子产品和日用产品修理网点,物流营业网点及居住小区及小区级以下的配套的服务设施等用地。

2.3.6 工矿用地认定

1)工业用地

下列土地认定为工业用地:

(1)火电、钢铁、煤矿、水泥、玻璃、电解铝等生产、加工及存储用地。

(2)其他工业生产(包括光伏、风力发电)、产品加工制造、机械和设备修理及直接为工业生产等服务的附属设施用地。

2)采矿用地

下列土地认定为采矿用地:金属非金属矿、地下矿开采井口及设施,露天矿开采场所的用地及辅助生产设施、必需配套设施和尾矿库、排土(石)场、露天煤矿的表土堆场等;石油、天然气开采场所的用地;用于砖、瓦等制作和存放用地。

下列土地不能认定为采矿用地:永久停产或废弃的采矿用地,按实地现状调查。如积水的按坑塘认定,长满荒草的认定为其他草地,种植林木达到林地标准的认定为林地,裸露基本无植被的认定为裸土地或裸岩石砾地。

2.3.7 住宅用地认定

1)城镇住宅用地

下列土地认定为城镇住宅用地:

(1)城镇范围内用于生活居住的普通住宅、别墅、公寓等及其附属设施用地。

(2)国营农、林、牧、渔场及分场,部队、侨务、司法等所属的生活居住的各类房屋用地及其附属设施用地。

(3)商住两用,以居住为主的用地。

2)农村宅基地

下列土地认定为农村宅基地:

(1)农村范围内用于生活居住的农民住宅用房及其附属设施用地。

(2)联排、多层、高层等新型农村住宅用地。

(3)"城中村"的居住用地。

2.3.8 公共管理与公共服务用地认定

下列土地属于机关团体新闻出版用地:

(1)党政机关、社会团体、群众自治组织等的用地。

(2)用于广播电台、电视台、电影厂、报社、杂志社、通讯社、出版社等的用地。

下列土地认定为科教文卫用地：

（1）用于各类教育用地，包括高等院校、中等专业学校、中学、小学、幼儿园及其附属设施用地，聋、哑、盲人学校及工读学校用地，以及为学校配建的独立地段的学生生活用地。

（2）独立的科研、勘察、研发、设计、检验检测、技术推广、环境评估与监测、科普等科研事业单位及其附属设施用地。

（3）医疗、保健、卫生、防疫、康复和急救设施等用地。包括综合医院、专科医院、社区卫生服务中心等用地；卫生防疫站、专科防治所、检验中心和动物检疫站等用地；对环境有特殊要求的传染病、精神病等专科医院用地；急救中心、血库等用地。

（4）为社会提供福利和慈善服务的设施及其附属设施用地。包括福利院、养老院、孤儿院等用地。

（5）图书、展览等公共文化活动设施用地。包括公共图书馆、博物馆、档案馆、科技馆、纪念馆、美术馆和展览馆等设施用地；综合文化活动中心、文化馆、青少年宫、儿童活动中心、老年活动中心等设施用地。

（6）体育场馆和体育训练基地等用地，包括室内外体育运动用地，如体育场馆、游泳场馆、各类球场及其附属的业余体校等用地，溜冰场、跳伞场、摩托车场、射击场，以及水上运动的陆域部分等用地，以及为体育运动专设的训练基地用地，不包括学校等机构专用的体育设施用地。

下列土地认定为公用设施用地：用于城乡基础设施的用地，包括供水、排水、污水处理、供电、供热、供气、邮政、电信、消防、环卫、公用设施维修等用地。

下列土地认定为公园与绿地：城镇、村庄范围内的公园、动物园、植物园、街心花园、广场和用于休憩、美化环境及防护的绿化用地。

▷ 2.3.9 特殊用地认定

下列土地认定为特殊用地：

（1）直接用于军事目的的设施用地。

（2）用于外国政府及国际组织驻华使领馆、办事处等的用地。

（3）用于监狱、看守所、劳改场、戒毒所等的建筑用地。

（4）专门用于宗教活动的庙宇、寺院、道观、教堂等宗教自用地。

（5）陵园、墓地、殡葬场所用地。

（6）风景名胜景点（包括名胜古迹、旅游景点、革命遗址、自然保护区、森林公园、地质公园、湿地公园等）的管理机构，以及旅游服务设施的建筑用地。景区内的其他用地按现状归入相应地类。包括已列为保护的名人故居的用地。

◆ 2.3.10 交通运输用地认定

1)铁路用地

下列土地确认为铁路用地：

(1)用于线路(包括路堤、路堑、道沟、桥梁、护路树木)及与其相连附属设施等的土地。有批地文件的,按批地文件范围确认;没有批地文件的,按现状确认。

(2)用于与铁路线路相连的车站、站前广场、站台、货物仓库,与车站相连的机车检修(修理)库房、给水设施、通信设施、电气化铁路的供电设备等有关附属设施的土地。

(3)废弃的铁路用地。城市建成区以外,用于轨道交通地上线路及附属设施的土地。

(4)用于高架铁路线路的土地。有征地文件的,为征地文件范围内的土地;没有征地文件的,为路基垂直投影范围内的土地。

下列土地不能确认为铁路用地：

(1)工矿企业内部的铁路线路及与其相连附属设施的土地。

(2)机车(列车)制造厂、专门修理厂等的土地。

(3)铁路线路穿过隧道时,隧道内的铁路线路。

(4)铁路废弃后,其土地所有权已转为当地集体所有的土地。

2)轨道交通用地

下列土地认定为轨道交通用地：轻轨、现代有轨电车、单轨等轨道交通用地以及场站的用地。

3)公路用地

下列土地确认为公路用地：

(1)用于公路线路及与其相连附属设施的土地。有批地文件的,按批地文件范围确认;没有批地文件的,按现状确认。

(2)用于公路渡口码头的土地。

(3)废弃的公路用地。

(4)用于高架公路线路的土地。有征地文件的,按征地文件范围内确认;没有征地文件的,按路基垂直投影范围确认。

下列土地不能确认为公路用地：公路穿越隧道时,隧道内的公路线路。

4)城镇村道路用地

下列土地认定为城镇村道路用地：

(1)城镇、村庄范围内公用道路及行道树用地。

(2)快速路、主干路、次干路、支路、专用人行道和非机动车道及其交叉口等。

5)交通服务场站用地

下列土地认定为交通服务场站用地：

(1)公交枢纽及其附属设施用地、公路长途客运站、公共交通场站、公共停车场(含设有充电桩的停车场)、停车楼、教练场等用地。

(2)不包括交通指挥中心、交通队用地。

6)农村道路

下列土地确认为农村道路：

(1)在农村范围内,南方宽度≥1.0 m、≤8 m,北方宽度≥2.0 m、≤8 m,用于村间、田间交通运输,并在国家公路网络体系之外,以服务于农村农业生产为主要用途的道路(含机耕道)。

(2)在国家公路网络体系之外,南方宽度≥1.0 m、≤8.0 m,北方宽度≥2.0 m、≤8.0 m,用于村间、田间交通运输,以服务于农村农业生产为主要用途的道路(含机耕道)。包括其两侧的道沟和防护行树。

(3)村与公路、田地等连接的道路。

(4)用于农地田间管理、收获的道路。

(5)牧民居住点到草场、草场到草场等之间的道路。

7)机场用地

下列土地确认为机场用地：

(1)从事客运、货运等公共航空运输活动的民用航空器起降等服务的机场及其附属设施用地。包括飞机跑道、塔台、导航设施、消防设施、服务设施、绿化等的用地。

(2)用于工厂、体育俱乐部、农业、森林防火、航空救护等专用机场的土地。

(3)军民合用机场用地。

下列土地不能确认为机场用地：

(1)军用机场。

(2)临时性机场用地。

(3)独立于机场外,并为机场服务的设施、建筑物用地,如食品加工厂等用地。

8)港口码头用地

下列土地确认为港口码头用地：

(1)江、河、湖、水库沿岸,人工修建的供船舶出入和停泊、货物和旅客集散场所的陆上部分的土地。靠水一侧一般以码头前沿线为界,陆地上包括码头、仓库与堆场、铁路和道路、装卸机械及其他生产设施的土地。

(2)港口码头范围内或相连的修理厂陆上部分的土地。

(3)设施较完善的避风港陆上部分的土地。

下列土地不能确认为港口码头用地：

(1)军港、军用码头用地。

(2)独立的造船厂和修理厂用地。

(3)与港口毗邻的保税区、加工区等用地。

9)管道运输用地

下列土地确认为管道运输用地：

(1)地面上,用于布设管道线路的土地。

(2)地面上,与管道运输配套的设施用地(主要包括加压、阀门、检修、消防、加热、计量、收发装卸等)。

(3)与管道运输配套设施相连的用于管理的建筑物用地。

51

下列土地不能确认为管道运输用地：

(1)穿过隧道的管道用地。

(2)地面上,布设军用管道线路及配套设施的土地。

▶ 2.3.11 水域及水利设施用地认定

1)水域及水利设施用地

下列土地确认为水域及水利设施用地：

(1)常年被水(液态或固态)覆盖的土地,如河流、湖泊、水库、坑塘、沟渠、冰川等。

(2)季节性干涸的土地,如时令河等。

(3)沿海(含岛屿)潮水常年涨落的区域。

(4)常水位线以上,洪水位线以下的河滩、湖滩等内陆滩涂。

(5)为了满足发电、灌溉、防洪、挡潮、航行等而修建各种水利工程设施的土地。

下列土地不能确认为水域及水利设施用地：

(1)因决堤、特大洪水等原因临时被水淹没的土地。

(2)耕地中用于灌溉的临时性沟渠。

(3)城镇、农村居民点、厂矿企业等建设用地范围内部的水面,如公园内的水面。

(4)修建以路为主的海堤、河堤、塘堤的土地。

2)河流水面

下列土地确认为河流水面：

(1)河流、运河常水位线以下的土地。河流参照《中国河流名称代码》确定。《中国河流名称代码》中未列出的河流,可参照当地水利部门资料确定。

(2)时令河(也称间歇性河流、偶然性河流)、正常年份(非大旱大涝年份)水流流经的土地。

(3)河流常水位线以下种植农作物的土地。

(4)河流入海口处两岸突出岬角连线以内的土地。

下列土地不能确认为河流水面：

(1)地下河。

(2)穿越隧道的河流。

3)湖泊水面

下列土地确认为湖泊水面：

(1)湖泊常水位线以下的土地。大于 $1 km^2$ 湖泊,可参照《中国湖泊名称代码》确定。小于 $1 km^2$ 湖泊,可参照当地水利部门资料确定。

(2)由于季节、干旱等原因,在常水位线以下种植农作物等的土地。

(3)湖泊范围内生长芦苇、用于网箱养鱼等的土地。

(4)河流与湖泊相连时,划定湖泊常水位线内的土地。

4)水库水面

下列土地确认为水库水面:

(1)水库正常蓄水位岸线以下的土地。

水库参照《中国水库名称代码》和当地水利部门资料确定。

(2)由于季节、干旱等原因,在正常蓄水位岸线以下种植农作物的土地。

(3)水库范围内生长芦苇,用于网箱养鱼等的土地。

(4)河流与水库相连时,划定水库正常蓄水位岸线以内的土地。

5)坑塘水面

下列土地确认为坑塘水面:

(1)陆地上人工开挖或在低洼地区汇集的,蓄水量小于 10 万 m^3,不与海洋发生直接联系的水体,常水位岸线以下,用于养殖或非养殖的土地。包括塘堤、人工修建的塘坝、堤坝。

(2)坑塘范围内生长芦苇的土地。

(3)坑塘范围内,由于干旱、季节性等原因造成临时性干枯或生长农作物的土地。

(4)连片坑塘密集区,坑塘之间只能用于人行走的埂。

不能确认为坑塘水面的土地:坑塘之间可用于交通(通行机动车)的埂或堤。

6)沟渠

下列土地确认为沟渠:

(1)人工开挖、修建,长期用于引水、灌水、排水水道的土地。渠槽宽度(含护坡)南方≥1.0 m、北方≥2.0 m,确认为沟渠。

(2)与渠槽两侧毗邻,种植防护行树、防护灌木林带的土地。

(3)支承渡槽桩柱的土地。

(4)地面上,敷设倒虹吸管的土地。

下列土地不能确认为沟渠:

(1)耕地、园地、草地等内,开挖临时性水道的土地。

(2)沟渠穿过隧洞(道)时,隧洞(道)内的土地。

7)水工建筑用地

下列土地确认为水工建筑用地:

(1)修建水库挡水和泄水建筑物的土地,如坝、闸、堤、溢洪道等。

(2)沿江、河、湖、海岸边,修建抗御洪水、挡潮堤的土地。

(3)修建取(进)水的建筑物的土地,如水闸、扬水站、水泵站等。

(4)用于防护堤岸,修建丁坝、顺坝的土地。

(5)修建水力发电厂房、水泵站等的土地。

(6)修建过坝建筑物及设施的土地,如船闸、升船机、筏道及鱼道等。

(7)坝或闸与道路结合,以坝或闸为主要用途的土地。

下列土地不能确认为水工建筑用地:

(1)用于临时性堤坝的土地。

(2)沟渠两岸人工修筑护岸的土地。

（3）以交通为主要目的的堤、坝或闸。

8）冰川及永久积雪

被冰体覆盖和雪线以上被冰雪覆盖的土地,确认为冰川及永久积雪。一般按最新地形图上标绘的冰川及永久积雪确定其范围。

2.3.12　其他土地认定

1）设施农用地

下列土地确认为设施农用地:

（1）工厂化作物栽培中有钢架结构的玻璃或 PC 板连栋温室用地等。

（2）规模化养殖中畜禽舍（含场区内通道）、畜禽有机物处置等生产设施及绿化隔离带用地。

（3）水产养殖池塘、工厂化养殖池和进排水渠道等水产养殖的生产设施用地。

（4）育种育苗场所、简易的生产看护房（单层,$<15 \mathrm{~m}^2$）用地等。

（5）设施农业生产中必需配套的检验检疫监测、动植物疫病虫害防控等技术设施以及必要管理用房用地。

（6）设施农业生产中必需配套的畜禽养殖粪便、污水等废弃物收集、存储、处理等环保设施用地,生物质（有机）肥料生产设施用地。

（7）设施农业生产中所必需的设备、原料、农产品临时存储、分拣包装场所用地,符合"农村道路"规定的场内道路等用地。

（8）农业专业大户、家庭农场、农民合作社、农业企业等,从事规模化粮食生产所必需的配套设施用地。包括:晾晒场、粮食烘干设施、粮食和农资临时存放场所、大型农机具临时存放场所等用地。

下列土地不能确认为设施农用地:

（1）搭建的简易塑料大棚,用于农作物、蔬菜等育秧（栽培）的土地。

（2）农作物被地膜覆盖的土地。

（3）农村居民点以外,用于临时性晾晒场的土地。

（4）农村居民点内部,用于晾晒场的土地。

（5）经营性粮食存储、加工和农机农资存放、维修场所。

（6）以农业为依托的休闲观光度假场所,各类庄园、酒庄、农家乐。

（7）各类农业园区中涉及建设永久性餐饮、住宿、会议、大型停车场、工厂化农产品加工、展销等用地。

2）空闲地

（1）城镇、村庄、工矿内部尚未利用的土地。

（2）尚未确定用途的土地。

3）田坎

下列土地确认为田坎:

（1）耕地中南方宽度≥1.0 m、北方宽度≥2.0 m,不以通行为主的地坎占用的土地。

(2)种植农作物等的地坎。

下列土地不能确认为田坎：

(1)用于灌溉、施肥等临时性的地坎占用的土地。

(2)地坎与农村道路结合,以农村道路为主的土地。

4)盐碱地

下列土地确认为盐碱地：地表盐碱聚集(一般地表呈白色),基本没有植被或植被很少或只生长耐盐植物的土地。

下列土地不能确认为盐碱地：

(1)土壤中盐碱含量低(轻度盐碱地),基本不影响种植农作物或其他作物的土地。

(2)土壤里含盐碱量暂时提高而不能种植的土地。

5)沙地

确认为沙地的土地：地表层被沙(细碎的石粒)覆盖、基本无植被的土地,如沙漠、沙丘等,确认为沙地。

下列土地不能确认为沙地：

(1)地表层被沙覆盖,但树木郁闭度、灌木、草本植物覆盖度符合相应地类标准的土地。

(3)滩涂中的沙地戈壁仍耕种的沙漠化、沙化的耕地。

6)裸土地和裸岩石砾地

裸土地:长年地表层为土质,基本无植被覆盖的土地。

裸岩石砾地:地表层为岩石、石砾,覆盖面积大于等于70%的土地,如裸岩、戈壁等。

▶ 2.3.13　城镇村及工矿用地认定

1)城市土地

下列土地确认为城市用地：

(1)国家行政建制设立市建成区的土地(包括建成区内的集体土地)。

(2)与城市建成区连片的区政府、县政府、乡镇政府所在地的土地。

(3)与城市建成区不连片的市辖区政府所在地建成区的土地。

(4)与城市建成区不连片,且属于城市用于以非农业人口集聚为主建成区的土地,如卫星城、大学城或学校、居住社区等。

(5)与城市建成区不连片,且属于城市用于非农业生产的土地,如工业用地、开发区、仓储用地、休闲娱乐场所用地等。

下列土地不能确认为城市用地：

(1)城市用地以外,修建铁路、公路等的土地。

(2)城市用地以外,用于军事设施、使领馆、监教场所、宗教、殡葬等特殊用地的土地。

(3)非城市所属的建设用地,如不与建成区连片的农村居民点。

(4)城市建成区内大片的耕地、园地等农用地,水域(大型的江、河、湖泊)。

2)建制镇用地

下列土地确认为建制镇用地：

(1)国家行政建制设立镇建成区的土地(包括建成区内的集体土地)。

(2)与建制镇建成区连片乡政府所在地的土地。

(3)与建制镇建成区不相连,且所属建制镇用于以非农业人口集聚为主的土地,如居住社区、学校等。

(4)与建制镇建成区不相连,且所属建制镇用于非农业生产的土地,如工业用地、仓储用地、休闲娱乐场所用地等。

下列土地不能确认为建制镇用地:

(1)与建制镇不相连,且非建制镇所属的建设用地。

(2)穿过建制镇铁路、公路、河流、干渠的用地。

(3)建制镇用地以外,用于军事设施、使领馆、监教场所、宗教、殡葬等特殊用地的土地。

3)村庄用地

下列土地确认为村庄用地:

(1)农民用于建设居民点集聚居住的土地。

(2)与农村居民点不相连,且所属农村居民点用于非农业生产的土地,如居住、工业、商服、仓储、学校用地等。

下列土地不能确认为村庄用地:

(1)与村庄不相连,且非村庄所属的建设用地。

(2)穿过农村居民点的铁路、公路、河流、干渠的用地。

(3)村庄以外,用于军事设施、使领馆、监教场所、宗教、殡葬等特殊用地的土地。

4)盐田及采矿用地

下列土地确认为盐田及采矿用地:

(1)用于直接开采自然资源和存放开采物的土地,如用于露天煤矿采煤、山体表面开采矿石等在地表面开采矿藏的土地,石油抽油机、山体内部采矿出入口、地下采矿出入口等非地表面开采矿藏的地面用地。

(2)生产砖瓦的土地,包括烧制砖瓦的窑址、制作和存放砖瓦坯子、取土等的土地。

(3)用于固定采砂(沙)场的土地。

(4)用于堆放各种尾矿的土地。

(5)与采矿用地相连,用于对开采物进行简单处理、粗加工的土地。

(6)盐田密集区,各盐田之间只能用于人行走的埂。

下列土地不能确认为盐田及采矿用地:

(1)地下采矿、山体内部采矿用地。

(2)在水中捞沙的土地。

(3)用于管理、办公、生活等的建筑用地。

(4)临时晒盐场用地。

(5)各盐田之间可用于交通(通行机动车)的埂或堤。

5)风景名胜及特殊用地

下列土地确认为风景名胜及特殊用地:

(1)城市、建制镇、村庄用地以外(下同),古代流传下来的著名建筑物等名胜古迹用地及管理机构的建筑用地。

(2)用于游览、参观等风景旅游景点及管理机构的建筑用地。

(3)用于陵园、革命遗址、墓地的土地。

(4)直接用于军事设施的土地,如军事训练,武器装备的研制、试验、生产,军事物资的储备和供应,国防设施,国防工业用地等。

(5)军队农场中的建设用地。

(6)涉外、宗教、监教、殡葬用地。

下列土地不能确认为风景名胜及特殊用地:

(1)城市、建制镇、村庄用地内部的风景名胜及特殊用地。

(2)风景名胜及特殊用地区域范围内的林地等非建筑物的土地。

(3)军事管理(管制)区中,直接用于军事目的的建筑物、构筑物以外的区域。

(4)军队农场中,用于建设用地以外的土地。

【基础知识练习】

简答题

1.我国运用较多的土地分类体系有哪几种?

2.试述土地分类的概念。

3.试述第三次全国土地利用分类的基本框架。

4.第三次全国土地调查土地分类与第二次相比,有了哪些变化?

实习1 地类认定

1.实习任务

(1)熟悉 2017《土地利用现状分类》。

(2)熟悉各地类的图斑特征。

2.实习步骤

(1)前期准备 收集有关资料,制订工作计划,仪器设备及物质准备,人员培训。

(2)室内预判 以第三次国土调查某区域的遥感影像图为调查底图,参照已有的调查成果(如二调底图和地形图)等资料,依据《土地利用现状分类》和"城镇村及工矿用地"划分要求,对图像上的各种特征进行综合分析、比较和判断,初步提取地类图斑。

(3)外业核实 首先确定外业调绘的路线,做到走到、看到、问到、画到(四到);其次实地确定每个图斑的土地利用类型,逐图斑认定地类,记录地类编码。

第 3 章

土地利用现状调查

【学习任务】

1. 掌握土地利用现状调查的概念和原则。
2. 熟悉土地利用现状调查的程序。
3. 掌握土地利用变更调查的内容。
4. 掌握土地利用动态遥感监测的概念。
5. 熟悉土地利用动态监测的实施过程。

【知识内容】

3.1 土地利用现状调查概述

根据经济发展的需要,国务院国发〔2017〕48 号文件精神,2017 年第四季度全面部署第三次全国土地调查,完成调查方案编制、技术规范制订以及试点、培训和宣传等工作,2018 年 1 月至 2019 年 6 月,组织开展实地调查和数据库建设,以 2019 年 12 月 31 日为标准时点,完成调查成果整理、数据更新、成果汇交,汇总形成第三次全国土地调查基本数据。土地利用现状调查是其中的重要内容。

3.1.1 土地利用现状调查的概念

土地利用现状调查是指在全国范围内,以县为单位,以图斑为基本单元,按土地利用现状分类,查清各类用地的面积、分布、利用和权属状况,又称土地数量调查。

土地利用现状调查包括农村土地利用现状调查和城市、建制镇、村庄(以下简称城镇村庄)内部土地利用现状调查。

(1)农村土地利用现状调查 以县(市、区)为基本单位,以国家统一提供的调查底图为基础,实地调查每块图斑的地类、位置、范围、面积等利用状况,查清全国耕地、园地、林地、草地等农用地的数量、分布及质量状况,查清城市、建制镇、村庄、独立工矿、水域及水利设施用地等各类土地的分布和利用状况。

(2)城镇村庄内部土地利用现状调查 充分利用地籍调查和不动产登记成果,对城市、建制镇、村庄内的土地利用现状开展细化调查,查清城镇村庄内部商服、工业、仓储、住宅、公共管理与公共服务和特殊用地等地类的土地利用状况。

▶ 3.1.2 土地利用现状调查的目的

(1)摸清我国土地资源家底,为制定国民经济计划和有关的政策服务。

土地利用现状调查能获得的准确的土地数量、分布、类型、权属和利用状况等土地信息资料,可为编制国民经济和社会发展长远计划、中期计划和年度计划提供切实可靠的科学依据。同时,它还可为国家制定各项方针政策及对重大问题的决策提供服务。

(2)为开展土地登记,建立土地统计制度服务。

通过土地利用现状调查,查清土地资源和资产的详情,查清各类土地的权属、界线、面积等,为土地登记、土地统计打下基础,为建立土地登记、土地统计制度服务。

(3)为农业生产和农村建设提供科学依据。

农业是最大的用地大户,而且是国民经济的基础,土地是农业的基本生产资料。因此,土地利用现状调查可为编制农业区划、土地利用总体规划和农业生产规划提供土地基础数据,并为制订农业生产计划和农田基本建设等服务。

(4)为土地利用动态监测提供基本数据。

及时、准确地掌握土地资源的数量、质量、分布及其变化趋势,直接关系到国民经济的持续发展与规划。通过土地利用现状调查,可以获取变化信息的数量、特征,为土地利用动态监测提供支持。

(5)为编制土地利用总体规划和全面管理土地服务。

为地籍管理、土地利用管理、土地权属管理、建设用地管理和土地监察等提供基础的土地数据及其他信息。

▶ 3.1.3 土地利用现状调查的原则

为保质保量顺利完成调查任务,必须遵守下列根据客观规律总结出来的调查原则:

(1)实事求是的原则 按《第三次全国土地调查技术规程》的要求和实地状况,如实进行调查,确保图件、实地和数据三者始终一致。坚决防止调查中的不正之风,如调查的数据不能如实上报,随意更改调查数据。调查中不得有意缩小某个地类面积、扩大其他地类面积,不得对违法改变土地用途及非法改变土地权属界线持认可态度等。

(2)全面、科学调查的原则　土地利用现状调查必须面对全域土地,严格按《第三次全国土地调查技术规程》规定的技术要求进行,调查中要尽量采用最新的科学技术和手段,建立和实施严格的检查、验收制度。

(3)一查多用的原则　充分发挥土地利用现状调查成果的作用,不仅为土地管理部门提供基础数据,而且要为农业、林业、水利、城建、统计、计划、交通运输、民政、工业、能源、财政、税务、环保等其他部门服务,成为多用途、多目的的土地信息系统。

(4)运用科学方法的原则　土地利用现状调查中应当在保证精度的前提下,兼顾技术先进性和经济合理性的原则,选用先进的技术进行土地利用现状调查,如无人机、遥感及计算机技术等。

(5)统一要求的原则　按照国家统一标准,实地调查土地的地类、面积和权属,全面掌握全国耕地、园地、林地、草地、商服、工矿仓储、住宅、公共管理与公共服务、交通运输、水域及水利设施用地等地类分布及利用状况。

(6)继承性的原则　对以往调查形成的成果,如第二次全国土地调查确权登记发证资料、土地权属界线协议书等,经核实无误的可继承使用,既提高调查工作效率,又保持成果延续性。

▶ 3.1.4　土地利用现状调查的内容

(1)查清城镇以外农村各级范围内各种地类的种类、面积、分布和利用状况。

(2)查清村(组)土地权属界线,居民点外的厂矿、机关、团体、军队、学校等企、事业单位的土地权属界线和村以上各级行政辖区范围的界线。

(3)查清土地资源的种类、数量、分布、利用状况,满足土地统计、编制国民经济计划及编制土地利用图件的需要。

(4)查清农村各级厂矿、机关、团体、部队、学校等企、事业单位以及河流、湖泊、道路等的土地权属范围、界线和性质。

(5)特殊调查内容的调查。例如,违法用地的调查、基本农田的调查、开发区调查等。

这些调查都需有可靠的记录,可以详尽地反映调查当时的实际情况,可以凭借记录,解除人为的纠纷,用作判断是非的证据,成为编制规划计划的基础依据,成为土地资产流转的可靠凭证。

上述几项内容是紧密相连的。要掌握各权属单位、各行政辖区、各地类面积和总面积,必须首先查清权属界、行政界、地类界。而它们各自形成的封闭界线内的空间大小,又必须通过面积量算才能得以查清,并通过由基层自下而上地逐步汇总,才能得出土地总面积和各地类面积。为便于开展后续的土地登记、土地统计、土地利用规划等,还必须编制分幅的土地利用现状图、土地权属界线图。为直观地反映各种地类分布状况和计划规划以及管理的需要,还要编制县、乡两级的土地利用现状图。最后总结土地权属和土地利用中的经验和教训,提出合理利用土地的建议。

▶ 3.1.5　土地利用现状调查的意义

（1）为依法和科学管理土地提供基础数据。

十分珍惜和合理利用土地，切实保护耕地，是我国的基本国策。通过土地利用现状调查，能够全面摸清土地资源的家底，包括土地资源的数量、利用类型、利用水平以及土地的权属界线，从而为建立、健全土地登记和土地统计制度，开展地籍管理乃至全面展开科学有效的土地管理提供基础数据。

（2）为编制土地利用总体规划服务。

通过土地利用现状调查，查清从基层到全国各级各地的全面的、真实的土地资源家底，就能为科学、合理地组织利用土地提供准确的数据，成为土地利用规划的基础工作。

（3）为土地利用动态监测提供基础数据。

随着社会生产发展和科学技术水平的提高，人类利用土地的方式及土地利用的类型、面积、分布等都将发生变化。为了可持续地利用土地资源，国家需要对土地资源动态变化进行监测，保持土地资源资料的现势性，其基本手段和中心环节就是土地利用现状调查。

（4）为编制国民经济计划和制定相关政策提供依据。

国民经济计划中确定各业的发展任务和投资方向都必须以土地利用调查数据作为计划决策的依据。土地资源调查的成果和土地权属状况的态势是各级政府制定许多政策的重要依据，新土地政策的出台必须依据翔实的土地利用调查数据。

▶ 3.1.6　土地利用现状调查的基本任务

土地利用现状调查以县为单位查清从基层到全国土地资源的类型、数量、分布、权属和利用状况，为开展土地管理提供依据，为编制计划规划提供基础数据。

（1）以县为单位，全面查清各种土地利用类型的面积及分布、土地的权属状况和利用现状，在此基础上，按行政辖区及权属状况等要求，逐级汇总出各乡、县、市（地）、省（区）和全国总面积及土地分类面积，并使之随时保持良好的现势性。

（2）土地利用现状调查是地籍管理的一个组成部分，通过调查直接为开展土地登记、土地统计、土地分等定级和建立土地档案提供基础，建立和完善土地调查、统计和登记制度。同时它还肩负着为土地利用规划、土地监察、土地用途管制、土地市场管理等提供基础和依据的任务。土地利用现状调查也要为顺利开展土地管理工作提供信息反馈，以利于及时发现管理工作中的问题和土地利用及分配中的新动向和新趋势。

（3）土地利用现状调查是为需要而开展的，其成果的应用除了满足土地部门需要以外，更多的是满足国家和社会的需要。而且随着经济的发展和科学技术的进步，国家和社会对调查成果的要求越来越高，调查工作必须要改革，要更新观念，要引入新的技术手段和运作机制，适应和满足国家和社会提出的新要求。

2018年开展的第三次全国土地调查，全面细化和完善全国土地利用基础数据，国家直接掌握翔实准确的全国土地利用现状和土地资源变化情况，进一步完善土地调查、监测和统计制度,实现成果信息化管理与共享,满足生态文明建设、空间规划编制、供给侧结构性改革、宏观调控、自然资源管理体制改革和统一确权登记、国土空间用途管制等各项工作的需要。

▶ 3.1.7 土地利用现状调查的基本方法

3.1.7.1 历史上开展土地利用现状调查的方法

(1)概查　以较小比例尺的图件为基础,对土地分类比较简单,面积量算上采用简易的或者数理抽样(或推算)的办法来完成。

(2)详查　以较大比例尺图件为基础,开展全面的实地调查,采用较详尽的土地分类系统,运用周全和较高精度的面积量算方法来完成的调查。要真正摸清土地资源家底,为全面开展科学的土地管理、为国家和社会提供可信度高的土地资源和资产数据,必须开展土地利用详查。

3.1.7.2 基础调查与变更调查

土地利用现状调查的工作可分为基础调查和变更调查两个阶段。

(1)基础调查　通过全面的、周详的调查,获取所有调查对象的全部调查内容,形成一整套能反映调查时点全面情况的完整资料。例如,2007 年下半年开始的全国第二次土地调查便是一次新的基础调查,2018 年开展的第三次全国土地调查是在第二次全国土地调查成果基础上的更新调查。

(2)变更调查　在基础调查之后,及时发现和调查那些发生了变化的部分,并用变化后的资料去修正原来的资料,与没有变化的资料整合在一起,从而形成一整套能反映变更后(或某一约定时点的)全面情况的完整资料。

3.2　农村土地利用现状调查

农村土地利用现状调查工作是一项庞大而复杂的系统工程,为确保工作符合技术规程要求的精度及速度,必须有条不紊地按内容的先后顺序开展工作,才能达到预期目的。这里将其工作分为四个阶段,即准备阶段、外业阶段、内业阶段和成果验收归档阶段。

▶ 3.2.1 准备工作阶段

准备工作包括调查申请、组织准备、资料准备和仪器设备准备等内容。

3.2.1.1 调查申请

具备了调查条件的县(市),由县级土地管理部门编写《土地利用现状调查任务申请书》,其主要内容包括全县基本情况、需用的图件资料、组织机构及技术力量情况、调查计划及经费预算等。《申请书》要经县级人民政府同意,然后报上级土地管理部门审批,经批准后立即着手编制适合当地实际的调查方案,确定调查的技术路线和技术方法等。

3.2.1.2　组织准备

首先要成立领导班子,组织专业技术队伍,筹集经费、审定工作计划、协调部门关系、裁定土地权属等。

(1)组织专业队伍　为确保调查质量及进度,应组建一支以土地管理技术人员为主,由其他部门抽调技术人员参加的调查专业队伍。专业队设队长、技术负责人、技术指导组、若干作业组。作业组可按作业程序分为外业调查调绘组、内业转绘组、面积量算统计组、图件编绘组等,也可分片 3～4 个村编为一组,作业组下可再设作业小组。作业组组长为技术负责人,可由技术指导组成员兼任,负责作业成果及检查验收等;乡土地管理员主要配合专业队员进行权属界、行政界调查与接边以及地类调绘等。

(2)建立工作责任制　为增强调查人员责任感,应建立各种责任制,如技术承包责任制、阶段检查验收制、资料保管责任制等。采取合同方式,职、权、利分明,以保证调查工作顺利圆满完成(建立管理制度)。

(3)制定方案　各地根据本地区实际情况,编制调查方案,主要内容包括调查区基本概况、目标任务、技术路线与工作流程、调查准备工作、内业数据处理、外业实地调查、内业整理建库、成果质量控制、调查主要成果、计划进度安排、组织实施等。

3.2.1.3　资料准备

1)地形图

首先要收集最新实测各种比例尺的地形图。为了保证成果图件的精度和质量,通常野外所用底图的比例尺应以不小于最后成图比例尺为好。购置两套近期地形图,一套用于外业调查,另一套留室内用于编制工作底图。所有基础图件均应是质量较好的图件,最好是近期的,与实地基本一致(最多变化≤30%),并且是正规出版印刷的。如果地形图成图时间长,地物地貌会发生变化,必须进行外业补测工作。

2)遥感资料的收集

收集近期航空、航天遥感图件和数据等资料。2018 年开始的全国第三次土地调查规定:"国家负责 1∶10 000 比例尺以及小于 1∶10 000 比例尺的遥感影像购置及正射影像图制作,为农村土地调查提供基础图件。"这些资料是经过统一规范的技术处理的正射影像资料,为全国各地按统一的技术方案开展调查,形成同精度的调查成果奠定了良好的基础。利用航片和地形图作基础图件的地区,在收集图件的同时,还要收集航摄日期、航片比例尺、航高、航摄倾角、航摄仪焦距等数据资料。然后整理、分析图件资料,包括检查、分析图件数量、质量和航片的分袋整理编号等。

调查时一般将航片与地形图相结合应用,以近期地形图做内业底图,利用最新航片进行外业调绘,并将变化了的各种界线准确转绘到内业底图上,再在底图上量算面积。这样结合能充分利用航片信息量丰富且现势性强的特点,技术较易掌握,外业基本不需仪器,所需调查经费较少,又能保证精度。

3.2.1.4　相关资料的收集

为了便于分析土地利用现状及划分土地类型,应向各有关业务部门收集各种专业调查资料。

(1)与调查有关的行政区划、地质、地貌、水利、交通、土壤、气象和农、林、牧等方面的图件和文献资料。

(2)权属证明文件:土地权属文件、征用土地文件、清理违法占地的处理文件、用地单位的权源证明;过去形成的、依然适用的《土地权属界线协议书》《土地权属界线争议缘由书》,在处置土地权属争议中形成的有关文件、图件建设用地批准文件确权和处置纠纷的法律法规等。

(3)地类调查用资料:以往调查形成的土地利用数据库、土地利用图、调查手簿、田坎系数测算资料;各种界线、单位名称资料;土地开发、复垦、整理、生态退耕有关的成果资料;农业结构调整、土地承包、土地利用规划修改的批准文件和相关资料等。

此外,要收集基本农田划定的资料和开发区批准文件、确界的资料。尤其应重视飞地(插花地)的摸底工作,防止调查中出现重复和遗漏,甚至大量的返工。

(4)社会经济统计资料:如人口、劳力、各种用地的统计数据、生产和经济状况等。

对收集到的各种资料进行整理、分析,方便调查时使用。

3.2.1.5 仪器和设备的准备

调查前要准备好调查必需的仪器、工具和设备。包括定位测量设备、皮尺、计算机、平板电脑、移动通信设备、手持激光测距仪、全站仪、软件系统以及交通工具等;印制各种外业调查手簿、权属界线协议书、权属争议缘由书等各种表格;准备必要的生活、交通和劳保用品等。

3.2.1.6 技术培训

土地利用现状调查是一项技术性强、质量要求高的技术工作,要有规范的作业方案、详尽的技术规程或细则。在全面铺开调查工作之前,应对参加调查的人员举办技术培训,讲解调查技术规程和调查的基本知识,熟悉调查区基本概况、目标任务、技术路线与工作流程、调查准备工作、内业数据处理、外业实地调查、内业整理建库、成果质量控制、调查主要成果、计划进度安排、组织实施等,结合试点使调查人员掌握调查方法和操作要领,培养一支技术队伍,通过小范围试点,锻炼一批懂技术、熟悉过程的业务骨干,为全面开展调查工作、保证调查工作进度,确保调查成果质量打下基础。

▶ 3.2.2 外业工作阶段

外业工作包括调绘前的准备工作与室内预判、外业调绘与补测等内容。调绘前的准备工作和航片的室内预判,都是为了减少野外工作量,保证野外调绘和补测工作的顺利进行。调绘、补测是外业工作的核心,是对变更的权属界线及各种地物要素进行绘注和修、补测工作。

3.2.2.1 准备工作

农村土地调查全面采用优于 1 m 分辨率的航天遥感数据,采用高精度数字高程模型或数字地表模型和高精度纠正控制点,制作正射影像图。

国家在最新数字正射影像图基础上套合第二次全国土地调查数据库,逐图斑开展全地类内业人工判读,通过对比分析,预判土地利用地类界及地类属性、行政和权属界及线状地物等地类属性,按规定进行矢量化和输入属性,以县级行政辖区为单位,在 DOM 上套合不一致信息,制作调查底图。

3.2.2.2　外业调绘

各县(市、区)以全国土地调查办下发的调查底图为基础,将调查底图套合土地调查数据库,叠加国土资源管理数据及相关部门调查数据,制作外业调查数据。采用 3S 一体化技术,逐图斑开展实地调查,细化调查图斑的地类、范围、权属等信息。外业调绘包括境界和土地权属界的调绘、地类调绘和线状地物调绘等。外业调查要求:走到、看到,调准、测准,查清、记清,客观、准确。

1)境界与土地权属界线的调绘

调查界线以国界线、零米线和各级行政区界线为基础制作,统一确定各级调查的控制界线,分级提供调查使用。调查界线仅用于面积统计汇总,与之不相符的权属界线予以保留。

(1)境界线来源　调查界线采用各主管部门确定的界线,国界采用国家确定的界线;香港和澳门特别行政区界采用国家确定的界线;陆地(含海岛)与海洋的分界线(零米线),采用国家确定的界线;县级及县级以上行政区域界线采用全国陆地行政区域勘界成果确定的界线。乡镇级行政区域界线,采用各县(市、区)最新确定的界线。

(2)境界线样式

国界线	● ⊢ ┤ ● ⊢ ┤ ● ⊢ ┤ ● ⊢ ┤ ●
省界线	●● —— ●● —— ●● —— ●● ——
市界	● — — ● — — ● — — ● —
县界	● — ● — ● — ● — ● —
乡界	● – ● – ● – ● – ● – ●
村界	● — — ● — — ● — —

(3)土地权属界线　进行土地权属界线调查时,要事先约定相邻土地单位的法人代表和群众代表到现场指界。双方指同一界,为无争议界线;双方指不同界,则两界之间的土地为争议土地,各方自认为的界线同时标记在外业调绘图件上。在图上还要标清权属界线的拐点,若实地拐点为固定地物,在图上进行同名地物点的选刺、调绘面积线的划分和预求航片固定地物上做标记;若实地拐点无固定标志,应先埋设界标,再借助明显地物点标绘到图上,并附以文字说明。当以线状地物为权属界线时,必须标明其归属。图上无法标清的权属界线,可绘制草图并加文字说明。

(4)飞地的调绘　飞地,也称插花地,指属外行政区划并脱离其辖区范围而孤独飞入本辖区内的地块。飞地的调绘属于境界调绘的重要内容之一,首先注明每块飞地的权属单位。如果是同一个乡的两个村之间的,只注"××村";不同乡的两个村之间的,注"××乡××村",不同县的两个村则注"××县××乡××村"……其余类推。飞地中的各种地类图斑和线状地物都须调绘。

对飞入飞出地的调查,一般按照"飞出地调查、飞入地汇总"的原则开展,各地也可根据实际情况协商调查,保证调查成果不重不漏。

2)地类调绘

单一地类地块,以及被行政界线、土地权属界线、地类界线或线状地物分割的单一地类的地块称为地类图斑。地类调绘是指在土地所有权宗地内,实地对照基础测绘图件逐一判读、调查、绘注的技术性工作,按土地利用现状二级分类,在实地对照航片逐一判读、调绘,标记在透明纸上,并填写外业手簿。地类调绘较易出错,且对调查精度影响大,因此需特别认真、细心。地类调绘时应注意以下几点:

(1)认真掌握分类含义,注意区分相接近的地类,要结合实地询问确定。如改良草地与人工草地、水浇地与菜地等难以区分的地类。

(2)地类界应封闭,并以实线表示,对小于图上 1.5 mm 的弯曲界线可简化合并,地类按规定的图式符号注记在基础测绘图件上。

(3)土地利用现状图上最小上图图斑面积:最小的图斑上图要求按照《第三次国土调查技术规程》要求为建设用地和设施农用地实地面积 200 m²;农用地实地面积 400 m²;其他地类实地面积 600 m²;荒落地区可适当减低精度,但不得低于 1 500 m²,对于有更高管理要求的地区,建设用地最小调查面积可定位 100 m²。

(4)地类图斑编号统一以行政村为单位,在一幅图内从上到下、从左到右对每一个图斑赋予一个不重复的编号。编号采用 ab/c 形式,a 表示图斑顺序号,b 表示权属性质(国有土地标注 G、集体土地不标注);c 表示图斑地类编号(末级分类)。当图斑较小时,编码用引线引出,标注在图斑外。

(5)图斑以地类界线表示,当地类界与线状地物或土地权属界、行政界重合时,可省略不绘;当各种界线重合时,依行政区域界线、土地权属界线、线状地物、地类界线的高低顺序,只表示高一级界线;行政区域界线、土地权属界线作为符号使用时不视为图斑界线;作为非符号使用时视为图斑界线。

(6)调绘的地类图斑以地块为单位统一编号。

(7)依据工作分类,按照图斑的实地利用现状认定图斑地类;批准未建设的建设用地按实地利用现状调查认定地类;根据《土地管理法》临时使用的土地,按图斑原来的利用现状调查认定地类。

(8)依据调查底图,逐图斑调查图斑地类,调绘图斑边界,当有更高精度航空影像时,也可采用其影像特征作为图斑边界调绘的依据。调绘图斑的明显界线与 DOM 上同名地物移位不大于图上 0.3 mm,不明显界线不大于图上 1.0 mm。

对影像未能反映的新增地物应进行补测,有条件地区采用仪器补测法使用高精度测量设备进行补测,条件不具备的地区也可采用简易补测法。补测地物相对邻近明显地物距离中误差,平地、丘陵地不大于 2.5 m,山地不大于 5 m,最大误差不超过 2 倍中误差。

3)线状地物调绘

线状地物指北方宽度≥2 m,南方宽度≥1 m 的河流、铁路、公路、林带、固定的农村道路、沟、渠、田坎、管道、护路林用地。

(1)宽度≥ 50 m 的线状地物,依比例尺作为地类进行调查;宽度<50 m 的线状地物按半依比例尺调绘。

(2)铁路、公路、农村道路、河流和沟渠等线状地物以图斑方式调查,线状地物图斑被调查界线、权属界线分割的,按不同图斑调查上图。

(3)线状地物调查应充分利用交通及水利部门的相关资料,保证道路和水系的连通性。线状地物发生交会时,从上向下俯视,上部的线状地物连续表示,下压的线状地物断在交叉处。

（4）线状地物量测宽度量测读数到 0.1 m,宽度误差不得大于 ± 0.3 m。

（5）原则上线状地物边界应依据影像特征调绘,对宽度较小的农村道路或沟渠等影像不能准确调绘的,可按照原有单线线状地物的走向和宽度上图。

4）零星地类调绘

零星地类指小于最小上图标准的地类图斑。

零星地类的调查是以耕地为重点,如对耕地中的零星坟地,林地中的小块耕地,耕地中的单家独院等实地面积大于 100 m²(0.15 亩)小于最小上图标准的地块进行调查。零星地类用皮尺丈量,读数精确到 0.1 m,计算出地块面积,记录在《外业调查手簿》上,内业面积量算时扣除此面积,并在工作底图相应的位置上用小圆点表示。

5）新增地物调绘与补测

（1）调绘　由于个别或者部分地物发生变化,与航片或卫片上的影像不符,需要通过补测的办法将变化的情况标绘到航片或卫片等外业调绘材料上,使之与实地保持一致。

（2）补测　为了保持图件的现势性而进行的野外简易测量,称为图的补测。当地物、地貌变化范围不大时,采用图的补测;当其变化范围超过 1/3 以上时,则需进行重测或重摄。补测可在航片上,也可在工作底图上进行。在具有近期大比例尺地形图或相片平面图和影像图条件下,最好直接补测在图上。通常外业补测与外业调绘结合进行。

经外业调绘和补测的航片应及时清绘整饰,经检查验收合格后,才能转入内业工作阶段。

简易补测法(皮尺丈量法)即不动用仪器,仅借助于卷尺、标杆等工具测定补测对象的外部特征点的位置,并标绘在图上。包括比较法、截距法、坐标法、交会法、延长线截距法等。仪器补测法是借助于平板仪、经纬仪或其他仪器运用图解或解析方法测定补测对象的外部特征的位置,并标绘在图上。

（3）补测要求　将新增地物草图标绘在外业调查手簿上;按实地补测数据,计算新增地物面积;补测点与四周明显地物点位置的误差应在一定范围内:平原、丘陵地区不得超过图上 0.8 mm;山区和四周明显地物点少的地区不得超过图上 1.2 mm。

6）田坎调查

田坎调查应按系数扣除方法进行,有更高精度要求的地区可按图斑调查,但采用的调查方式不能打破县级行政辖区。二次调查测算的田坎系数,如无特殊变化可继续沿用,也可由省(自治区、直辖市)统一组织重新测算。

田坎系数指耕地图斑中田坎面积占耕地图斑的面积比例。只在 1∶10 000 调查区中才允许用田坎系数扣除田坎面积。

（1）坡度≤2°耕地中,北方宽度大于 2 m、南方宽度大于 1 m 的田坎,不允许用田坎系数扣除田坎面积,应按实际田坎数量逐条面积量算、扣除。

（2）坡度＞2°耕地中,北方宽度大于 2 m、南方宽度大于 1 m 的田坎,允许用田坎系数逐图斑扣除田坎面积。

（3）田坎系数用第二次全国土地调查测定的田坎系数。重新测算田坎系数的,须由省级土地调查办公室统一重新组织测算,并上报全国土地调查办备案。

7)基本农田调绘

依据基本农田保护地块划定和调整的资料,将基本农田保护区落实至土地利用现状图上,逐级统计汇总基本农田的分布、面积、地类等状况,并登记造册,掌握基本农田的保护情况。

基本农田界线的调绘:在当地国土资源管理部门查阅用地范围区域的土地利用总体规划资料、基本农田保护区规划图及基本农田保护区界线图,在政府有关职能部门的配合下,现场将用地范围内及其附近的基本农田界线测绘或转绘在工作底图上。

3.2.3 内业工作阶段

3.2.3.1 内业整饰

(1)图形接边 相邻图幅辖区控制范围界线、权属界线、地类界线及各种线状地物图上接边误差小于 0.5 mm 的,取中,修改两图幅界线;接边误差大于 0.5 mm 的,应结合实地调绘进行调整。正射影像材料各图的比例尺一致,由调绘好的调绘片直接形成土地利用现状图。

(2)属性接边 相邻图幅的权属单位名称、权属性质、界线符号、地类代码、线状地物宽度等属性应严格一致。

(3)区外接边 同一图幅内有 2 个以上调查区的,应对共有界线接边,将调绘的内容拼接到一幅图上,进行图形和相关属性接边。

3.2.3.2 土地利用数据库建设

县级土地利用现状调查数据库建设应执行 TD/T 1016 标准,以完整县级行政辖区为单位,依据土地利用现状调查结果,建立城乡一体化的土地利用现状调查数据库。数据库建设应同步建立数据库管理系统,数据库管理系统应满足矢量数据、栅格数据和与之关联的属性数据的管理,按照相关技术标准,利用外业调查成果,具有数据输入、编辑处理、查询、统计、汇总、制图、输出以及更新等功能,满足各级数据库之间的互联共享和及时更新。

1)图形数据采集

根据外业调查结果,结合内业资料进行图形矢量化工作,形成全区域所有要素的数字化成果。对于电子化外业数据,外业采集要素在导入数据库的过程中不得有要素丢漏和位置偏移的情况。注意以下几个问题:

(1)要素采集界线与调查界线的移位不得大于图上 0.2 mm。

(2)数据应分层采集,并保持各层要素叠加后协调一致。

(3)公共边只需矢量化一次,其他层可用拷贝方法生成,保证各层数据完整性。

(4)数据采集、编辑完成后,应使线条光滑、严格相接、不得有多余悬挂线。所有数据层内应建立拓扑关系,相关数据层间应建立层间拓扑关系。

2)拓扑关系构建

检查要素在图层内、图层间的相互关系,并进行拓扑处理,建立拓扑结构。

3)属性数据采集

按规定的数据结构输入属性数据,并进行校验和逻辑错误检查。

4）土地利用数据库建设

检查数据完整性、准确性、逻辑一致性，以及数据分层和文件命名的规范性等，按照数据库建设技术要求建立县级土地利用数据库。

农村土地利用现状调查以正射影像图为基础，结合外业调查成果和基本农田资料等，建设农村土地利用数据库，依据标准：《土地利用数据库标准》。

城镇土地利用现状调查数据库根据城镇地籍测量、城镇地籍调查和土地登记成果，建立城镇土地利用数据库。依据标准：《城镇地籍数据库标准》。

5）建库流程（图 3-1）

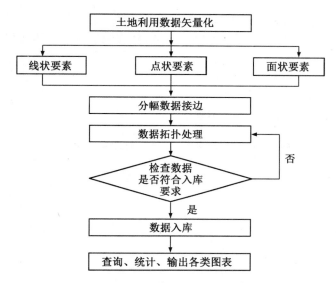

图 3-1 土地利用数据库建设流程图

3.2.3.3 面积量算

1）面积量算方法

面积量算即运用几何原理，微积分原理计算面积。目前，量算方法可归纳为：

（1）解析法 根据实测的数据计算面积的方法，包括几何图形法和坐标法。

坐标法是测出一个不规则的几何地块边界转折点的坐标值，然后引用坐标法面积计算的公式，计算出地块面积的方法。

$$P = \frac{1}{2} \sum_{i=1}^{n} X_i (Y_{i+1} - Y_{i-1}) \tag{3-1}$$

$$P = \frac{1}{2} \sum_{i=1}^{n} Y_i (X_{i-1} - X_{i+1}) \tag{3-2}$$

式中：X_i，Y_i 为界址点坐标，当 $n-1=0$ 时，$X_0 = X_n$；当 $i+1 = n+1$ 时，$X_{n+1} = X_1$。

（2）图上量算 在合格现状图的工作底图上，根据《规程》精度的要求，利用图解法、求积仪、图形数字化仪等量算面积。

(3)计算机量算　随着计算技术的发展,计算机量算成为主要的面积量算方法,将合格的土地利用现状图数字化并建立空间拓扑关系,进行面积统计。

2)面积量算原则

(1)图幅为基本控制　每一幅图都有一定的理论面积,以图幅理论面积作为标准值,提高各部分面积的准确性。

(2)分幅进行量算　面积量算工作是一幅一幅进行,有利于将分布在不同图幅的单位汇总出可靠的总面积,有利于同图幅内相邻单位量测面积的闭合工作。

(3)按面积比例平差　由于面积量算存在误差,图幅各部分理论面积之和与量算面积之和不同,出现闭合差,当闭合差在允许误差范围内时,需要按面积比例进行平差配赋。

(4)自下而上逐级汇总　自下而上,按村、乡、县逐级汇总成整体面积和各地类面积。

3)土地面积平差步骤

(1)计算闭合差

$$\Delta P = \sum_{i=1}^{k} P_i' - P_0 \qquad (3\text{-}3)$$

ΔP 为面积闭合差,P' 为某地块测量面积,P_0 为控制面积。

(2)计算改正系数

$$K = -\Delta P / \sum_{i=1}^{k} P_i' \qquad (3\text{-}4)$$

K 为单位面积改正数。

(3)计算各控制区平差改正数

$$V_i = K P_i' \qquad (3\text{-}5)$$

V_i 为某地块的改正数。

(4)计算各控制区平差后面积

$$P_i = P_i' + V_i \qquad (3\text{-}6)$$

P_i 为平差后的面积。

(5)校核

$$\sum_{i=1}^{k} P_i - P_0 = 0 \qquad (3\text{-}7)$$

4)面积量算内容

(1)控制面积量算　在土地资源调查中,一般需要设立2～3级控制。对于那些分布有县界的图幅来讲,需要设置三级控制,即按图幅理论面积—县土地面积—乡(或村)土地总面积的顺序设置控制。

(2)细部面积量算　以线状地物为图斑界线的,相邻图斑各扣除线状地物面积的1/2;以线状地物一侧为界的,线状地物面积全部在坐落图斑中扣除;河流、铁路、高速公路、国道、干渠、县(含)以上公路等穿过城镇建成区的,应扣减其在建成区内的面积;农村道路穿过农村居民点的,不扣减其在农村居民点内的面积;对图斑内的零星地类面积进行扣除;对耕地图斑内的田坎面积进行扣除。

(3)面积汇总与统计　控制面积和碎部面积量算工作结束之后,要对量算的原始资料加以整理、汇总。整理、汇总后的面积才能真正起到土地信息功能作用,为土地登记、土地统计提供依据,为社会提供服务。

汇总过程与面积量算的程序及原则有关。汇总内容取决于社会对资料的需求,汇总工作可分两阶段进行:

第一阶段为村、乡、县土地总面积的汇总,以分幅图上的村级控制面积量算原始记录为汇总的基本单元,自下而上,按行政界线汇总出村、乡、县三级行政单位的土地总面积。汇总过程中,用图幅理论面积作校核。先以乡为单位填写,汇总出各村级及乡的土地总面积,然后以县为单位,汇总出各乡及县的土地总面积。可在控制面积量算之后进行,是第二阶段的控制基础。

第二阶段为村、乡、县分类面积汇总,在碎部面积量算之后,按权属单位及行政单位汇总统计分类土地面积,它是第一阶段工作的继续。两个阶段的工作不一定相继进行,但两者汇总统计结果应起到相互校核的作用,发现问题应及时处理。

3.2.3.4　土地利用现状调查报告的编写

土地利用现状调查报告是现状调查的真实文字记录,是极重要的成果资料之一,要求对整个调查工作做系统的工作总结和技术性的总结探讨。编写好报告不仅对全面、系统、科学管理土地具有重要意义,而且对编制国民经济计划,充实、发展土地科学,造就大批土地科学人才都有重要影响。

乡级要编写土地利用现状调查说明书,县级要编写调查报告。调查报告应着重归纳土地利用现状调查的成果,分析土地利用的特点,并从宏观上提出开发、利用、整治、保护土地的意见,其内容应充实,文句要通顺,尽量做到文、表、图并茂。

县级土地利用现状调查报告的内容如下:

(1)自然与社会经济概况　包括调查区的地理位置及行政区划,本县行政区域形成的历史沿革及行政区划变化情况。进行外业调绘时,还包括本县所辖区、乡(镇)、场、村数字,自然条件,社会经济条件等。

(2)调查工作情况　包括调查工作的组织领导、调查队伍的组建与培训,工作计划与方法,执行规程的情况,技术资料的收集与应用,经费的筹集与使用,调查工作经验与存在问题等。

(3)调查成果及质量分析　主要包括各项调查成果名称并简介其内容对土地利用调查及土地权属调查结果的分析,如各类土地的比重与分布、地界的调绘与补测等对各项调查成果质量的评价,即精度分析存在的问题及产生的原因等。

(4)土地合理开发利用、治理保护的途径及建议　包括土地利用结构、利用程度、利用水平;土地利用中存在的问题;合理开发、利用、整治、保护土地的途径及建议。

3.2.4 成果检查验收阶段

3.2.4.1 检查验收制度

土地利用现状调查成果实行省、县、作业组三级检查和省、县二级验收制度,简称"三检两验"制度。首先,作业组自检和互检,然后县对作业组成果检查验收,最后省检查验收县的成果。各组检查验收人员还要评价被检查验收的成果质量。

(1)作业组的自检和互检 为使作业组的各项成果达到验收标准,必须加强作业组对成果质量的自检和互检。自检可在作业期间随时进行,发现问题及时处理,把问题消灭在第一线。互检在各作业组间进行,完成每道工序,自检、互检无误,应及时报请县检查组进行验收。

(2)县级检查验收 县检查验收组或县技术指导组负责对作业组成果进行检查验收。在作业组每道工序自我检查无问题的基础上按工序逐项进行,待上道工序检查合格,并由检查者签字后,作业组方可转入下道工序,以保证每道工序把住成果质量关。检查不合格的成果,应退还作业组返工补测后另行检查。县级检查验收工作全部完成后,要写出检查验收报告,报省主管部门派检查组检查验收。

(3)省检查验收 可由省、地组成联合检查验收组,共同对县级成果进行检查验收。省对县级成果的检查验收,可在县级对各作业组成果全部检查验收合格的基础上一次进行。

3.2.4.2 检查验收标准与步骤

(1)检查验收标准 土地利用现状调查成果的检查验收必须以《土地利用现状调查技术规程》及其补充规定的各项规定为准。凡按规程进行调查,作业项目达到规定精度要求的成果即为合格成果。

(2)检查验收步骤 各道工序的作业成果在作业人员自检无误后,进行互检。互检之后,由县检查验收,认定合格后方可转入下道工序。互检和县的检查验收均应做检查验收记录,对检查发现和提出的各种问题,作业人员应认真处理。在全部工序完成后,县应进行全面的检查,并整理好调查的全部成果资料及各阶段的检查验收记录,写出成果检查验收说明,连同应上交的调查成果,一并报省土地管理部门。省土地管理部门在初步审核认定可以进行验收后,即组织检查验收人员赴县,对调查成果进行检查验收。

国家土地管理机构和全国土地资源调查办公室可组织全国土地利用现状调查技术指导组成员对各省检查验收的成果进行抽查。

3.2.4.3 检查验收的内容与方法

由于各地使用图件资料和作业方法的差异,检查验收的内容和方法亦不尽相同。其具体内容与方法如下:

(1)外业调绘与补测的检查 在对全县各外业调查记录进行审查的基础上,随机抽取分布均衡的占全县总图幅数 5%~10%图幅的调绘航片及相应的外业调查手簿,在室内进行作业面积及接边检查、图面检查和外业调查手簿的查对,然后再从各图幅中选一定数量的调绘航片和相应的外业调查手簿,确定其检查路线,到实地检查核对。每幅图安排一个检查组,每组的检查内容包括土地权属界线的调绘检查。检查 2km 以上权属界线及 4 个以上拐点,审核一个权属界线协议书地类的调绘补测检查,实地核实 100 个以上地类的界线与符号注记,实量 10 条以上线状地物的宽度,实测 5 个以上零星地类面积以及核对外业调绘手簿。

(2)面积量算的检查　在审查全县各阶段面积量算作业检查记录的基础上,用精度高一级的量算方法,对面积量算成果进行检查。每县至少抽查 100 个地类图斑和 100 条线状地物。重点查控制面积及平差、量算精度、量算记录及汇总表。

(3)图件绘制的检查　包括县、乡土地利用现状图和土地权属界线图的检查。重点检查编制方法与成图质量。

(4)调查报告的审阅　是否按规程第 34 条所列的内容,真实、准确地反映了本地调查特色,要求层次清楚,文字简练,图、表附列。

(5)档案材料整理工作的检查　检查内容主要是档案材料是否齐全,分类编目是否统一、合理,案卷是否填写清楚等。

3.2.4.4 成果质量评价

成果质量评价采取计算质量合格率的方法进行,凡合格率在 80% 以上者为合格,低于 80% 者为不合格。质量评价方法如下:

(1)外业成果评价　分四个单项计算合格率,即土地权属界线调绘补测;地物、地类调绘补测调绘接边;外业手簿。先计算单项合格率,按下列公式计算:

$$单项合格率＝(检查合格单项数/检查单项总数)×100\%$$

然后计算项目合格率。按各单项合格率所占比重进行计算,即权属界线调绘占 30%,外业手簿记载占 20%,地物、地类调绘占 40%,调绘接边占 10% 的比重计算项目合格率。

$$项目合格率＝\sum_1^n(单项合格率×单项比重) \qquad (3\text{-}8)$$

县对作业组成果的检查,省对县成果的检查,其任何一个单项合格率低于 80% 者,均应退回被检查单位返工补课。省对县成果检查时,在应检图幅中,经外业检查,若单项合格率低于 80% 时,可在样本附近再抽出同等大小的样本对该单项进行扩大检查。扩大后单项合格率(两个样本统算)仍达不到合格标准时,再退回县,由县对该单项进行返工补课。补课后经县复查合格后,再报省进行单项补充检查验收。在应检图幅中,若发现有三个以上(含三个)单项合格率低于 80% 时,即停止外业检查,由县全面返工补课,返工补课后经县复查合格,再报省重新检查验收。

(2)面积量算成果评价　面积量算成果分控制面积量算、碎部面积量算、面积汇总统计三个单项计算合格率。再以控制面积与碎部面积各占 40% 及面积统计汇总占 20% 的比重计算项目合格率。

(3)图件成果评价　分为分幅土地利用现状图、县土地利用现状图、乡土地利用现状图、分幅土地权属界线图四个单项计算合格率。再以分幅现状图占 40%,其他三项各占

20％的比重计算项目合格率。

（4）调查报告评价　分合格、良好、优秀三级评价,内容齐全,进行一般论述为合格;内容客观实际且有本地特色,受到领导重视为良好;报告立意新颖、对当地国民经济发展有重大影响为优秀。其合格率分别为 80％～85％、85％～90％、高于 90％。

（5）档案材料整理评价　分材料齐全、分类编目统一、案卷填写清楚三方面进行评述,基本符合要求、完全符合要求、有创新。其合格率分别为 80％～85％、85％～90％、高于 90％。

（6）县级成果综合评价　县级成果总评以质量项目合格率为评价依据,用评语来评定合格、良好、优秀成果等级。

3.2.4.5　验收

1）外业成果验收标准

在检查合格的外业成果中还包含有不合格部分,其中有的问题还较严重,如重大的漏调、错调、漏补,补错的权属界线和地物等。这些问题不经处理改正不能验收。对于超出限差型微或对成果影响不大的可不必改正。

2）内业成果验收标准

经检查合格可验收的各项内业成果中,存在以下问题之一者必须改正,否则不能验收。

（1）量算工具的单位面积值计算错误;

（2）控制面积量算表中图幅理论面积抄错,误差超限平差,平差前后的控制面积之和计算错误;

（3）碎部面积量算表中的控制区面积抄错,误差超限平差,平差前后的图斑面积之和计算错误;

（4）县、乡、村各类土地面积统计表,县、乡、村耕地坡度分级表和县、乡土地边界接合图表中的任何面积数错误的都必须改正;

（5）县级接边图中的图幅面积与分县面积不一致的必须改正,接边图与工作底图上同一县界两图表示位置不一致的要查清;

（6）分幅土地利用现状图中的图面要素应与工作底图一致,任何不一致之处都应改正;

（7）县、乡土地利用现状图中漏绘主要居民点、地物,土地权属界线不闭合,漏绘地类符号,图廓整饰项目不全的都要补充改正;

（8）调查报告中面积数据引用错误的或情况失真的要改正。

3.2.4.6　编写检查验收报告

县级调查成果经省检查合格验收后,由省写出检查验收报告,对成果质量给予全面鉴定,并由省土地管理部门向县颁发质量合格证书。检查验收报告主要内容有:

（1）参加检查验收人员、检查时间和检查方法。

（2）单项、项目、总合格率及综合评价等级。

（3）不合格部分主要问题的类型、性质、数量及处理结果。

（4）成果的利用意见及建议。

74

3.3　土地利用变更调查

　　土地利用变更调查是指在完成土地利用现状调查和建立初始地籍后，国家每年对土地权属和用途发生变化的土地进行连续调查、全面更新土地用地资料的过程，本质上是一种动态监测。土地利用变更调查是土地利用现状调查的继续，通过变更调查更新、充实、修正原有的调查成果。遥感动态监测以其效率高、周期短、更新快的特点，能及时发现土地利用变化的优势，为土地利用动态监测提供先进的技术手段。

3.3.1　土地利用变更调查的任务与内容

3.3.1.1　土地利用变更调查的任务

　　当前开展土地利用变更调查的主要任务是：

　　(1)更新土地利用数据，保持土地利用资料的现势性。

　　对实地发生了的变化加以调查、记载，在此基础上更新原有相关部分资料，从基层资料起并按汇总系统自下而上逐项更新有关资料，从而形成新的与实地变化状况相一致的资料，这是最基本的核心任务。

　　(2)纠错改错和补遗工作。

　　土地利用现状基础性调查成果除因土地利用发生变化致使其失去现势性外，也由于当初基础性(或前期变更)调查中存在着一些差错，从而使调查成果不能真正反映土地资源和土地利用的现实状况。这些差错在实际应用资料时会逐渐被发现或者在监察等其他土地管理活动中逐一被发现，改正这些差错，同样是变更调查的任务之一。

　　土地利用现状调查工作环节繁复，相互关联度大，参与人员众多，调查对象千差万别，调查内容属性广泛，调查中难免存在疏忽遗漏的情况，因此，变更调查也肩负着补遗的任务。

　　(3)实现土地利用现状调查资料的同步与统一。

　　我国土地利用现状调查虽然从一开始就有统一的技术规程来保证各县调查成果符合质量要求，但是各县基础性调查开展得先后不一，因而所反映的土地资源和土地利用状况在时段上是很不一致的，数据形成是不同步的。对于不同步的基础数据，只有通过变更调查，实现它们的同步性，才能实现同类汇总，才能充分发挥调查成果的应用价值。因此，在每次全面开展基础性调查之后，总需要做一个规定，即以统一的时点为准，将各地的调查结果都调整到这个统一的时点现状水准上，如第一次土地调查规定 1996 年 10 月 30 日为统一时点、第二次土地调查规定 2009 年 10 月 30 日为统一时点、第三次全国土地调查规定的统一时点是 2019 年 12 月 31 日，只有经过按统一时点要求调整的变更调查数据，才能为实现全国各地调查数据的同步性和全面统一性奠定基础。

　　(4)形成系统的土地利用资料，为制定土地利用政策及科学研究提供基础数据。

从现状调查到一次又一次的变更调查,每一次的调查成果都反映了某一时点或某一时段的土地资源和土地利用状况,它们之间的有序排列将使这些各自反映一个时段(或时点)的资料,组合成一个反映土地资源和土地利用变化过程的历史写照,科学、客观、真实地显现土地利用的变化规律与变更趋势,才能为科学地制定土地利用政策及进行土地科学研究服务。

3.3.1.2 土地利用变更调查的内容

调查对象的变化内容繁多,主要有:

(1)地类的变化 指土地的用途或利用方式发生了变化,包括建设用地和非建设用地之间的转换,也包括农业用地内部结构的调整和非农用地内部类别之间的变化,同时也包括未利用地开发及灾毁造成的地类变化。

(2)图斑的变化 行政区域界的变迁、权属范围的更替、土地用途的变化等都会涉及界线的变动,这一切的变动最终均表现为图斑界的变化。因此,图斑的变化常常伴随着地类、权属或者区域界等的变动而出现。图斑变化形式多样,如图斑的合并、分割、增加和消失及其他方式的变化等。

(3)权属的变迁 土地的交易,争议地的调整与解决,征地、土地的开发与整理变化必然导致土地权属发生变化,如权属单位的合并、兼并、分割造成的权属变化。土地权属变迁推动着土地利用向合理化和高效化发展。

(4)行政区域界调整 行政区域界调整实际上意味着对原有行政范围进行分割和合并的调整。调整中有可能还包含着土地利用其他方面(如地类、图斑)的变化。然而行政区域界调整无论是分割还是合并,往往是成片的大量图斑群的转移(分割、合并)。

(5)飞地、争议地的变化 随着土地管理工作的加强、土地登记工作的深入发展以及土地整理工作的广泛开展,一些地区的飞地得到了调整,一些土地争议的纠纷得到了解除,土地的分配利用更趋合理,土地关系进一步理顺。这些土地分配利用上的改善,原来调查资料上统计记载的飞地、争议地已不复存在,需要通过实地调查并依据于飞地、争议地调整、调解的协议和批准文件,进行相应的变更工作。

(6)单位更名的变化 伴随着经济的发展及土地资产的流转,企业等单位更名已是十分普遍的现象。更名原因是多样的,例如因企业改制而更名,因生产行业变化而更名,随时代气息的变化而更名,因业主的更替而更名等。这些更名有时还涉及企业性质和隶属部门的变化。这种变化有时也涉及地类、界线、面积等要素的变动。这些信息,在基层和各级汇总资料中都是重要的信息源,必须在变更调查中及时进行调查和更正。

▶ 3.3.2 土地利用变更调查的特点

与基础性的土地利用现状调查相比,土地利用变更调查具有以下特点:

(1)变更情况复杂,工作难度大。

土地利用变更调查中涉及的类型复杂多样,一种地类的增加或减少并非只是单纯地对应着另一种地类的减少或增加,而可能是既有多种来源,又有多个去向。因此,整个土地利用变更调查工作需要进行复杂的图形与数据处理,工作难度较大。

(2)变更频繁,工作连续性强。

土地在利用过程中,其自然与社会状况在不断地发生改变,只有通过连续性的土地利用变更调查工作,才能将这些变化真实地记录下来,从而使历史与现状表述清楚。将这些变化资料积累起来便能清楚地掌握土地利用的状态、变化规律与变化趋势,为科学管理土地、可持续地利用土地资源提供基础数据。

对于频繁和连续发生的变化,在开展变更调查时,应当尽可能地规范变更调查的时段,以利于调查资料的应用。同时,也应使变更工作的条理清晰,如尽量按变更内容分别进行变更,分别做出记录,不要只追求结果,不反映过程(包括数据和图件)。否则,将大大降低调查资料的应用价值。

(3)多种工作方式密切结合。

土地利用变更调查,是将土地利用调查与地籍调查工作相结合,不仅将土地利用方式的变化调查清楚,而且还要对土地的权属等内容进行实地调查、多项调查内容一次完成,节省了时间与费用,提高了工作效率。

3.3.3　变更调查的实施

在进行土地利用变更调查时,可以收集和运用日常积累的丰富资料,充分应用测绘新技术和信息管理技术,使调查工作更快捷、更方便。基层开展土地变更调查的作业程序与基础性调查是基本相同的。即准备工作,外业调查,图件的变更、面积量算与统计汇总,编写变更调查报告,调查成果的检查验收及归档。土地变更调查与基础性调查一样,以县为单位开展。整个变更调查工作,从技术上、组织实施上来看与现状调查不相同主要表现在以下几个方面:

3.3.3.1　资料准备不一致

原土地利用现状调查资料,包括:

(1)土地利用现状图、土地权属界线图、各种文件资料等;

(2)近期的航空摄影相片、正射相片和卫星影像资料等;

(3)初始和日常城镇村庄地籍调查资料;

(4)土地整理、土地复垦、土地开发、土地征用和农业结构调整等资料。

3.3.3.2　变更调查的外业工作不一致

尽快发现变化了的调查对象,并通过一定的技术手段去准确、全面地确定变化的项目规模、位置、性质等,并把这些变化标绘在图件资料上,记载入相应的材料上,以便进一步加工整理。

(1)选用良好、适用的基础图件,在不改变原调查的基本技术路线的情况下,一般都应用原已形成的基本图件,即分幅土地利用现状图或者符合土地利用现状调查规程规定的航空(航天)资料。

(2)采用二阶段作业的方式。第一阶段将调查发现工作日常化,第二阶段将调查发现工作集中化。这样的二阶段作业既有利于及时发现变化对象,有利于有针对性地准备资料,把准备工作减少到最低程度,又保证调查工作本身能循最佳路线进行,达到费省效宏之效果。

(3)实地现场调查,通过观察、访问、测定等方法获得相关的变更信息数据。调查工作依然以图斑为最基本的调查单元,变化测定的方法依图件而有所区别。

图件上变化情况的标绘包括对变化后各种界线的标绘、地物的标绘、土地利用类型的标绘、测定值(如线状地物宽度、零星地类面积)的标注和其他注记及符号(如图斑号、单位名称等)的标注。有时需要对已消失项目信息做注销处理。图上标绘、注记方式和技术要求,除有特殊需要外,应严格沿用土地现状调查技术规程的有关规定,且一切标绘和注记均应交代得十分清楚,必须使内业作业人员明白各线条、注记的确切用意,以保持良好的技术衔接性,减少内外业作业中的不协调性和不理解状况。

3.3.3.3 图件的变更

土地利用发生了变更,有关图件应当作相应的变更,使之能真切地反映土地资源和土地利用的现实状况。图件是反映这些变化的最直观的手段,无论是形态和位置的变化,还是其他(如数量、方式等)的变化均须以图件为基础来反映。

1)对图件变更的基本要求

(1)更新后的图件应具有现势性。图件上必须准确地将新出现的地物、特征标志、线条和注记一一标绘清楚,形成一张崭新的图件。图件的真实性和现势性是图件变更的首项要求。

(2)内容齐全,精度、详度有保证。变更后的图件应当是新时点上土地利用现状的缩微,在内容上应全面反映土地利用现状调查规程规定的全部内容。不能仅反映变化了的内容,而省略掉那些没有发生变化的内容,且在精度上必须达到规程规定的要求。

(3)规范一致,清晰易读。图件是阅读者和图件使用者的读解对象,无论是变更后的图件还是变更前的图件,在表达方式上应当统一、规范。为此应尽可能沿用测绘界一般习惯应用的表示方式。即使某些具有土地管理特色的内容,也应逐步加以规范化,成为同行业的通用方式,切忌频繁变动更改。

(4)有可追溯性。图件是现状的缩微,当不同时点现状同时缩微在同一张图件上,或者将不同时点现状图进行对比分析时,可以生动追溯土地变化的历史。良好的图件在这方面比数据更具优越性。因此,对图件的制作必须坚持统一规范的技术要求,保持先后图件的技术衔接性。

(5)所有主要的调查成果图件,如分幅土地利用现状图、土地权属界线图和乡级、县级土地利用现状图,都是变更调查应形成的成果图件。这些图件通过变更调查均应加以修正,形成新的具有现势性的上述图件。

2)图件变更的方法

各地选用的变更调查基础图件不同,图件变更的方法也就各不一致。主要的方法有简易补测法、平板仪补测法、未纠正航片调绘的图件变更、纠正片与正射片(图)调绘的图件变更、计算机变更图件。

3.3.3.4　数据变更及汇总

数据的变更从广义上来讲包括了用新的面积数据代替旧的变化了的数据,同时与未发生变化的原有数据一并形成一整套能反映土地利用现状的数据群(系列数据)。但是图件变更仍是数据变更的基础,不管面积数据的变更如何复杂,它们均来自基本调查单元——图斑,因此图件的变更与数据的变更应紧密结合。

1)变更中的土地面积量算

变更中土地面积量算开展的基础应当是变更好的土地利用现状分幅图。在变更土地面积量算时不必重新建立量算控制体系,但应严格维护原有的控制体系。只有当行政区域范围发生变化时,才须相应地调整该行政级的控制区域,否则一般都不变动原控制体系,而只是在原控制体系下,增加一个控制层次,将土地变更单元作为一个基本的变更土地面积量测层次(控制面积层)。变更单元是变更土地面积量测的基本控制单元,在这一控制单元内通过具体的量测、平差等工作,最终实现其内部新测算面积与原有面积相等,也就实际上维持了原有的土地面积量测体系,保证量测结果规范可靠。

面积量算的具体方法与基础性调查中相同。土地面积量算的原则、技术要求仍应严格遵守。

2)台账变更及统计簿更新

按规定土地统计台账按土地权属性质分别建账,在此基础上按权属单位分别建立账页。这一制度在变更中仍需坚持。

土地统计台账变更的依据是变更单元面积量测的结果,变更中被变更掉的账项应用红笔予以"杠"掉,并在"备注"栏里注明变更时间、变更依据(变更记录表号)、土地权属变更情况等。变更中新形成的账项逐一记录在上年末合计之下,每一项变化占据一行,并在记录这些账项之前标明。"××××年度变更情况"字样。在这些记录之末设立"变更原图斑合计""变更现图斑合计"及"××××年末合计"。变更结果应符合下列运算关系:

$$××××年末合计＝上年末合计－变更原图斑合计＋变更现图斑合计$$

变更涉及行政区划或权属范围时,尤其当涉及大范围的行政区划调整(若干村乃至若干乡的区划调整),而且内部土地利用又发生变化时,情况有点复杂。此时宜将台账的变更,按调整与变更两个步骤实施。首先将调整范围的账项"杠"去,转移到调整后的账本、账页上进行调整合计后,再进行变更。

由于变更的发生常常不仅发生在本台账账页内,有时跨账页(如不同单位之间),甚至跨账簿(如不同权属性质之间变更),因此,为了实现面积的平衡关系,有时需将不同账页、不同账本结合在一起方能实现。若不细心或思路不清,极易出现差错,而且出了差错后找错、纠错均较费事。

土地统计簿不存在如土地统计台账那样的变更,不存在对原数据的"杠"掉,添加新数据,而是在变更台账的基础上,按固有的系统进行汇总,形成新的账页。

3)年度地类变化平衡表的编制

年内地类变化平衡表集中、系统、全面地描述一个国家或一个地区的土地利用及其变化情况和存在的问题,为土地利用宏观调控提供决策依据。平衡表由上、下两部分构成,上表用于记载年初面积、各种地类的增减面积及年末面积,用于反映年内地类之间面积变动的走向和数额。下表用于反映年内地类之间面积变动的走向和数额。

将变更前后地类来龙去脉相同的、分布在不同变更记录表上的数据进行合计,便可得到该镇(或县)全年各地类增加或减少的面积。

▶ 3.3.4 变更调查的主要技术环节

变更调查工作程序与基础性调查并无多大区别。在整个变更调查中重要的在于把握以下几个主要技术环节。

3.3.4.1 变更之判定

实际中土地利用变化发生的种类和原因是各式各样的,对于发生了的变化需要首先做出一个判断,即所调查的变化是否属于变更调查的对象。这里不仅是指这一变化是不是土地资源或土地利用变化的内容,更进一步的意义在于判断发生的变化是否属于正常的有效的变更。如涉及权属关系的变更必须是法律有效的、涉及行政管辖的变更必须是有行政决议的等。

图斑界、地类、线状地物、零星地类的变化以及不涉及权属关系的土地利用变化,均以现场调查结果为准,这些变化均属变更调查之对象。

3.3.4.2 确定变更单元

事实上一切土地利用变更最终都表现为图斑的变化。图斑是调查工作的基本落脚点,基本的调查单元,任何地类、地物都包含在图斑之中,而各种界线也都依附于图斑界而存在。

分析图斑的变化,可以归纳为下列 4 种情况:

(1)发生图斑属性的变化。指图斑界线不发生变化,仅其内部某一(或某些)属性发生变化,如地类整体变化、权属发生更替、内部线状地物增加(减少)等。

(2)原图斑发生分割。原来的一个图斑被分割成两个(或多个)独立的图斑。

(3)原图斑发生合并。原相邻两个(或多个)图斑因变化而合并成一个较大的图斑。

(4)图斑发生重组。原有的相邻图斑之间,既有图斑分割的情况,同时又存在部分图斑合并的现象。

上述变化时常是混合出现的。如大片农田经土地整理,调整了土地的权属,改变了原有的田块分布形态,重新布置了渠道、道路,从而扩大了有效耕地面积,改善了农田生态环境,提高了土地生产能力。这里既有图斑的重组又有图斑属性的变化。如果发生的变化只涉及一个图斑的内部,而与相邻图斑无关(不管相邻图斑是否另外也发生了变化),则其外围界线并不发生变动。如果相邻图斑共同发生变化(它们之间的变化使它们相互关联),则它们之间的界线发生了变化,而它们共同的外围界线并不发生变动,这种没有发生变动的界线范围内部发生了变化的区域范围,被称作一个变更单元。换言之,变更单元是一个图斑或者一群相邻的图斑,其内部发生了变化,且变化是整体性的(各部分的变化是相关联的),是无法分割的,而从形态上来讲,变更单元外围是原有图斑未发生变动部分界线的连线。变更单元是调查的一个基本范围,是图件变更的基本作业范围,也是变更调查中土地面积量算的控制单位。当图斑变化与行政区域界变化同时发生时,变更单元的划分首先应按行政区域界变动后的情况来划分,即同一个变更单元内不应包括变更后的不同行政单位的土地。

3.3.4.3 维持平衡

变更调查的众多工作过程中都贯穿着平衡的技术环节。从最基本的变更单元到各行政单位、各汇总系统,乃至全国变更后新资料的形成,无不把平衡作为一个重要的技术环节。

平衡是一个工作过程,是变更调查内在关系的要害,是防止差错的一种方法手段,是一项技术要领。

土地变更单元是变更调查的基本作业范围,也是平衡工作的基本范围。一个变更单元内变更前的总面积与其变更后的总面积必须相等。在对土地统计台账作变更时,在形成新的土地统计簿账页时,也都需按各自的内在关系,维护平衡关系,而且变更调查最终以编制年度土地利用现状变更表(即平衡表)而告终。

3.3.5 3S 技术支持的土地利用变更调查方法

3.3.5.1 技术路线

3S 技术支持的土地利用现状变更调查,是按照 3S 技术与地面调查相结合,以遥感技术和已有土地利用现状数据库或土地利用现状图为基础,利用计算机自动发现变化信息或人机交互解译提取土地利用变化信息,作为外业调查的引导。然后在外业调查中,在 GPS 技术引导和准确定位下,确认变化图斑的类型、面积、范围和界限,核实行政区域界线变化情况,完成对变化的线状地物宽度和零星地物(包括遗漏的小图斑)的量测。内业则在外业调查的基础上,利用 GIS 技术与数字化环境,在多源信息的支持下,实现对基础图件的数字化更新以及完成数据的汇总。

3S 技术支持的土地利用现状变更调查技术流程可以包括遥感影像的纠正、配准与融合,土地利用变化信息发现及确认,变化信息提取,GPS 引导的外业调查,GIS 支持下的土地利用变化图斑的更新编绘以及土地利用现状数据库的更新等。

1)遥感影像的纠正、配准与融合

遥感影像的纠正指的是卫星遥感影像相对于地形图进行的正射影像纠正以及土地利用图相对于正射影像图为配准目的而进行的相对纠正。其目的在于将卫星影像归化到统一的大地坐标系,实现不同传感器、不同时相影像的配准融合,实现土地利用图与遥感影像的配准叠加。目前,最为普遍使用的方法是多项式纠正方法。影像融合的目的是把同一范围地物的多帧不同性质(不同分辨率、不同光谱波段、不同时相)的影像经过变换和复合形成一帧彩色影像,以便于识别地物性质或发现变化,在土地利用变更调查中最常用的是将较低分辨率的多光谱影像与较高分辨率的全色影像的融合。

2)变化信息发现及确认

目前常用的自动发现变化方法有分类后结果比较法和多时相光谱数据直接比较法。分类后结果比较法适用于拥有新旧时期影像的情况,也可用于基期仅有土地利用数据而新期拥有遥感影像数据的情况;多时相光谱数据直接比较法利用多时相光谱数据直接对不同时相遥感数据进行运算比较发现变化区域,适合于拥有多时相遥感数据的情况。变化类型的确认一般采取内外业结合的办法,为减少外业工作量,内业先做粗略的删选,内业方法以目视识别为主,辅助计算机处理。

3)变化信息提取

从影像提取变化信息的过程主要是通过在计算机图像图形环境下,人工操纵鼠标在屏幕上描绘来实现的。人工描绘的过程包含了目视判读、综合思考和对复杂情况的灵活处理,是目前最可靠的方法。为提高效率,在影像有利的情况下,可在人工操作的基础上,辅以半自动化的提取技术。

4)GPS引导的外业调查

外业调查的任务是要在土地利用变化遥感图基础上,完成对图斑地类变更、权属变更、行政辖区变化区域界的调查核实、变更线状地物和零星地物的量测以及遗漏图斑的补测。外业调查中利用GPS实时定位技术,快速发现图上需要实际调查的图斑位置;利用GPS量测图斑的范围、面积、线状地物宽度并补测零星地物。在利用较低分辨率的遥感影像更新较大比例尺土地利用图时,要求所有变化图斑都要实际量测,并补测遗漏图斑。遥感数据主要用来发现主要变化图斑。

5)GIS支持下的土地利用图件更新绘制

(1)已有矢量数据库的矢量化更新 矢量化更新是在GIS环境下,利用外业调查成果,将矢量线划图和变化图斑叠置在遥感影像上,通过GIS的编辑修改功能(包括坐标更新、类型属性更新、定位参数等),对变化图斑进行逐图斑更新和编绘,并修改矢量图存在的错误,协调更新图斑与已有图斑的矛盾。当GPS外业调查以数据文件记录调查图斑时,可将GIS数据直接导入作为一个新层,通过空间分析功能直接更新变化图斑,GPS数据与已有矢量数据的联系通过图斑号连接。矢量化更新可分为三种情况:①新增变化图斑,以卫星影像和(或)GPS实测数据为准,通过人机交互更新图斑边界并赋给相应属性;②原有图斑消失,删除该图斑并填充相应图斑和属性;③矢量数据偏离图像上相应地物位置,当偏离超过限差要求时,使用编辑修改功能,把矢量数据修正到遥感影像相应地物位置上。

(2)仅有土地利用数字栅格地图(DRG)的栅格化更新 可采用两种模式:一是土地利用DRG与遥感影像透明叠加形成复合文件,实现对变化图斑的更新;二是土地利用DRG与遥感影像、变化图斑等构成空间配准的栅格图层更新。前者适合对黑白土地利用DRG的更新,后者更适合对彩色土地利用DRG的更新,为方便起见,可对彩色DRG分层更新。变化要素的更新以背景影像为准,在栅格符号库和栅格式人机交互更新软件支持下,人机交互半自动方式进行。栅格符号库以按比例尺制成的点状符号和由程序在更新时自动实时生成的符号两种方式表现。更新要素按表现形式可分为点状、线状和面状。对于点状要素,只需指定定位位置即自动更新;对于线状要素,需要半自动跟踪其中心线,然后自动按其色彩和要素类型符号化;对于面状要素,需要半自动跟踪其外围轮廓线,然后自动按符号形式和颜色符号化。更新要素既可以单独保存,也可以直接与旧DRG合成一个文件保存。

6)土地利用现状数据库的更新

对于已建立数据库的矢量土地利用图的更新,除更新每幅图的变化图斑和相应的属性以外,还应重新建立拓扑关系,并将更新结果入库,更新数据库有关内容,重新建立数据库索引等,实现对数据库的更新。

3.3.5.2　3 S 技术支持的土地利用变更调查方法的优缺点

1)优点

与传统的土地利用变更调查方法相比,3S 技术支持的土地利用变更调查具有以下优势:

(1)缩短外业调查时间。利用 RS 技术进行土地利用变更调查时,首先通过遥感影像的纠正、配准与融合处理,进行变化图斑的提取,这样提高了室内判图的精度。外业在 GPS 支持下,辅助 RS 进行零星地类和遗漏图斑的测量,可快速、准确地确认需要调查的图斑,因此可减少外业调查的工作量,缩短调查时间。

(2)纠正了土地变更调查变化图斑的几何精度。常规土地变更调查时,变化图斑的标绘主要依靠周围的参照物。由于地面明显地物点难找,也找不准,导致了土地利用现状图上许多变更图斑地类界与正射影像图不吻合。通过利用高分辨率遥感影像与土地利用现状图套合对比,可清晰直观地发现变化情况,从而保证土地利用现状图、数、实地三者一致,保持土地利用现状的准确性和现势性。

(3)采用数字作业,提高了调查成果的精度。内业通过 GIS 的编辑修改功能(包括坐标更新、类型属性更新、定位参数等)和计算机自动生成面积数据的功能,对变化图斑进行逐图斑更新编绘和图斑面积量算,与常规手工操作方法相比精度更高。

(4)可直接更新数据库成果,满足现代地籍管理的需要。通过外业核查,新增变化图斑文件与土地利用数据的相应文件进行叠加后,可直接生成新的土地利用数据文件,实现土地利用基础图件与数据的更新、管理、查询等工作的信息化。

2)存在的主要问题

3S 技术支持的土地利用变更调查方法虽然具有一定的优越性,但在具体应用上仍然还存在一些问题。这些问题主要表现在:

(1)卫星遥感资料分辨率低。衡量卫星遥感资料在土地利用调查中应用效果的主要标志是识别地类能力和地类面积量测精度。地类判读精度和面积量测精度主要取决于遥感资料的分辨率。根据现有实践推论若单纯用卫星遥感方法做土地利用调查,地面分辨率 3 m 的资料可满足 1∶1 万比例尺的土地利用变更调查要求,而目前我国最易获取、最为常用的光学遥感数据源——美国 Landsat-7 卫星数据和法国 SPOT 10 m 全色数据的分辨率都在 10 m 以上,而且在异类地物紧密交错、地势起伏频繁、地块破碎的地区,运用这些遥感数据进行土地利用调查时存在大量的混合像元,从而使得土地利用信息的提取遇到困难。

(2)高分辨率卫星遥感数据的获取渠道不畅通。虽然目前在我国可获取的主要光学遥感数据源中美国的 IKONOS、中国的 C13ERS-2 和印度的 IRS 数据的分辨率能达到 3 m,但目前应用高分辨率遥感数据及其处理的价格较为昂贵,经费投入大,单靠地方开展工作难度较大。而且在一些常年云雾覆盖的地区,一年也难接收一两帧数据,同时高分辨率小卫星寿命也不长。因此,信息源能否保证是制约高分辨率卫星遥感资料质量的一个重要因素。

(3)县级土地管理部门缺乏相应的遥感技术人员和软、硬件设备,一定程度上限制了遥感技术在土地利用变更调查中的应用。

由于3S技术在土地变更调查中存在以上问题和困难,所以该方法只适合在人员和设备配套比较好、技术条件比较成熟的地区使用。

3.4 土地利用动态遥感监测

近年来,遥感、地理信息系统和全球定位系统技术的发展与日益成熟,给土地管理部门提供了土地利用动态监测新的思路与方法。我国土地利用遥感监测体系正在逐步建立,目前国土资源部制定了统一的《土地利用动态遥感监测规程》,近年来遥感监测工作已开始步入正轨,每年全国都要对一些省市土地利用变化情况进行动态监测。

3.4.1 土地利用动态遥感监测概念

土地利用动态遥感监测是以土地利用调查的数据及图件为基础,利用最新时相的遥感影像,运用遥感图像处理与识别技术,从遥感图像上提取变化信息,从而达到对土地利用变化情况进行及时的、直接的、客观的定期监测。土地利用动态遥感监测主要是对耕地以及建设用地等土地利用变化情况进行监测。

3.4.2 土地利用动态遥感监测目的

(1)及时、定期监测,检查土地利用总体规划及年度用地计划执行情况,重点是核查每年土地变更调查汇总数据,为国家宏观决策提供比较可靠、准确的土地利用情况。

(2)对违法或涉嫌违法用地的地区及其他特定目标等情况,进行快速的日常监测,为违法用地查处及突发事件处理提供依据。

3.4.3 动态遥感监测的方法

(1)对多时相、多源遥感数据进行分析并作纠正配准融合等预处理,然后利用处理结果进行计算机自动分类和人工判读目视解译,得到各时相的土地利用分类结果,比较分类结果便可发现土地利用中的变化情况。

这种方法的优点是可以利用分类结果来制作并辅助更新土地利用情况数据库;缺点在于做土地利用分类时工作量较大,分类精度不高,而且由于对不同时相影像都要做分类处理,所以在进行比较确定土地利用变化时已经积累了两次的分类误差。

(2)直接利用多时相、多源遥感数据来寻找变化,通过图像处理和影像判读来确定变化属性及进行统计分析,这样就大大减少了对无变化区域做分类时作业人员的工作量,有效地提高了监测的精度。

3.4.4 土地利用遥感监测工作程序

3.4.4.1 准备工作

1)制订工作计划

遥感监测前,必须周密地计划监测的范围、遥感数据源、监测方法、步骤、时间、人员及组织等。

2)收集有关资料

(1)收集有关农、林、牧业生态、物候及农时历,特别是耕地作物的物候及长势等资料;

(2)收集时相、云量、范围等均符合要求的航天遥感资料;

(3)收集接近基本监测图成图比例尺的最新地形图;

(4)收集最新土地利用现状图;

(5)收集有关基本农田保护区及城市建成区资料;

(6)收集规划、年度用地计划等资料。

3)编制技术设计书

主要包括监测任务概述、监测区概况、已有资料的分析和利用、监测的技术依据、监测的主要内容、技术指标及技术要求、监测方法和作业流程、组织与实施、监测成果质量控制方法、提交的成果等。

4)制定动态分类系统

依据遥感图像上的光谱信息及纹理结构对土地用途、经营特点、利用方式和覆盖特征等的反映进行分类。分类原则上与全国土地利用现状要求一致;采用两级分类,统一编码排列。

3.4.4.2 多源数据的选取

根据地籍管理所具有的连贯性、系统性、高精度等特点并结合遥感数据的具体情况,前几年对数据源的选取主要采用的是美国的 Landsat TM 和法国的 SPOT 这两种卫星数据,目前采用监测的卫星数据源已经大幅增加,大量地采用了 Quickbird、Ikonos、日本 Atos、印度 IRS P5、中巴资源卫星、北京一号卫星等,而对于 TM,ETM 影像,其光谱特性较好,国内在大范围的基础调查中还在大量采用,但是对于局部地区的土地变更调查,因为其空间分辨率低,对较高精度监测不利,所以现在应用它都主要是用于多光谱的融合等处理。此外,为提高监测精度的需要,还要结合使用当地的地形图、土地变更调查图等多源数据资料,注意收集当地的人文、地质、作物生长信息;为实现对重点区域进行监测的需要,还要借助航片或印度 IRS 5.8 m 等更高分辨率卫星影像数据资料。

数据选取原则:

(1)数据及资料来源连续、稳定;

(2)能满足监测的精度要求;

(3)价格适中,易于获取。

3.4.4.3 多源数据预处理

1)遥感影像几何校正和配准

遥感几何校正基本环节有两个:一是像素坐标变换;二是像素亮度重采样。根据所采用的遥感数据特点和《土地利用动态遥感监测规程》要求,工作中采用的图像校正方法主要是二次多项式法,亮度重采样则采用三次卷积法。

配准的目的就是产生一个空间校准的数据集合或者匹配某一景物的图像,以求实现同一个监测区域不同时相和不同类型的遥感数据在地理坐标以及像元空间分辨率的统一。配准方式主要有相对配准和绝对配准两种。

2)遥感影像镶嵌与融合

在进行土地利用动态监测时,为提高影像判读和动态监测的精度,需要使用多源遥感影像来增加信息量,如采用 Spot 卫星全色 10 m 分辨率的影像和 TM 彩色多光谱 30 m 的影像进行融合,从而将全色影像丰富的纹理信息与低分辨率多光谱影像的基本光谱信息的各自优势富集起来,以大大提高影像的解译能力。

目前的影像融合方法主要有基于像元的融合、基于特征的融合和基于判决水平的融合 3 种。在实际动态监测过程中,考虑到方法的简便易行,经常采用的融合方法主要有:IHS 变换法、加权相乘法和主分量变换法等。对于监测区各种不同的地形地类情况,可结合各种方法的优势和特点采用多种方法进行分块融合及镶嵌处理。

3.4.4.4 变化信息提取及类型确定

变化信息是指在确定的时间段内,土地利用发生变化的位置、范围、大小和类型。

变化类型包括新增城镇、农村居民点及独立工矿用地占用耕地,新修铁路、公路及民用机场占用耕地和新增其他建设用地占用耕地;耕地转变为坑塘水面(即鱼塘)以及其他非建设用地,耕地增加;新增城镇、农村居民点及独立工矿用地占用非耕地,新修铁路、公路及民用机场占用非耕地和新增其他建设用地占用非耕地;抛荒耕地以及闲置建设用地等。

变化类型确定方法包括目视解译法、自动分类法和人机交互解译法。

3.4.4.5 外业核查

(1)实地检查确认遥感内业判读的变化图斑;

(2)实地调查影像上识别或定位不准的小图斑边界线;

(3)实地量测影像上量测精度不足的线状地物宽度;

(4)对影像上有云影遮盖的范围做补充调查;

(5)实地收集监测区内与真正变化图斑相对应的土地变更调查资料,为变化信息分类后处理及精度评价提供依据。

3.4.4.6 变化信息后处理

根据外业核查提供土地利用变化的真实信息,在核查的基础上,再借助有关统计资料和专题资料,对遥感监测提取的变化信息进行处理,修正变化图斑的位置、范围和变化类型等,辅助解决原内业工作中的疑难问题。

(1)外业资料整理与分析。

(2)变化小图斑的归并,对于变化提取确认的图斑,当图斑大小低于最小量算度时,按最大相邻法合并。

（3）图斑范围、边界、类型确定，并标定对应的注记，一般要参考监测区融合影像图、土地利用专题图以及土地变更调查记录手簿等多源数据共同进行。

（4）选取特征图斑，为建立影像特征库提供典型影像资料，并可用来指导判读其他同类变化图斑的土地利用变化情况。

（5）统计变化面积并作变化分析。

变化信息后处理的最基本原则是对照经野外分析整理的记录手簿、收集的变更调查图或变更调查野外记录手簿以及监测图和前后影像的光谱与纹理特征，对室内提取的变化信息进行进一步分析处理，做到监测图保留的是实际变化的所有图斑。以县级行政单元为单位，按土地利用类型进行面积计算，面积取值到小数点后两位。发生变化的图斑按行政单元及面积范围进行分类，以便后续工作能按照不同的面积档次进行精度统计，以行政单位进行面积统计。

3.4.4.7　监测精度评定

监测精度的评定是利用一定比例的图斑进行实地量测或借助于 GPS 进行面积测量，记录实际的属性变化，统计整理核查的结果。

除了针对图斑面积的精度进行评定外，还包括纠正的点位中误差精度评定和地类判读精度评定。影像纠正精度的评定方法，主要是在野外实测控制点的时候，还需要测定一定数量的检查点，根据控制点对影像进行纠正后，再对检查点进行对照分析，计算其差值来进行精度评定。地类判读精度的评定主要是将室内判读的图斑，在野外核查时看是否有同谱异物、同物异谱或者判读失误的地方，分析误判原因，计算误判比例。

3.4.4.8　监测成果检查验收

监测成果采用三检一验的制度进行检查验收（图 3-2）。

3.4.4.9　监测成果的提交

监测成果提交包括技术设计书及技术报告、基本监测图和监测信息管理文件、统计数据资料等的提交。

基本监测图是在监测区内，按县级行政辖区、地（市）行政辖区范围以及其他特定区域分幅，标注有关土地利用及其变化特征等要素的遥感影像图以及动态遥感监测图等。

土地利用动态监测图主要内容包括县级以上行政辖区界线，县城以上城市建成区界线、规划区界线、开发区界线、基本农田保护区界线、公里网格线；县级行政区名称，城镇名称，开发区名称，大型项目名称，河流、湖泊名称；大于最小量算面积、填充颜色后的变化图斑（包括新增建设用地占用耕地、新增建设用地占用非耕地、抛荒耕地、闲置建设用地、耕地转变为坑塘水面和其他非建设用地以及耕地增加等）及其编号背景影像等。除分别以前、后时相影像为背景影像，变化图斑对应的范围线着色表示外，遥感影像图主要内容与土地利用动态监测图主要内容相同。

动态监测技术报告内容包括监测内容、监测区简介、资料收集、技术指标、技术路线及方法、精度评价、变化面积统计与分析、成果资料等。

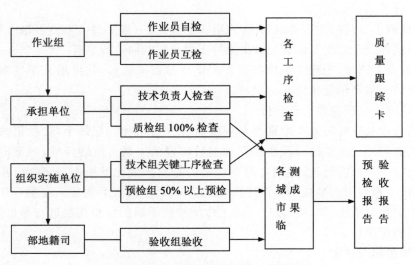

图 3-2　土地利用遥感监测检查验收制度

实习 2　土地利用现状调查与变更调查实习

1．实习任务

(1)熟悉土地利用现状调查流程。

(2)掌握土地利用变更调查的流程。

2．实习步骤

(1)数据收集与准备,每组按照分区图要求下载遥感影像图,分析影像图上土地利用现状与变更情况。

(2)外业实地调查,查看各类用地与变更情况。

(3)内业数据处理与成图,应用 ArcGIS 软件绘制土地利用现状与变更图。

(4)面积量算,对比分析变化前后面积。

3．提交成果

(1)每组提交一张土地利用现状图(变更图)。

(2)每人提交一份土地利用现状调查实习总结报告。

第4章

土地权属调查

【学习任务】

1. 掌握土地权属调查、宗地的概念。
2. 熟悉宗地编号的方法。
3. 掌握土地权属调查的内容和程序。

【知识内容】

4.1 概述

　　土地是产权人最重要的财产,土地权属调查涉及每一个产权人的切身利益,土地权属调查在地籍调查工作中占有至关重要的位置,权属调查结果是不动产登记的依据,做得好坏直接影响着不动产确权登记发证工作的成果质量。

▶ 4.1.1　土地产权制度

　　我国现行的土地产权体系包括土地所有权、使用权和土地他物权。土地所有权包括国家所有和集体所有两种情况;土地使用权也分为国有土地使用权和集体土地使用权;土地他物权分为用益物权和担保物权。

4.1.1.1　土地所有权

　　土地所有权是指土地所有者依法对土地实行占有、使用、收益、处分的具有支配性和绝对性的权利。土地所有权人必须在法律允许的范围内行使其权利,不得任意处置土地和侵犯他人的合法权利。这种限制具体体现在土地所有权人在行使土地所有权时所承担的责任。

土地所有权包括对土地的占有、使用、收益、处分权四项权能,它们构成土地所有权的内容。占有是不动产所有权的一个权能,即占有权的体现;使用是所有权主体按照土地的性能和用途进行事实上的利用和运用;收益是所有权主体在土地上获取经济利益的权利;处分是所有权主体在法律允许的范围内对土地的处理权利,处分权是所有权人的最基本的权利,是所有权的核心。

我国实行土地的社会主义公有制,即全民所有制和劳动群众集体所有制。土地属于国家和农民集体所有,因此国家和农民集体为土地所有权的主体。土地所有权的客体即为归国家或特定农民集体所有的土地。

1)国家土地所有权

国家土地所有权由国务院代表国家行使,国务院可以通过制定行政法规或者发布行政命令授权地方人民政府或其职能部门行使国家土地所有权。被授权的县级以上地方人民政府及其职能部门以本机关的名义行使国家土地所有权时,须依法经有审批权的人民政府审批。

国有土地使用权的出让、租赁、划拨经有批准权的人民政府批准后,由市、县人民政府土地管理部门作为国有土地所有者代表实施;国家直接以国有土地使用权对企业进行投资的,由国务院或者地方人民政府土地管理部门委托的国有企业或者政府机构代表国家土地所有者行使投资者权益。

2)集体土地所有权

农村集体所有的土地依法属于村农民集体所有,由村集体经济组织或者村民委员会作为所有者代表经营、管理。

在一个村范围内存在两个以上农村集体经济组织,且农民集体所有的土地已经分别属于该两个以上组织的农民集体所有,由村内各该农村集体经济组织或者村民小组作为所有者代表经营、管理。在一个村范围内不存在两个以上农村集体经济组织的,经村民会议 2/3 以上成员或者 2/3 以上村民代表同意,可以设立以村民小组为单位的集体经济组织,将村农民集体所有的土地划分确定为各该集体经济组织或者相应的村民小组所有,由各该集体经济组织或村民小组作为所有者经营、管理;村民会议 2/3 以上成员或者 2/3 以上村民代表不同意,该土地仍归本村农民集体所有。

4.1.1.2 土地使用权

1)国有土地使用权

境内外法人、非法人组织和自然人可依法取得国有土地使用权。国有土地使用者可以通过出让(含以出让金出资或入股)、租赁和划拨等方式取得国有建设用地、农用地或未利用地的土地使用权;外商投资企业场地使用权和城市私房用地使用权,可以按照法律、行政法规规定的特殊方式取得;土地使用者也可以依法通过承包经营方式取得国有农用土地(含可开发为农用的未利用土地)的使用权。

国有土地使用权人对国有土地享有占有权和使用权,并依取得方式不同享有不同的收益权和处分权。国有土地使用权人不得擅自改变土地用途。国有土地使用权人行使权利不得违反法律、行政法规规定的其他义务和权利设定时约定的义务。

2）集体土地使用权

农村集体经济组织及其成员，农村集体经济组织投资设立的企业，乡（镇）、村公益性组织及法律、行政法规规定的其他单位和个人，可以依法取得集体土地使用权。

集体土地使用权分为农地使用权和建设用地使用权，农地使用权一般通过承包经营的方式取得土地承包经营权，集体建设用地使用权依照法律规定的审批程序取得。

集体土地使用权人对集体土地享有占有权、使用权。依土地用途的不同和权利取得方式的不同，享有不同的收益权和处分权。集体土地使用权的取得及行使，不得违反法律、行政法规规定的义务，或者权利设定时约定的义务。

4.1.1.3　土地他物权

土地他物权是指土地所有权或土地使用权以外的其他土地权利。土地他物权的实质是对其所有权人和使用权人行使所有权和使用权的一种限制。

土地他物权是在他人土地上享有的权利。土地他物权的客体是他人土地所有权、使用权的客体。土地他物权的主体是土地所有权人、使用权人以外与其存在着某种法律关系的民事主体。土地他物权是长期存续的权利，因而通常有登记的必要。

1）地役权

地役权是为自己土地的便利而利用他人土地的权利。以有两块土地为必要，其一为享有地役权的土地，称为需役地；其二为供使用的土地，称为供役地。设立地役权，目的在于需役地的便利。在地役权关系中，"供役地"即为需役地提供便利的土地，而"需役地"则是享受供役地所提供便利的土地，如果供役地不能为需役地提供便利，或其所提供的便利不是由需役地所享，则不能产生地役权。

2）地上权

地上权是指以在他人土地上设置或保有建筑物、其他工作物为目的而使用其土地的权利。通观各国立法情况，地上权具有以下特征：

（1）地上权是以他人土地为标的物的他物权，亦即存在于他人土地上的权利。这里的土地，不仅指地面，也包括土地上空及地表下层。

（2）地上权是以保有建筑物、工作物为目的的他物权。

（3）地上权以交付租金为代价，但不以此为必要，此点与土地租赁权不同。

（4）由于建筑物、工作物的长期存在，地上权也具有长久存续性，但对于地上权是否因工作物的灭失而灭失，各国立法主张不一。德国、瑞士立法强调工作物的有无，主张地上权随工作物的灭失而灭失；日本民法则以使用土地作为地上权的主旨，因而规定地上权不因工作物的灭失而灭失。

（5）地上权具有可继承性和可转让性，这一点也与一般土地租赁不同。

3）土地抵押权

土地抵押权是土地使用权人在法律许可的范围内不移转土地占有而将土地使用权作为债权担保，在债务人不履行债务时，债权人有权对土地使用权及其地上建筑物、其他附着物依法进行处分，并以处分所得的价款优先受偿的土地他物权。

作为抵押权的一种,土地抵押权具备抵押权的共同属性,适用抵押权制度的共同规则。

(1)土地抵押不是实物抵押而是权利抵押。在我国,土地抵押权的标的是土地使用权而不是土地本身;土地抵押权的成立和存续依赖于土地使用权的法律存在而不是土地的自然存在。

(2)抵押权客体的限制性。首先,土地所有权不得抵押;其次,土地使用权可以抵押,但必须是法律允许转让的土地使用权。例如,划拨国有土地使用权不具有可流转性,因而不允许抵押。乡镇企业用地使用权不能脱离厂房等建筑物单独转让,因而也不能单独用于抵押。

(3)抵押人必须是享有土地使用权的债务人或第三人。在土地使用权与所有权相分离而独立设定的情况下,所有权人不得在该土地上另行设定抵押权。例如,对于已经发包的土地,集体经济组织不具有以抵押人身份为他人提供土地使用权抵押的资格。

(4)土地使用权抵押不影响土地上其他权利人的权利。土地使用权抵押的效力,仅及于抵押人享有的物上权利,不涉及第三人在该土地上享有的物权,如工作物所有权、种植物所有权、房屋或土地租赁权以及各种土地他物权。

▶ 4.1.2　土地权属调查

4.1.2.1　概念

土地权属调查在地籍调查工作中占有至关重要的位置,权属调查工作做得好坏直接影响着土地确权登记发证工作的成果质量。

土地权属调查是指以宗地为单位,对土地的权利、位置等属性的调查和确认。土地权属调查可分为土地所有权调查和土地使用权调查。在我国,初始土地所有权调查与土地利用现状调查一起进行,同时也调查城镇以外的国有土地使用权,如铁路、公路、独立工矿企事业、军队、水利、风景区的用地和国有农场、林场、苗圃的用地等。

4.1.2.2　土地权属调查的内容

权属调查包括对地籍和房屋两方面的调查。地籍方面的权属调查工作主要包括收集每一宗地的原始权属来源相关材料,对宗地的权属进行调查核实、现场指界、对界址边长及相关距离进行实地丈量、填写调查表和绘制草图等。对于房屋方面的权属调查,主要包括房屋的权属来源、权利人、建成日期、建筑结构、实际和批准用途、实际和批准面积等相关内容,并最终将房屋调查成果与地籍调查成果合并,形成房屋和土地数据一体化的地籍调查成果。

(1)土地的权属状况,包括宗地权属性质、权属来源、取得土地时间、土地使用者或所有者、土地用途和级别等情况。

(2)土地的权属界址调查,包括土地的坐落、界址、界线、四至关系等。

(3)绘制宗地草图。

(4)填写地籍调查表。

◢ 4.1.3　土地权属来源调查

土地权属来源(简称权源)是指土地权属主依照国家法律获取土地权利的方式。

4.1.3.1　集体土地所有权来源调查

(1)土改时分配给农民并颁发了土地证书,土改后转为集体所有。

(2)农民的宅基地、自留地、自留山及小片荒山、荒地、林地、水面等。

(3)城市郊区依照法律规定属于集体所有的土地。

(4)1962 年 9 月《农村人民公社工作条例修正草案》颁布时确认的生产经营的土地和以后经批准开垦的耕地。

(5)城市市区内已按法律规定确认为集体所有的农民长期耕种的土地、集体经济组织长期使用的建设用地、宅基地。

(6)按照协议,集体经济组织与国有农、林、牧、渔场相互调整权属地界或插花地后,归集体所有的土地。

(7)国家划拨给移民并确定为移民拥有集体土地所有权的土地。

在调查土地权属来源时,应注意被调查单位(即土地登记申请单位)与权源证明中单位名称的一致性。发现不一致时,需要对权属单位的历史沿革、使用土地的变化及其法律依据进行细致调查,并在地籍调查表的相应栏目中填写清楚。

4.1.3.2　城镇土地使用权来源调查

迄今为止,我国城镇土地使用权属来源主要分两种情况:一种是 1982 年 5 月《国家建设征用土地条例》颁布之前权属主取得的土地,通常叫历史用地。另一种是 1982 年 5 月《国家建设征用土地条例》颁布之后权属主取得的土地。经人民政府批准征用的土地,叫行政划拨用地,一般是无偿使用的。1990 年 5 月 19 日中华人民共和国国务院令第 55 号《中华人民共和国城镇国有土地使用权出让和转让暂行条例》发布后权属主取得的土地,叫协议用地,一般是有偿使用的。在土地权属调查时,具体的情况可能较复杂,各个地方的情况也有所差别。

4.1.3.3　其他要素的调查

(1)权属主名称　土地使用者或土地所有者的全称。有明确权属主的为权属主全称,组合宗地要调查清楚全部权属主全称和份额;无明确权属主的,则为该宗地的地理名称或建筑物的名称,如××水库等。

(2)取得土地的时间和土地年期　取得土地的时间是指获得土地权利的起始时间。土地年期是指获得国有土地使用权的最高年限。在我国,城镇国有土地使用权出让的最高年限规定为住宅用地 70 年,工业用地 50 年,教育、科技、文化、卫生、体育用地为 50 年,商业、旅游、娱乐用地为 40 年,综合或者其他用地为 50 年。

(3)土地位置　对土地所有权宗地,调查核实宗地四至,所在乡(镇)、村的名称以及宗地预编号及编号。对土地使用权宗地,调查核实土地坐落,宗地四至,所在区、街道、门牌号,宗地预编号及编号。

93

◢ 4.1.4 土地权属界址调查

界址调查时,必须向土地权属主发放指界通知书,明确土地权属主代表到场指界时间、地点和需带的证明与权源材料。

4.1.4.1 界址调查的指界

界址调查的指界是指确认被调查宗地的界址范围及其界址点、线的具体位置。

现场指界必须由本宗地及相邻宗地指界人亲自到场共同指界。若由单位法人代表指界,则出示法人代表证明。当法人代表不能出席指界时,应由委托的代理人指界,并出示委托书和身份证明。由多个土地所有者或使用者共同使用的宗地,应共同委托代表指界,并出示委托书和身份证明。对现场指界无争议的界址点和界址线,要埋设界标,填写宗地界址调查表,各方指界人要在宗地界址调查表上签字盖章,对于不签字盖章的,按违约缺席处理。宗地界址调查表的填写应特别注意标明界址线应在的位置,如界址点(线)标志物的中心、内边、外边等。

对于违约缺席指界的,根据不同情况按下述办法处理:

(1)如一方违约缺席,其界址线以另一方指定的界址线为准确定。

(2)如双方违约缺席,其界址线由调查员依据有关图件和文件,结合实地现状决定。

(3)确定界址线(简称确界)后的结果以书面形式送达违约缺席的业主,并在用地现场公告,如有异议的,必须在结果送达之日起十五日内提出重新确界申请,并负责重新确界的费用,逾期不申请,确界自动生效。

4.1.4.2 权属主不明确的界线调查

(1)征地后未确定使用者的剩余土地和法律、法规规定为国有而未明确使用者的土地,在国有土地使用权、乡(镇)集体土地所有权和村集体土地所有权界线调查的基础上,根据实际情况划定土地界线。

(2)暂不确定使用者的国有公路、水域的界线,一般按公路、水域的实际使用范围确界。

(3)不明确或暂不确定使用者的国有土地与相邻权属单位的界线,暂时由相邻权属单位单方指界,并签订《权属界线确认书》,待明确土地使用者并提供权源材料后,再对界线予以正式确认或调整。

4.1.4.3 乡镇行政境界调查

调查队会同各相邻乡(镇)土地管理所,依据既是村界又是乡(镇)界的界线,结合民政部门有关境界划定的规定,分段绘制相邻乡(镇)行政境界接边草图,并将该图附于《乡(镇)行政界线核定书》,由调查队将所确定的乡(镇)行政线标注在航片或地形图上,提供内业编辑。

4.1.4.4 界标的设置

调查人员根据指界认定的土地范围,设置界标。对于弧形界址线,按弧线的曲率可多设几个界标。对于弯曲过多的界址线,由于设置界标太多,过于烦琐,可以采取截弯取直的方法,但对相邻宗地来说,由取直划进、划出的土地面积应尽量相等。乡(镇)、行政村、村民小组、公路、铁路、河流等界线一般不设界标。但土地行政管理部门或权属主有要求和易发生争议的地段,应设立界标。

4.1.4.5　界址的标注和调查表的填写

一个乡(镇)权属调查结束后,在乡(镇)境界内形成的土地所有权界线、国有土地使用权界线、无权属主或权属主不明确的土地权属界线、争议界线、城镇范围线构成无缝隙、无重叠的界线关系,这些界址点、线均应标注在调查用图上。地籍调查表是土地权属调查确定权属界线的原始记录,是处理权属争议的依据之一,必须按规定的格式和要求认真填写。

4.1.4.6　土地权属界址的审核与调处

外业调查后,要对其结果进行审核和调查处理。使用国有土地的单位,要将实地标绘的界线与权源证明文件上记载的界线相对照。若两者一致,则可认为调查结束;否则需查明原因,视具体情况做进一步处理。对集体所有土地,若其四邻对界线无异议并签字盖章,则调查结束。

有争议的土地权属界线,短期内确实难以解决的,调查人员填写《土地争议缘由书》一式 5 份,权属双方各执 1 份,市、县(区)、乡(镇、街道)各 1 份。调查人员根据实际情况,选择双方实际使用的界线,或争议地块的中心线,或权属双方协商的临时界线作为现状界线,并用红色虚线将其标注在提供市、区的《土地争议缘由书》和航片(或地形图)上。争议未解决之前,任何一方不得改变土地利用现状,不得破坏土地上的附着物。

▶ 4.1.5　宗地草图的绘制

宗地草图是描述宗地位置、界址点、线和相邻宗地关系的实地草编记录。在进行权属调查时,调查员填写并核实所需要调查的各项内容,实地确定了界址点位置并对其埋设了标志后,现场草编绘制宗地草图。

4.1.5.1　宗地草图记录的内容

(1)本宗地号和门牌号,权属主名称和相邻宗地的宗地号、门牌号、权属主名称。

(2)本宗地界址点,界址点序号及界址线,宗地内地物及宗地外紧靠界址点线的地物等。

(3)界址边长、界址点与邻近地物的相关距离和条件距离。

(4)确定宗地界址点位置,界址边长方位所必需的建筑物或构筑物。

(5)概略指北针和比例尺、丈量者、丈量日期。

4.1.5.2　宗地草图的特征

(1)是宗地的原始描述。

(2)图上数据是实量的,精度高。

(3)所绘宗地草图是近似的,相邻宗地草图不能拼接。

4.1.5.3　宗地草图的作用

(1)是地籍资料中的原始资料。

(2)配合地籍调查表,为测定界址点坐标和制作宗地图提供了初始信息。

(3)可为界址点的维护、恢复和解决权属纠纷提供依据。

4.1.5.4 绘制宗地草图的基本要求

绘制宗地草图时,图纸质量要好,能长期保存,其规格为32开、16开或8开,过大宗地可分幅绘制草图按概略比例尺,使用2H~4H铅笔绘制,要求线条均匀,字迹清楚,数字注记字头向北向西,书写过密的部位可移位放大绘出。应在实地绘制,不得涂改注记数字。用钢尺丈量界址边长和相关边长,并精确至0.01 m。

4.2 土地权属调查的实施

4.2.1 土地权属调查的基本程序

(1)拟订调查计划　明确调查任务、范围、方法、时间、步骤、人员组织以及经费预算。然后组织专业队伍,进行技术培训。

(2)物质准备　印刷统一制定的调查表格和簿册,准备仪器与绘图的各种工具以及交通工具和劳保用品等。

(3)调查底图的选择与制作　根据需要和已有的图件,选择调查底图。一般要求使用近期测绘的地形图、航片、正射相片等。对土地所有权调查,调查底图的比例尺在15 000~150 000之间,对土地使用权调查,调查底图的比例尺在1 500~12 000之间。

(4)调查工作区的划分　在确定了调查范围之后,还要在调查底图上,依据行政区划或自然界线划分成若干街道和街坊,作为调查工作区。

(5)发放调查通知书　实地调查前,要向土地所有者或使用者发出通知书,同时对其四邻发出指界通知。按照工作计划,分区分片通知,并要求土地所有者或使用者(法人或法人委托的指界人)及其四邻的合法指界人按时到达现场。

(6)土地权属资料的收集、分析和处理　在进行实地调查以前,调查员应到各土地权属单位,收集土地权属资料,并对这些资料进行分析处理,确定实地调查的技术方案。在进行资料分析处理时,对于能完全确权的宗地,在调查的底图上标绘出各宗地的范围线,并预编宗地号,及时建立地籍档案;对于不能根据资料确权的宗地,按街道或街坊将宗地资料分类,预编宗地号,在工作图上大致圈定其位置,以备实地调查。

(7)实地调查　根据资料收集、分析和处理的情况,逐个宗地进行实地调查,现场确定土地权属界线,明确土地权属性质,填写地籍调查表,勘丈和绘制宗地草图,设置界标,为地籍测量做好准备。

(8)资料整理　在资料收集、分析、处理和实地调查的基础上,编制宗地号,建立宗地档案,准备地籍测量所需的资料。

4.2.2 调查工作区和调查单元的划分

4.2.2.1 划分地籍街坊、确定调查工作区

为了便于调查工作的实施,需将整个调查城镇划分成一些地籍街坊。应尽量利用街

道办事处的管辖界作为地籍的街道线。在勾绘出街道线后，便可进行地籍街坊的划分，并统一编街坊号。当自然街坊较小时，可把几个自然街坊划为一个地籍街坊，每个街坊以不超过 100 宗地为宜。当自然街坊面积很大，宗地较多时，也可把它分成多个地籍街坊（地籍子区）。

（1）地籍街坊界线的划分及道路处理　地籍街坊是由道路及河流等固定地物围成的，包括一个或几个自然街坊的地籍管理单元。街坊界线可以包围地籍街坊的道路边线为界，即将分割地籍街坊的道路完整地划归给一个地籍街坊。也可将一个街道内所有分割地籍街坊的道路单列为一个街坊，即路街坊（如有河流则另列一个河街坊），而不是划归相邻的地籍街坊。

（2）确定调查区　在划分地籍街坊的基础上，根据需要可把几个街坊组成一个调查区。为了调查工作进程的方便，也可把一个街道内划分成几个分片调查区域，但调查区不应分割街坊。调查区的确定应考虑工作量及计划进度，并注意不要出现重复调查或漏调查。一般地籍调查区的划分与初始土地登记区的划分结合进行。

4.2.2.2　宗地的划分

权属调查的基本单元是宗地。宗地是指权利上具有同一性的地块，即同一土地权利相连成片的用地范围。《城镇地籍调查规程》明文指出，宗地是指由权属界线封闭的独立权属地段。宗地具有固定的位置和明确的权利边界，并可同时辨认出确定的权利、利用、质量和时态等土地基本要素。

根据宗地的权属性质，可分为土地所有权宗地和土地使用权宗地。依照我国有关的法律法规，一般只调查集体土地所有权宗地、集体土地使用权宗地和国有土地使用权宗地。基于宗地的内涵，其划分方法如下：

1）基本原则

无论是集体土地所有权宗地，还是集体土地使用权宗地和国有土地使用权宗地，其划分原则如下：

（1）由一个权属单位所有或使用的相连成片的用地范围划分为一宗地。

（2）由一个权属单位所有或使用不相连的两块或两块以上的土地，则划分为两个或两个以上的宗地。

（3）如果一个地块由若干个权属单位共同所有或使用，且相互之间实际占用的界线在实地无法（或难以）划清，则应依它们共有的外围界线为界，划为一宗地，称共有宗或共用宗。这宗地在调查其土地利用状况中有关"共用情况"时，应当区分两种情况来调查和记载。凡是其中能划清楚的部分，按实际归属记载，不能分清的部分（或全部）土地，可按各权属单位建筑物、构筑物的占地面积来分摊。

（4）对一个权属单位拥有的相连成片的用地，如果存在用地范围过大，或土地权属来源不同，或土地利用状况相差太大，或楼层数相差太大，或存在建成区与未建成区，或用地价款不同，或使用年期不同等情况，可利用明显的土地类别界线（如线状地物），划分成若干宗地。

2）农村居民地的宗地划分

在农村和城市郊区，依据宗地划分的基本原则，农村居民地内村民建房用地（宅基地）和其他建设用地，亦可按集体土地使用权单位的用地范围划分为宗地，要注意这些是集体非农建设用地使用权宗地,一般反映在农村居民地地籍图(岛图)上。

　　3)集体土地所有权宗地划分

　　依照《中华人民共和国土地管理法》,农村可根据集体土地所有权单位如村民委员会、农业集体经济组织、村民小组、乡(镇)农民集体经济组织等的土地范围划分土地所有权宗地。一个地块由几个土地所有者共同所有,其间难以划清权属界线的,为共有宗。共有宗不存在国家和集体共同所有的情况。如管理需要,可在村民委员会或农业集体经济组织、或乡(镇)农民集体经济组织等所管辖的土地范围内,按土地分类标准的二级或三级类别划分宗地。

　　4)城镇以外的国有土地使用权宗地的划分

　　城镇以外,铁路、公路、工矿企业、军队等用地,都是国有土地,这些国有土地使用权界线大多与集体土地的所有权界线重合,其宗地的划分方法与前述相同。

　　5)间隙地、飞地的宗地划分

　　争议地是指有争议的地块,即两个或两个以上土地权属主都不能提供有效的确权文件,却同时提出拥有所有权或使用权的地块。间隙地是指在城镇建成区,未利用的,不规则的小块(一般为长条形状)国有土地。飞地是指镶嵌在另一行政区的地块,实行单独分宗。

4.3 不动产单元编码

4.3.1 宗地编码

　　宗地代码为五层19位层次码,按层次分别表示县级行政区划代码、地籍区代码、地籍子区代码、宗地(宗海)特征码、宗地(宗海)顺序号,其中宗地(宗海)特征码和宗地(宗海)顺序号组成宗地(宗海)号。

　　宗地编码结构如图4-1所示。

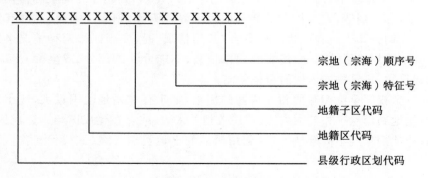

图4-1　宗地编码结构图

▶ 4.3.2   编码方法

4.3.2.1   县级行政区划代码编码方法

不动产单元代码的第一层次为县级行政区划代码,码长为 6 位,采用 GB/T 2260 规定的行政区划代码。其中:

(1)国务院确定的重点国有林区的森林、林木和林地,行政区划代码应采用所在地县级行政区划代码;对于跨行政区的,行政区划代码可采用共同的上一级行政区划代码;跨省级行政区的,行政区划代码可采用"860000"表示。

(2)国务院批准的项目用海、用岛,行政区划代码采用所在地县级行政区划代码;对于跨行政区的,行政区划代码可采用共同的上一级行政区划代码;跨省级行政区的,行政区划代码可采用"860000"表示。

4.3.2.2   地籍区代码编码方法

不动产单元代码的第二层次为地籍区代码,码长为 3 位,码值为 000~999,不足 3 位时,用前导"0"补齐。

(1)地籍区代码在同一县级行政区划内应保持唯一性。

(2)地籍区代码宜在县级行政区划内,从西北角开始,按照自左至右、自上而下的顺序编制。

(3)开发区、经济新区等特殊区域,可采取设置特定码段的方式,编制地籍区代码。

(4)线性地物地籍区代码可用"999"表示。

(5)整建制的乡(镇)、街道级的"飞地",采用"飞入地"所在行政辖区的行政区划,宜在"飞入地"所在行政辖区内统一编制地籍区代码。

(6)依据土地出让合同等相关权源材料确定的范围设立国有建设使用权宗地(地下)的,其地籍区可与地表的地籍区保持一致,地籍区代码采用地表的地籍区代码。

(7)海籍调查时,地籍区代码可用"000"表示。其中,国务院批准的项目用海、用岛地籍区代码用"111"表示。

国务院确定的重点国有林区的森林、林木和林地,地籍区代码用"900"表示。

4.3.2.3   地籍子区代码编码方法

不动产单元代码的第三层次为地籍子区代码,码长为 3 位,码值为 000~999,不足 3 位时,用前导"0"补齐。

(1)地籍子区代码在同一地籍区内应保持唯一性。

(2)地籍子区代码宜在地籍区内从西北角开始,按照自左至右、自上而下的顺序编制。

(3)线性地物地籍子区代码可用"000"补齐。

(4)村(居委会、街坊)级的"飞地",宜在"飞入地"所在地籍区内统一编制地籍子区代码。

(5)依据土地出让合同等相关权源材料确定的范围设立国有建设使用权宗地(地下)

的,其地籍子区可与地表的地籍子区保持一致,地籍子区代码采用地表的地籍子区代码。

(6)海籍调查时,地籍子区代码可用"000"表示。其中,国务院批准的项目用海、用岛地籍子区代码用"111"表示。

(7)国务院确定的重点国有林区的森林、林木和林地,地籍子区代码用"900"表示。

4.3.2.4 宗地(宗海)特征码编码方法

不动产单元代码的第四层次为宗地(宗海)特征码,码长为 2 位。其中:

(1)第 1 位用 G、J、Z 表示。"G"表示国家土地(海域)所有权,"J"表示集体土地所有权,"Z"表示土地(海域)所有权未确定或有争议。

(2)第 2 位用 A、B、S、X、C、D、E、F、L、N、H、G、W、Y 表示。"A"表示土地所有权宗地;"B"表示建设用地使用权宗地(地表);"S"表示建设用地使用权宗地(地上);"X"表示建设用地使用权宗地(地下);"C"表示宅基地使用权宗地;"D"表示土地承包经营权宗地(耕地);"E"表示土地承包经营权宗地(林地);"F"表示土地承包经营权宗地(草地);"L"表示林地使用权宗地(承包经营以外的);"N"表示农用地的使用权宗地(承包经营以外的、非林地);"H"表示海域使用权宗海;"G"表示无居民海岛使用权海岛;"W"表示使用权未确定或有争议的宗地;"Y"表示其他使用权宗地,用于宗地特征扩展。

4.3.2.5 宗地(宗海)顺序号编码方法

不动产单元代码的第五层次为宗地(宗海)顺序号,码长为 5 位,码值为 00001~99999,在相应的宗地(宗海)特征码后顺序编号。

实习 3 土地权属调查

1.实习任务

(1)掌握土地权属调查的程序。

(2)掌握现场划分街坊,预编宗地号的方法。

(3)掌握宗地草图的绘制内容和方法。

(4)熟悉地籍调查表的填写方法。

2.仪器工具

(1)每组准备经检验的钢尺 1 把、记录板 1 块、自备铅笔 1 支、三角板 1 块。

(2)每组准备宗地边长勘丈表 2 张、地籍调查表 1 份。

3.实习步骤

(1)拟订调查计划,明确调查任务。

(2)选择调查对象。在校园内选定一幢拐点比较多的建筑物作为调查宗地。

(3)实地调查。根据实际情况进行调查,实习小组 4 人的分工为两人量距,一人记录,一人画草图,并把界址点号和界址边长数据标注在宗地草图上。

(4)资料整理,填写地籍调查表,整饰宗地草图。

4. 基本要求

(1)宗地草图绘制内容要齐全。

(2)地籍调查表填写完整。

5. 提交资料

(1)每人提交 1 份实习报告。

(2)每组提交 1 份地籍调查表。

Chapter **5**

第 5 章
土地条件与等级调查

【学习任务】

1.掌握土地条件调查的概念、内容和工作程序。
2.掌握土地分等定级的概念、作用和基本方法。
3.掌握城镇土地定级的方法和程序。

【知识内容】

5.1 概述

土地条件与等级调查是土地调查的重要组成部分,土地分等定级以土地质量状况为评价对象,评价结果揭示出土地质量高低及分布状况。土地条件及等级调查为摸清土地质量的因素及其分布状况,为土地评价、土地利用结构调整、土地利用空间优化决策、实现土地资源的优化配置以及可持续发展提供依据。

▶ 5.1.1 土地条件调查的概念和目的

土地条件调查是土地调查的一个组成部分,侧重于对影响土地质量的因素条件调查。传统的土地条件调查包括土地自然条件调查、土地社会经济条件调查和土地生态环境条件调查。

5.1.1.1 土地条件调查的概念

土地条件调查是指对土地质量和土地利用有直接或间接影响的自然条件、土地生态条件以及社会经济制度条件等的调查。主要包括对土地的土壤、植被、地形地貌、气候、水文和地质状况等自然条件,对土地的退化、污染等生态条件以及对土地的交通、区位、投入、产出、收益、政策环境等社会经济制度条件的调查。

5.1.1.2　土地条件调查的目的

土地条件调查的主要目的在于查清影响土地质量的条件及其分布状况,为土地评价、土地利用服务。

(1)为制定各项计划、规划和土地政策,查清土地质量及其分布状况提供可靠资料。

国家对土地的管理,不仅要对土地数量进行管理,也要对土地质量进行管理。由于对土地质量认识不清,人们缺乏危机意识,对于土地利用现实中存在的土地质量严重下降、土壤养分流失、土地退化加剧、土地生态环境遭到严重破坏等情况缺乏警惕性。要改变这一局面,必须查清土地质量及其分布状况,为制定国民经济长远规划、编制国土规划、区域规划、各级土地利用总体规划、城市规划、村镇规划和土地政策提供可靠的资料。

(2)为因地制宜地利用土地,综合农业区划服务。

土地利用既受地形地貌、土壤、气候、水资源等自然条件的制约,同样也受区位、交通、劳动力、投入等社会经济条件的影响。通过全面的土地自然、社会经济条件调查,可以为不同的农业类型区合理配置农、林、牧、副、渔各业,并提出更切合该地区实际的发展方向,从而为综合农业区划服务。通过土地的出让、转让、出租、抵押、承包、转包等,实现土地资源的合理有效利用。

(3)为城乡土地资源的优化配置提供科学依据。

由于土地资源的特殊性,人类越来越注重从资产管理的深度去认识土地资源的理性利用。实现土地资源可持续利用是人类社会可持续发展的根本保证,准确掌握区域土地质量是关键所在。总之,做好土地条件调查工作,掌握土地质量的准确信息,有利于调整经济结构,建立合理的产业结构和生产布局,充分发挥土地资源优势,为城乡土地资源的优化配置提供科学依据。

(4)为土地资源可持续利用提供保证。

开展土地条件调查,掌握真实可靠的土地质量数据,是促进经济社会全面协调可持续发展的客观要求,也是实现土地资源可持续利用的重要保证。

▶ 5.1.2　土地条件调查的内容和方法

土地条件调查要摸清土地质量及其分布状况,既要符合技术规范,同时也要满足土地管理工作的需要。

5.1.2.1　调查内容

土地条件调查的基本内容由土地自然条件调查、土地社会经济条件调查、土地生态条件调查组成。

(1)土地自然条件调查　是对土地的土壤、植被、地形地貌、水文和地质等进行的调查。

(2)土地社会经济条件调查　是对土地的交通、区位、投入、产出、收益等进行的调查。

（3）土地生态条件调查　是对土地污染、退化程度、水土流失状况等进行的调查。

土地条件调查并不是要求每次均对各因素进行全面调查,其调查内容和具体指标可依不同的要求进行选择。一般而言,土地条件调查是结合各项专业调查进行的,如土壤调查、地形地貌调查、气候调查、水文调查、地质调查、环境质量调查、社会经济调查等。如果已完成上述专业调查,则可向有关部门索取所需指标的有关调查成果资料,个别或局部不足之处,适当进行一些补充调查。

5.1.2.2　调查方法

土地条件调查是要摸清土地质量及其分布状况,其深度和广度依调查的目的和具体条件而定。进行土地条件调查既要符合专业调查的技术规范,同时也必须满足土地管理工作的需要。

（1）应用遥感技术进行调查的方法　遥感技术是一种不与调查对象直接接触而搜集信息资料的方法。遥感调查法具有时效性强、信息量大、数据统计处理快、查询方便快捷等优点,但这种方法需要工作人员有丰富的影像判读经验。

（2）调查法　调查人员到实地对调查对象进行观察、记载、填图等取得相关调查资料。调查法具有较高的准确性,但调查需要较多的人力、物力和时间,有些资料,如社会经济条件的多数指标,自然条件中的水文、气候资料靠这种方法将难以取得。

（3）收集法　土地条件调查的内容可以充分利用一些已有成果,根据需要向有关部门、单位去收集。收集法能节省大量的人力、物力,但由于已有调查目的不同,在指标的设定、调查范围选择方面不一定与现时需要完全一致,因而收集时必须首先明确收集资料的用途和实际含义,收集符合条件的相关信息。

（4）采访法　调查人员按调查项目的要求,现场向被调查者提出问题,根据被调查者的答复以取得资料的一种调查方法,分为填表法和派员法。这种方法的优点是资料真实可靠,但需要大量的工作人员及被采访者的配合。

（5）通信法　通信法是调查单位用通信的方法向被调查者收集资料的方法。这种方法要求使被调查者知道调查的真正意图,所调查的问题必须简单易答,否则难以有好的效果。

具体调查时应根据具体情况进行选择或有机结合起来运用各种调查方法。

5.1.3　土地条件调查的工作程序

5.1.3.1　准备工作

1）确定调查对象及目的与范围

调查前,应先明确所调查土地对象的用途,根据调查对象及目的,确定被调查土地区域的范围以及调查成果所要达到的精度。土地条件调查要求的成果图件比例尺一般为1：(1 000～25 000),如果调查对象用于工程建设,其比例尺可以大到1：(200～500)。

2）制定技术规程

进行土地条件调查，要根据其目的要求、区域特点及调查精度，制定一个技术上有统一规定、统一标准，并为参加调查人员共同遵守的规程。技术规程应包括的主要内容有：

（1）土地条件调查的性质、规模和精度；

（2）结合不同地区特点，充分利用已有的技术资料和前人经验，综合选择确定土地条件调查项目、指标，同时明确这些指标的技术性规定；

（3）制定预期获得的成果内容及要求；

（4）开展调查工作所需仪器、设备等物质装备要求；

（5）拟定工作时间、日程安排以及经费预算。

3）收集、分析有关资料

（1）收集有关调查区社会经济发展水平方面的统计资料、报告；

（2）收集调查区的气候、地形、地貌、水文、地质、土壤、植被等自然因素资料；

（3）收集调查区现有的各类相关成果资料，包括有关土地和土壤的调查报告，评价结果和图件；

（4）收集调查区由自然或人为活动所造成的土地限制性因素资料；

（5）收集调查区的地形图、影像图、航片、卫片等有关资料。

上述资料是确定调查区土地条件调查项目及指标的基础性资料，详细分析其内容，从中汲取可以使用的成果，可起到事半功倍的效果。

由于土地条件调查具有较强的专业性，若要保证高质量地完成任务，必须组建专业调查队伍。根据调查对象的不同，专业调查队伍应由相关专业的技术人员组成，一般包括土地、土壤、农林牧业、经济、生态以及调机应用等方面的专业人员。

5.1.3.2　外业调查

土地条件调查主要是收集、分析调查区已有的相关资料和图件，同时辅之以必要的外业调查，以便对这些资料进行补充、完善和验证。

土地自然条件调查和土地生态条件调查应分别针对不同的土地条件要素采取不同的外业调查方式进行。土地的社会经济条件调查以收集、分析相关资料、图件为主，外业调查则主要通过走访、问卷方式进行。

土地条件调查应选择调查区内具有代表性的地段做典型调查，即将现有资料与待调查区的情况相对比，依据实地调查数据对已有资料进行修订。在调查中要注意统一调查要求，熟练技术技能，不断完善土地条件调查中调查项目的选择和指标界限的确定。

5.1.3.3　资料和基础图件的整理

（1）基础资料的整理　　通过收集资料和外业调查，已获得大量关于土地自然条件、土地生态条件和社会经济条件的第一手资料，这些资料是选择土地条件调查项目及指标的重要依据，需要进一步整理，去伪存真、去粗取精，归纳分类，为后续工作打下基础。

（2）基础成果图件的编制　　充分利用现有的地形图、影像地图、土地利用现状图、土壤图、土地类型图等资料,结合外业调查结果,清绘、编制土地条件调查底图,以此作为土地条件调查的配套成果资料。

5.1.3.4 提供土地条件调查成果

通过收集资料、外业调查、制图和基础成果整理等项工作之后,即可对调查区内若干专项资料和图件进行归纳总结,最后提交土地条件调查成果。具体内容应包括:

(1)根据土地条件调查的目的和要求,结合不同地区特点,选择土地条件调查项目。

(2)编制土地条件调查成果图件。

(3)撰写土地条件调查报告。

5.2 土地自然条件调查

土地自然条件构成要素主要包括气候、地貌、土壤、水文、植被,它们之间有着密切的关系,相互作用,共同形成了土地自然综合体特征,因此,正确认识这些构成要素与土地类型之间的因果关系是进行土地条件调查的基础。

▶ 5.2.1 气候条件调查

5.2.1.1 调查内容

1)太阳辐射

太阳辐射是指太阳向四周空间发射的电磁波。由于太阳温度很高,所以放射出大量的能量。

(1)太阳辐射强度 单位时间内垂直投射在单位面积上的太阳辐射能,称为太阳辐射强度,单位为 W/m^2。

绿色植物可以选择性吸收辐射,能吸收进行光合作用的辐射波长范围大致在 $0.38\sim0.71~\mu m$ 之间,称为光合有效辐射。

(2)光照强度 光照强度是指单位面积上的太阳光通量,光照强度因天气状况不同而不同,一天正午最大,一年夏季最大。

(3)日照时数 太阳照射的时间为日照时数,同一季度不同纬度地区的日照时数差异很大,夏季南方日照短,北方日照长,冬季则相反。

2)温度

(1)土温 土壤温度简称土温,指地面以下土壤中的温度,土壤温度的好坏直接影响植物的生长。

(2)气温 空气温度简称气温,是表示空气热量普遍使用的方法。一般采用年平均温度衡量一个地区的热量水平,气温的年较差、日较差以及极端温度直接影响到作物的生长。影响气温日较差的主要因素有纬度、季节、天气、地形以及地面性质等。影响气温年较差的因素有纬度、距海远近、地形和天气等。土地气温条件调查应包括当地的年均温、气温年较差、日较差、极端最高温、极端最低温、逐日逐月均温等。

（3）作物三基点温度　三基点温度是作物生命活动过程的最适温度、最低温度和最高温度的总称。在最适温度下,作物生长发育迅速而良好;在最高和最低温度下,作物停止生长发育,但仍能维持生命。如果继续升高或降低,就会对作物产生不同程度的危害,直至死亡。

（4）农业界限温度　农业界限温度是热量资源的一种表达形式,是对农业生产有特定意义的几个日平均温度。农业气候上常用的界限温度有日平均温度 0℃、5℃、10℃、15℃、20℃等。界限温度的出现日期、持续日数对确定地区的作物布局、耕作制度、品种搭配等都具有十分重要的意义。

（5）积温　积温用来表示作物生长期所需的全部热量,通常用生长期内所有天数的日平均气温的总和表示。高于生物学最低气温的日平均气温值称为活动温度,在某一生育期或全生育期内活动温度的总和,称为活动积温。活动温度与生物学最低温度之差称为有效温度。在某一生育期或全生育期内的有效温度总和,称为有效积温。

根据作物所需要的积温和当地的气候变化情况,可预测作物的主要生长发育期,也可以根据作物所需要的积温和当地热量资源合理选择作物品种,改进耕作制度。

3）降水

地面从大气获得的水汽凝结物统称为降水。包括雨、雪、雹、雾凇、雨凇、露、霜等。一年中的降水总量关系到地区的水分状况,适度的水分状况是土地生产的基础条件。土地降水条件调查应包括当地的年降水总量、逐月降水量、降水强度等。

4）干燥度

干燥度指可能蒸发量和降水量的比值,其倒数称湿润度,用年最大可能蒸发量与年降水量之比来表示。最大可能蒸发量系指土壤保持或接近湿润的状态下,土壤蒸发和植物蒸腾水分的总和。

5.2.1.2　调查方法

（1）收集法　到调查区气象台、站收集抄录上述有关气候要素观测数据,以及相关图件、文字资料,并注明观测资料的年限。尽可能获得本地区所有观测年限内数据,一般年限越长代表性越强。同时记录观测台站的海拔高度及所处地形部位、植被等周围环境特征,以便分析比较。所收集的气象台站的资料有时是原始记录,必须根据调查目的重新统计、综合分析,获得调查区所需气候统计数据。

（2）实地观测法　对于局部区域或地貌部位的小气候条件,根据土地调查目的要求进行实地观测,特别是在地形起伏较大的调查区内,气象台因所处地形位置使观测资料代表性受限。不同地形部位进行气温、土温、湿度、降水、风速等项目的简单测定,与气象台同期观测资料对比分析,以了解变化趋势。

▷ 5.2.2　地形地貌条件调查

地形影响着热量和水分的再分配,关系到土地的质量,也影响着土地的开发利用。在一定的地理区域内,地形是控制土地类型和土地利用方式的重要因素。

5.2.2.1 调查内容

1）地貌类型

对地貌类型的调查与描述在土地类型调查中占有极其重要的地位。我国有五种地貌类型：平原、盆地、高原、丘陵与山地。

我国五种地貌类型对比见表5-1。

表 5-1 地形地貌类型图

类型	构造		外力作用特征	地面特征
平原	沉降		沉积	平坦偶有浅丘、孤山
盆地	上升＞下降		内：沉积为主 外：沉积或侵蚀	内：地势平坦 外：分割为丘陵
高原	沉积面抬升古侵蚀面上升		剥蚀为主	古侵蚀面或沉积面部分保持平坦，其余部分崎岖
丘陵	轻度上升		流水侵蚀为主	宽谷低岭，或聚或散
山地	低山	成山较早	成山较早	流水侵蚀和化学风化为主
	中山	成山较晚	冻裂作用强烈，最高山上有冰川作用	尖峰峭壁，山形高峻
	高山	上升量大		

2）海拔、坡度与坡向

地面随海拔高度的变化而引起一系列其他因素（如气温、湿度）的垂直变化和土地利用的垂直变化。海拔高度往往是一地区农林牧用地分区的控制因素，因此海拔高度也是重要的土地条件。

第三次全国土地调查利用数字高程模型（DEM）来确定调查点的海拔高程。不同比例尺的 DEM 基本上能够反映本地区的地貌特征。长期以来，我国一般把25°作为种植业上限，25°～35°宜林宜牧，35°以上只宜水源涵养林与草，不少国家把15°作为坡耕地上限（我国内蒙古、黑龙江也如此）。

第三次全国土地调查按照《利用 DEM 确定耕地坡度分级技术规定》制作坡度图。将坡度图与耕地图斑叠加，确定耕地图斑的坡度级。耕地分为≤2°、2°～6°、6°～15°、15°～25°、＞25°（上含下不含）5 个坡度级。进行坡度分级时，原则不打破图斑界线，一个图斑确定一个坡度级。当一个图斑含有两个以上坡度级时，原则上以面积大的坡度级为该图斑坡度级；但不同坡度级界线明显的，也可依界分割图斑并分别确定坡度级。2°以上各坡度级再分为梯田和坡地两种耕地类型，耕地类型由外业调查确定。

5.2.2.2 调查程序

根据调查任务要求，搜集有关调查区的地质、地貌的图件和资料、地形图、遥感影像等，在此基础上进行实地调查。

1）地形图、航片和卫片的判读与分析

地形、地貌是土地类型的表面特征，可以较容易地在航片和卫片上判读出来。在一定比例尺和等高距的地形图上，根据等高线的疏密程度和图形，区分山地、丘陵、盆地与平原,以及它们的面积比例和高度变幅、山脉走向等,结合地质图分析各类地形的成因和特征,对照航片与卫片建立解译标志,并进行"由已知到未知"的判读分析工作。

2)野外专业调查

在了解调查区概况的基础之上,设计调查路线和调查内容。在设计调查路线时要选择地形类型较为齐全、具有代表性的路线进行实地调查。

野外观测是沿路线进行,按适当距离布设观测点。观测点一般选择在地貌比较典型的地点,通过这些点和线的观测,弄清地貌形态的变化及其与土地利用的关系。估测山地、丘陵的相对高度、宽度和切割状况及地貌形态的空间变化。

3)绘制断面图

为概括地形的组合特征,应选择典型地段绘制断面图。图形的高度和水平距离按一定比例绘制,断面方向应采取直线并标明方位和断面线通过的山峰、村庄等名称。图上应注明各种地形的地表物质组成、土壤类型和土地用途,以及与土地利用有关的地形地貌要素。

4)地形素描

为补充断面图的不足,可实地勾绘地形轮廓,用素描记录下地形图、断面图所不能反映的一些地貌特征。素描同样要按一定比例,并标明地点、方位,注明必要的地形结构。

5)资料整理和分析

将所搜集到的各种资料进行整理、综合分析,总结出调查区地形类型特征及其与土地类型分布的关系。

5.2.3　水资源条件调查

水资源是农业生产的重要条件。水资源的丰枯及其质量影响到一个地区土地资源可利用的程度、土地的生产能力,直接影响着土地开发、利用的潜力。

5.2.3.1　调查内容

(1)水资源类型调查　水资源调查可分为地表水和地下水,河流、湖泊、水库等地表水的水量是一个地区可供水的主要来源,地下水是埋藏于地下或存于岩石、土壤中的水,在干旱半干旱地区地下水资源在土地资源利用条件中占有十分重要的地位,有些地区冰川也是重要的水资源。

(2)水资源量调查　调查指标包括水资源总量、人均占有量、单位面积占有量等。地下水重点调查产出量及潜在开采量。

(3)水质调查　水质包括物理性质方面和化学性质方面的指标,主要有温度、颜色、透明度、气味、化学成分、硬度、矿化度、含有毒物质等。

5.2.3.2　调查方法

到当地水文站或水利管理部门查阅相关资料。

▶ 5.2.4 土壤条件调查

土壤是地球陆地表面具有肥力能够生长植物的疏松土层,是成土母质在一定水热条件和生物作用下,经一系列生化作用而形成的历史自然体。土壤是土地的主要构成物质,也是土地生产力的主体。

5.2.4.1 调查内容

(1)土壤类型　土地条件调查,重要的是要查清调查区范围内土壤的类型、数量、质量及各类型所占的比重,尤其要对当地分布广泛的地带性土壤和个别有特殊意义的非地带性土壤给予注意。在全面了解土壤性状、性能及生产问题的基础上,对各类型土壤进行综合质量评价,因地制宜地进行改良和合理使用。

(2)土壤剖面　土壤剖面是指从地面到母质层或基岩的土壤垂直断面,调查描述的内容包括剖面的层次构型、土层的厚度、颜色、结构、质地、砾石含量、障碍层次等。

(3)土壤酸碱度　土壤酸碱度是土壤调查中的主要项目之一。土壤溶液的酸碱程度,常用 pH 表示。各种农作物均有其生物学特性,对 pH 有一定的适宜范围,过酸、过碱都不利于它们的生长甚至生存。pH 测定最简易的办法是比色测定法。

(4)土壤侵蚀　侵蚀的调查首先应判断其侵蚀类型是水蚀、风蚀、还是重力侵蚀,其次调查侵蚀程度,可用侵蚀模数表示,也可用年均流失厚度表示。

5.2.4.2 调查方法

(1)查询法　查询各地的土壤普查资料,包括不同比例尺的土壤图、《土壤志》《土种志》及土壤理化性状分析数据,各地的农业资源调查、农业区划资料中也有许多有关土壤调查的资料,甚至还有一些样点调查测定分析资料,对于认识土壤,了解土壤性状、生产性能、利用改良途径等都十分有益。

(2)实地调查法　为了更具体深入地了解调查范围内的土地,也可作实地调查,选择一些有代表性的样点,按土壤调查技术规程的要求到实地调查土壤环境条件,选择并挖掘剖面,描述记载剖面特征,进行采样分析。实地调查时还应访问农民,了解各部分土壤的特点、耕性、肥力水平、生产水平,改良利用的经验等。

▶ 5.2.5 植被条件调查

(1)调查内容　植被反映一个地区植物生长环境对植物影响的结果。不同植被类型与土地要素组合成为不同的土地类型,从而形成不同特性的土地,它们反映土地利用的方向和利用价值。

(2)调查方法　应用遥感方法进行调查,首先了解调查区内植被群落概貌,找出能反映该区特点的优势群落,选择不同地形部位、水文地质条件和土壤类型上的植物群落,确定代表性植物群落;其次,估测植物种属的多度,目测覆盖度;最后调查植物的利用价值,尤其注意特种土宜植物的调查,做好详细的观测记录。

5.3　土地社会经济条件调查

土地社会经济条件调查主要包括地理位置与交通条件、人口与劳动力、经济结构与生产力水平、土地利用水平等几方面的内容。

▷ 5.3.1　地理位置与交通条件调查

主要调查、收集有关土地相对于城镇、工矿区、风景区、港口、车站(火车站、汽车站等)、市场、商业繁华区的位置与大致距离的资料。

1)地理位置

地理反映土地与城市、集镇的相对位置,与行政、经济中心的相关位置,与河流、桥梁、主要交通道路的相对关系。对于城市土地来讲"位置优势"往往是衡量土地质量、土地价值的主要因素。对于农业用地来说,虽然地理位置的作用不如城市那样明显,但它仍然十分重要,是决定土地利用方向、集约化程度和土地生产力的重要因素。重要地理相关位置调查其方向、位置和距离,方向的调查有时与风向、光照、河流流向的调查相结合,距离有直线距离和实际距离的区分,调查工作可在图上进行,但应视需要而定调查的具体指标。

2)交通条件

交通条件方面除对道路分布、等级、码头等调查外,还需调查当地货流关系、运输手段和运输量,这对于产品开发、运输及充分发挥土地资源优势十分重要。

城市交通线路、场站、班次及流量等也需要调查,这些资料大多可以向交通管理、市政、公交、交警等部门收集调查,也可实地设点,实行定点统计调查。

▷ 5.3.2　人口与劳动力调查

5.3.2.1　人口调查

人口是指生活在特定的社会、地域范围和时期内具有一定数量和质量的人的总和。人口是反映土地利用状况的非常重要的方面。调查人口主要包括以下几个方面的内容:

1)人口总数

某一地区某一时点所有居民人数的总和。

2)人口构成

(1)人口自然构成　包括人口的性别构成和年龄构成,主要调查男、女人口数量及比例,不同年龄层次的人口数及其比例,调查育龄妇女人数对人口预测有特殊的意义。

(2)人口地域构成　人口地域构成包括人口自然地域构成、人口行政地域构成、人口城乡构成等,一般主要调查人口的城乡构成。

(3)人口社会构成　包括民族构成、文化教育构成、职业构成等。

3）人口密度

指单位土地面积上的人口数量。该指标能综合反映土地的开发利用程度及经济发展水平。

4）固定人口与流动人口

流动人口指一个地区的非常住人口,包括寄居人口、暂住人口、旅客人口和在途人口,主要调查农村人口向城市人口转化的统计资料,进行城市化推进速度的预测和农村居民点用地整理工作的预测。

5.3.2.2 劳动力调查

主要调查劳动力的总数、男女劳动力的数量及其比例、劳均土地资源拥有量等。人口与劳动力调查可以向户籍管理部门求助,但也有个别指标需作广泛社会调查,甚至定点统计调查(如对城市商服繁华区白昼流动人口的调查)。

▶ 5.3.3 经济结构与生产力水平调查

5.3.3.1 土地利用的经济结构

主要调查各种土地利用类型(或用途)的土地面积占土地总面积的比重,用以反映土地利用的基本状况。具体调查以下几个方面:

(1)土地利用结构 农用地(耕地、园地、林地、牧草地等)面积及其占土地总面积的比例,建设用地(居民点、交通、绿化用地等)面积及其在土地总面积中所占的比例,其他土地面积及其在土地总面积中的比例。

(2)农、林、牧用地结构 农、林、牧业用地之间的比例关系,可以反映用地结构的合理程度。近年来,养殖用地等其他农用地的数量不断增加,而且对农用地利用的结构调整以及部分地区产业结构调整的作用越来越显著,因此,重点地区其他农用地的调查也十分重要。

(3)农业总产值、工业总产值在国民经济总产值中的比重。

5.3.3.2 耕作制度

调查当地的作物种植制度和作物分布,以反映耕作制度与自然条件之间的匹配程度,对气候、水利、海拔高程等地域优势特点的利用程度。对热量、温差、品种等资源的利用程度可以反映土地利用的潜力。可通过熟制指标、不同地貌类型区或海拔高程带作物分布等指标来反映一定耕作制度的合理度及土地利用潜力。

5.3.3.3 土地生产力水平

土地生产力水平是反映土地生产能力的一项指标,通常用生产周期内单位面积土地上的产品数量或产值来表示。一般需要调查土地的产出量(产量、产值)和产出效果(净产值、纯收入、利润和级差收益)。主要包括单位土地面积的总产值或总收入、单位土地面积的净产值或纯收入、资金收益系数和百元投资的产值或收入等指标。

▶ 5.3.4 土地利用水平调查

(1)土地利用程度调查 土地利用程度调查常见的指标有土地垦殖率、土地利用率、土地农业利用率、森林覆盖率、水面利用率、牧场载畜量等。

(2)土地利用效果调查　调查某类用地单位面积的投入同产出的比。土地利用效果较常用的指标有单位播种面积产量或产值、单位耕地面积产量或产值、单位农用地总产值、单位土地(农用地、耕地)面积净产值、单位土地(农用地、耕地)纯收入、单位土地(农用地、耕地)的投入产出率、(城市)单位土地面积上所生产的国民生产总值、单位城镇土地面积摊得的利润等。

(3)土地利用集约程度调查　土地利用集约程度反映生产过程中单位土地面积上投放的劳动与资金的数量。

▶ 5.3.5　土地生态环境条件调查

随着土地资源合理利用与配置在国家社会经济可持续发展中的作用越来越显著和重要,土地生态系统作为全球生态系统的重要部分,在维护区域乃至全球生态环境稳定、协调人地关系方面的功能作用越来越显著,土地条件调查中土地生态环境条件调查显示出越来越重要的作用。

5.3.5.1　调查内容

(1)光能利用率(增加率)　光能利用率是衡量一定面积农作物利用光能程度和生产水平的指标。单位土地面积上一定时间内植物光合作用积累的有机物所含能量与同期照射到该地面上的太阳辐射量的比率。

(2)能量转化率　一般以能量产投比表示,用以反映土地生态系统的良性循环程度。

(3)水土流失率　水土流失面积占土地总面积的百分比,可反映土地生态环境的恶化程度。

(4)土地"三化"率　指土地的退化、沙化、盐碱化面积与土地总面积之比。

(5)草场退化率　草场实际退化面积占草场总面积的比率。

(6)土地受灾率　土地受灾面积占土地总面积的比率。

(7)水、大气及土壤环境质量　主要调查水、大气、土壤的污染程度,水、土地的污染面积。具体调查河流的水质、重金属及有机污染物含量等大气污染的主要污染物及其排放量;土壤污染物的排放量及土地污染面积、耕地污染面积比重等;土壤肥力与土壤有机质含量。

5.3.5.2　调查程序

(1)遥感影像判读与分析　地表植被覆盖与景观变化不仅能够直接反映生态系统的变化特征,而且对生态环境的其他要素具有很好的指示作用,因此,对比分析不同历史时期遥感影像特征,可以较为准确地获得土地生态环境变化的数量特征和空间分异特征。

(2)野外专业调查与定位观测　在了解研究区概况的基础之上,设计调查路线和生态环境条件调查内容,选择具有代表性的路线进行实地样地调查。同时可以选择典型地区设立长期观测站,进行土地生态环境长期观测,获得第一手的实验观测资料。

(3)资料整理和分析　将所收集的和上述各种方式取得的各种资料进行整理、综合分析,总结出调查区土地生态环境特征与土地利用之间的关系。

▶ **5.3.6 土地政策条件调查**

国家土地制度与一定时期内的土地政策对土地利用、土地资源的有效配置和可持续利用有着举足轻重的导向作用和调控功能,也是土地条件调查的重要内容。政策条件调查主要包括各项土地政策实施与执行情况、土地政策评估资料、当前土地政策效果、百姓对土地政策的认知程度等。通常可采用实证分析、调查表、电话询问等手段来完成。

5.4 土地等级调查

土地等级调查又称土地分等定级,指在特定的目的下,对土地的自然和经济属性进行综合鉴定并使鉴定结果等级化的工作。土地用途不同,衡量等级的指标也不同,土地等级调查是一项极其复杂、涉及学科较多的综合性工作。

土地等级调查是地籍管理工作的一个重要组成部分,它是以土地质量状况为具体工作对象的,并且必须以土地利用现状调查和土地性状调查为基础。

▶ **5.4.1 土地分等定级体系**

我国土地分等定级采用"等"和"级"两个层次的体系,土地分等和土地定级有着既相互区别又相互联系的不同的工作内容。土地分等以某一较大区域内全部城镇或某一区域内全部农用土地为对象评定各城镇或各片农用地之间整体质量的等次;土地定级则是对某一城镇或某一片农用土地内部各局部范围土地质量的评定,土地分等定级按涉及对象的不同分为城镇土地分等定级和农用土地分等定级体系。

5.4.1.1 城镇土地分等定级体系

城镇土地分等反映一定区域内不同城镇之间土地质量的地域差异,它将各城镇看作一个点,研究整个区域内各城镇从整体上表现出的土地质量差异,以城镇为基本单元进行排序。

(1)城镇土地分等 是以反映城镇间宏观的区位级差收益为核心的评价方法,为政府制定宏观的地价政策和区域城镇体系规划提供依据。

(2)城镇土地定级 根据城镇内部各部分土地的经济和自然属性及其在社会经济活动中的地位与作用,对城镇内部土地使用价值进行综合分析,揭示城镇内部土地利用效益的区位差异,从而评定土地级别的过程。城镇土地定级是以反映城镇内土地的微观级差收益为核心的评价方法,土地级别表明了城市内部土地区位条件和利用效益的差异。

5.4.1.2 农用土地分等定级体系

(1)农用土地分等 反映不同质量农用地在不同利用水平、不同效益条件下收益的差异,按全国农用地间的相对差异进行比较评定。

(2)农用土地定级 反映土地等影响下的土地差异,以影响土地质量易变的自然条件的差异以及土地利用水平、利用效益上的微观差异为依据,按地域(通常为县)范围内土地的相对差异进行比较、评定。

农用土地分等定级显化了农用土地资产量,并揭示了农用地质量分布状况,其成果为农用地生产力核算、耕地占补平衡的质量考核、土地整理项目权属调整、农用地流转等提供科学依据。

5.4.2   土地分等定级的理论基础

1)土地区位理论

土地区位是土地分等定级的重要因素。由于土地区位不同,产生不同的使用价值和价值,使得同类行业在不同区位上获得的经济收益会相差很大,不同行业在同一位置上的经济收益也会相差很大,根据土地区位条件造成的区位空间差异可划分出土地质量等级。

2)土地价值理论

根据马克思的劳动价值理论,土地的等级与人类对土地开发、利用方面的劳动投入量密切相关。通常,集约化水平高、建筑密度与容积率大、基础设施完备、公用设施完善的土地,其土地等级较高,反之则低。

3)土地可持续发展理论

土地可持续利用是保持特定地区的所有土地均处于可用状态,在人口、资源、环境和经济协调发展时保持其生产力和生态稳定性,促进经济增长和社会繁荣。

土地分等定级必须在遵从土地可持续利用的原则下,准确揭示土地价值信息,为合理高效地利用土地,优化产业结构,实现生态合理、经济可行及社会公平的土地可持续利用目标服务。

4)土壤肥力理论

土壤肥力理论主要应用于农用土地的分等定级。土壤肥力是构成土地生产能力的物质基础。对农地质量进行等级评价,土壤肥力是首先要考虑的因素。

5)土地质量观

土地质量是一个综合的指标,取决于土地的综合特征,它是土地全部组成要素以及相关环境条件因素相互组合、彼此作用所构成的生产利用的综合效应。全面准确的土地质量观具有针对性、效益性、综合型和动态变化性的特点。

土地质量是针对土地的特定用途而言的,它最终应体现在土地利用的效益上,接受土地利用效益的检验;土地质量是土地的一种综合属性,是土地利用过程中土地的自身特性、影响土地质量的自然因素、社会经济因素共同作用、互相影响、互相制约全部过程的集中体现;同时,土地的自身特性和影响土地质量的自然因素和社会经济因素也是不断变化的。

5.4.3   土地分等定级的基本原则

(1)综合分析原则   在土地这个综合体中,土地各组成因素都有其不可替代的地位和作用,土地的性质和用途取决于全部组成因素的综合作用,而不从属于任何一个单独的因素。因此土地分等定级应综合分析各因素的作用,使成果能客观反映不同级别土地综合效益的差异。

(2)主导因素原则 在综合分析的基础上,根据影响因素因子及其作用的差异,重点分析对土地质量具有重要作用的主导因素,突出主导因素对分等定级结果的作用。

(3)区域差异原则 土地质量的影响因素会因区域不同而有所变化,掌握土地区位条件特性和分布组合规律,分析由区位条件不同形成的土地质量差异,因地制宜地确定土地分等定级的依据和标准,能提高土地质量评定的针对性。

(4)级差收益原则 级差收益反映了各区域之间或者区域内部土地区位条件和利用效果的差异。土地质量好、等级高,土地级差收益相应就高;相反,土地质量差、等级低,土地级差收益也就低。

(5)定性与定量相结合的原则 土地等级是对影响土地质量的各因素综合分析评定的结果。各因素对土地质量的影响方式和程度不相一致,在评定等级过程中,应尽量把定性的、经验性的分析进行量化,以定量分析计算为主,必要时才对某些现阶段难以定量的社会、经济因素采用定性分析,以减少人为任意性,提高土地分等定级的精确性。

▶ 5.4.4 城镇土地定级的方法

城镇土地类型多样、结构复杂,因此,对城镇土地进行合理规划、布局,对城市土地资源的优化配置、节约集约利用和效益最大化具有重要意义。

城镇土地定级揭示了土地的质量及其分布状况,是制定基准地价的基础,为城市规划提供了必要的基础数据,为制定城镇土地税赋提供重要参考,为城市土地科学管理服务,为城市发展定位、制订城镇体系规划、提高土地使用效率提供科学依据。

(1)多因素综合评定法 多因素综合评定法是按照一定原则,选取对城镇土地质量有影响的因素,建立评价指标体系,通过分析各类因素对土地质量的作用强度,揭示土地使用价值在空间分布上的差异性,综合评判出城镇土地级别。

(2)级差收益测算法 级差收益测算法是从土地利用效果的角度出发,不考虑土地质量因素或因子的影响过程和作用机理,采用投入—产出的思维方法,通过测定土地级差收益的大小,直接评定土地质量优劣的一种定级方法。级差收益测算法适用于城镇土地市场发育不成熟、市场机制不完善、土地交易样点较少的城镇。

(3)地价分区定级法 地价分区定级法是将土地级别与土地价格直接联系起来,首先根据地价水平高低一致性在城镇地域空间划分地价区块,制定地价分区,从而划分土地级别。在土地市场发育成熟、房地产交易案例较多的城市,可采用此种方法。但在土地市场发育不成熟、市场管理不完善的情况下,该方法的应用受到限制。

▶ 5.4.5 城镇土地定级的步骤

5.4.5.1 定级资料的收集与调查

资料收集的范围包括土地利用现状资料、土地利用总体规划资料、土地利用效益资料及影响土地级别的因素或因子调查等。

5.4.5.2　定级单元划分

土地定级单元是评定土地级别的基本空间单位,是内部特性和区位条件相对均一的地块。要求单元内主要定级因素的影响大致一致,单位面积确定在 $5\sim25\ hm^2$ 之间,特殊情况可适当放大、缩小,但整体起作用的区域,不得分割为不同单元。

5.4.5.3　定级因素指标体系的确定

定级因素是指对土地级别有重大影响,并能体现区位差异的经济、社会和自然条件。城镇土地定级受多种因素影响,通过归纳将其组织在一起,构成定级因素体系。由于各因素或因子所处的层次地位不同,在评价工作中,不能将因素或因子的层次随意调换,更不能在不同的层次间进行累加,只能是同一层次的因素和因子进行比较、评分和相互累加。

(1)因素选择的原则　首先,因素指标的变化对城镇土地定级(表 5-2)有较显著影响,因素指标值有较大的变化范围,选择的因素对不同区位的影响有较大的差异。其次,不同类型的土地定级应分别选择相应的定级因素。例如,综合用地选影响大的、有较大的变化范围的、对定级有重要作用、覆盖面广的因素。

表 5-2　城市土地定级因素表

定级因素	繁华程度	交通条件				基础设施状况		环境状况				人口状况
	商服繁华影响度	道路通达度	公交便捷度	对外交通便利度	路网密度	生活设施完善度	公用设施完善度	环境质量优劣度	文体设施影响度	绿地覆盖度	自然条件优越度	人口密度
选择性	必选	至少一种必选		必选		至少一种必选		备选				备选
重要性顺序	1	2 或 3				3 或 2		4 或 5				5 或 4
权重值范围	0.2~0.4	0.3~0.5				0.3~0.5		0.2~0.3				0.15~0.02

(2)因素权重的确定　权重值的大小和因素与土地质量的影响成正比,权重值越大,因素对土地质量的影响越大;定级因素对不同类型用地的影响程度不同;各因素的权重应具有可比性,每个因素权重值必须在 0~1 或 0~100 之间变化,并且各因素的权重之和等于 1 或 100。因素权重确定方法有特尔菲法、因素成对比较法和层次分析法。

5.4.5.4　定级因素分值计算

根据选定的定级因素和因子体系,对各因素因子资料进行整理、分析、计算的过程,也是设定各因素因子评分标准的过程。分值计算中常用到作用分值、因素分值和总分值的概念。

作用分值指同一定级因素内某一设施、中心对土地定级区域内某块土地的影响强度;因素分值指同一定级因素内各设施、中心对某一地块的作用分值之和。总分值指某一地块上所得各定级因素分值的加权总分值。

1）分值计算原则

（1）作用分值与土地的优劣成正相关，土地条件越好，得分值越高，总分值越大，土地质量越高，级别也就越高。

（2）分值体系采用 0～100 分的封闭区间，以满足因素相互比较的需要。

（3）得分值只与因素指标的显著区间相对应，超出或低于显著作用区间对土地的优劣无显著作用，高于或低于显著作用区间的指标值等同于显著作用区间的最高值或最低值。

2）分值计算方法

土地因素根据在城镇中的空间分布形态及其影响土地质量的方式分为点、线状分布形式和面状分布形式。点、线状分布的土地因素所依附的客体在城镇中占地面积小，在空间分布上聚集现象明显，相对城镇而言多为点线状形态分布，如商服中心、道路、公交站点等；面状分布形式所依附的客体在城镇中分布面积较大，仅对自身客体所在位置产生影响，而对周围地块基本无外溢的影响。如基础设施、自然条件、绿地状况、环境污染等。

（1）面状分布土地因素的计算方法　先对各因素资料进行整理，按因素与土地质量相关性的特点，计算出各地域或土地单元的因素指标值；然后对超出显著作用区间的各土地因素指标值，按显著区间内的最高值或最低值处理。

一般常用模型为：

$$f_i = 100(X_i - X_{\min})/(X_{\max} - X_{\min}) \tag{5-1}$$

式中：f_i——某定级因素的作用分；

$X_{\min}$、$X_{\max}$、X_i——分别为指标的最小值、最大值和某土地因素的指标值。

（2）点、线状分布土地因素的计算方法　先在各因素内按规模或类型求出各点线设施的相对作用分，最大值为 100；再根据因素的类型或规模，计算其平均影响范围，并划分若干相对距离区间；最后根据因素的影响随距离衰减具有不同规律的特点，选取不同的数学模型，计算各相对距离上的因素作用分。

一般常用的计算模型有线性和非线性两种：

典型的线性模型：
$$f_i = F \times (1 - r) \tag{5-2}$$

典型的非线性模型：
$$f_i = F^{(1-r)} \tag{5-3}$$

式中：f——某设施、中心对自身客体所在位置上的作用分；

F——某土地指标的作用分基值；

r——某地块的相对距离（$r = d/D$，d 为某点、线设施距某地块的实际距离，D 为某点、线设施的影响半径）。

5.4.5.5　城镇土地级别划分

1）单元总分值计算

定级单元总分值根据单元内各因素作用分值和各因素权重，采用因素分值加权求和法计算得到。

$$P_i = \sum_{i=1}^{n} F_{ij} W_j \tag{5-4}$$

式中：P_i—i 因素的评分值；

　　　F_{ij}—i 因素中 j 因子的分值；

　　　W_j—j 因子的权重值。

土地级按总分值变化状况划分，不同的土地级对应不同的总分值区间。按从优到劣的顺序分别对应于 $1,2,3,\cdots,n$ 个级别值（n 为正整数）；任何一个总分值只能对应一个土地级；土地级数目，依不同城镇规模、复杂程度和定级类型而定。

2）城镇土地级的划分方法

（1）总分数轴确定法　以总分值点绘于数轴上，按土地优劣的实际情况，选择数点稀少处为级间分界。

（2）总分频率曲线法　对总分值作频率统计，绘制频率直方图，按土地优劣的实际情况，选择频率曲线分布突变处为级间分界。

（3）总分剖面图法　沿城镇若干方向作总分变化剖面，按土地优劣的实际情况，以剖面线的波谷和波峰的中间部位作为级间分界。

5.4.5.6　土地级的确定

1）土地级的确定原则

（1）土地级别高低与土地相对优劣的对应关系基本一致；

（2）级之间应渐变过渡，相邻单元之间土地级差不宜过大；

（3）各类用途的各级土地的平均单位面积地租或地价应具有明显差异并呈正向级差；

（4）保持自然地块及权属单位的完整性；

（5）边界尽量采用具有地域突变特征的自然界线及人工界线。

2）不同用地土地级的确定方法

（1）综合定级土地级的确定　在多因素综合评价法定级结果的基础上，采用级差收益测算法和市场价格定级方法进行验证、调整，确定综合定级土地级。

（2）商业用地定级土地级的确定　在多因素综合评价法定级结果的基础上，采用级差收益测算法和市场价格定级方法进行验证、调整，并参照高级商务集聚区的验证结果，确定商业用地定级的土地级。

（3）住宅用地定级土地级的确定　在多因素综合评价法定级结果的基础上，采用市场价格定级方法进行验证、调整，确定住宅用地定级的土地级。

（4）工业用地定级土地级的确定　对于城市中心区或城市规划中不允许布置工业用地的区域，不参与工业用地级别划定。定级中应调查此类区域，并在图上勾绘范围。在多因素综合评价法定级结果的基础上，采用级差收益测算法和市场价格定级方法进行校核、调整，确定工业用地定级的土地级。

5.4.5.7　定级成果检查验收及应用更新

（1）编绘定级成果图　成果图直观地反映出评价区域范围内各部分土地的优劣、土地的空间和地域组合及面积状况，主要包括土地级别图、土地级别边界图、土地定级单元分值图及土地定级因素作用分值图。

（2）编写土地定级报告　报告主要包括城镇定级对象的自然、经济及社会概况，城镇土地定级工作情况、方法、成果和级别分析报告。

（3）面积量算与汇总　土地级别面积量算可采用解析法或图解法，应用计算进行量算。

（4）检查验收　城镇土地级别划定后，必须将其边界落实到大比例尺地图、地籍图上。每宗地都应落实综合定级确定的级别，同时根据宗地的现状用地性质，落实对应的定级类型确定的级别。

5.4.6　综合用地土地级别划分

5.4.6.1　繁华程度作用分值计算

1）商服中心级别的确定

（1）求单项指标的标准化值

$$M_i = 100 \frac{B_i}{B_{\max}} \tag{5-5}$$

式中：M_i——标准化指标值；

　　　B_i——某指标值；

　　　$B_{\max}$——某指标最大值。

（2）求综合规模指数

$$K = \sum_{i=1}^{D} W_i M_i \tag{5-6}$$

式中：K——商服中心综合规模指数；

　　　W_i——指标权重值；

　　　M_i——标准化指标值。

（3）根据综合规模指数划分商服中心级别

$$F_i = M_i - M_j$$
$$F_{\min} = M_{\min} \tag{5-7}$$

式中：F_i——某组商服中心繁华作用分；

　　　M_i，M_j——某组、次级商服中心规模指数；

　　　$M_{\min}$——最低级商服中心规模指数；

　　　$F_{\min}$——最低级商服中心繁华作用分。

2）商服中心影响半径的确定

$$r = \frac{d_i}{d} \tag{5-8}$$

式中：r——相对距离；

　　　d_i——某点距商服中心的实际距离；

　　　d——商服中心的影响半径。

3）商服繁华度作用分值计算

$$f_i = F^{(1-r)} \qquad (5-9)$$

式中：f_i—繁华影响度作用分；

　　F—某级商服中心繁华作用分值；

　　r—相对距离。

4）商服中心划分

（1）各级城镇应分出的商服中心级别数目：大城市 2～4 级，中等城市 2～3 级，小城及以下 1～2 级。

（2）商服中心边界确定：在商服中心所在的区域内，选择商服业繁华状况突变的地段，以明显的地物或非商业业建筑作为商服中心边界。

（3）商服中心划分要求：城镇内商服中心依次从高级到低级按市级、区级、小区级和街区级等级别划分。

（4）商服中心划分依据：可以按商服中心的销售总额、总利润或单位面积销售额、利润值以及其他经济指标的高低衡量；也可以利用商服中心的已有划分成果，并加以适当修正、调整确定。

5.4.6.2　交通条件作用分值计算

1）道路类型

（1）按道路在城镇交通中的作用可分为主干道、次干道和支路。主干道指联系城镇中主要工矿企业、交通枢纽和全市性公共活动场所的道路，是城镇中主要客货运输线；次干道指联系城镇主干道之间的道路；支路指各街坊之间的联系道路。

（2）按主、次干道在城镇中的类型不同分为混合型主干道，生活型主、次干道，交通型主、次干道。混合型主干道指城镇内部主要客货运输线；生活型主、次干道指城镇内部主要以客运为主的道路；交通型主、次干道指城镇内部主要以货运和过境为主的道路。

（3）各城镇应分出的道路类型数为：大城市 5～7 类；中等城市 3～5 类；小城市以下 1～3 类。

2）道路类型划分依据

按宽度划分道路类型的标准见表 5-3。

表 5-3　道路类型　　　　　　　　　　　　　　　　　　　　　　　　　　　m

道路类型	红线宽度	车行道宽度
主干道	≈40	14～18
次干道	≈30	11～14
支路	≈15	7～9

3）道路通达度的分值计算

（1）某道路的通达度分值

$$f_i = F^{(1-r)}$$

$$r = \frac{d_i}{d} \quad d = \frac{S}{2L} \tag{5-10}$$

式中：f_i——道路通达度分值；

$\quad r$——相对距离；

$\quad F$——各道路的影响分值；

$\quad d$——主干道或次干道的影响距离；

$\quad S$——建成区面积；

$\quad L$——主干道或次干道的长度，支路以下影响半径一般在 $0.3 \sim 0.75$ km 之间。

（2）多种道路的通达修正分值　当地块上存在多种道路类型影响时，单元的道路通达度分值为所相关道路类型中得分最多的地块。

公式：

$$f_i' = f_i \times k_i \tag{5-11}$$

式中：f_i'——修正后的通达作用分值；

$\quad f_i$——修正前的通达作用分值；

$\quad k_i$——通达系数，取值与地段的通达方向数有关，通达系数表见表5-4。

表 5-4　通达系数表

通达方向	1	2	3	4
k 值	0.58	0.81	0.91	1.0

4）公交便捷度的分值计算

站流量：取一定区域内各个公交站点的每小时停车量之和。当同一公交线路的各站点均为必停站点时，可用线路中各向车流量之和代替，各公交线路流量每天统一按 $12 \sim 16$ h 计算平均值。

$$f_{ij} = F_i \times (1 - r) \tag{5-12}$$

式中：f_{ij}——公交便捷度分值；

$\quad F_i$——某站点流量级别分；

$\quad r$——相对距离（一般 $0.3 \sim 0.5$ km）。

$$F_i = 100 \frac{b_i}{b_{\max}} \tag{5-13}$$

式中：b_i——某级平均站流量；

$\quad b_{\max}$——站流量最大值。

5）路网密度作用分值计算

$$F_i = 100 \frac{(x_i - x_{\min})}{(x_{\max} - x_{\min})} \tag{5-14}$$

式中:F_i—因素作用分值;

  $x_{\min},x_{\max},x_i$—分别为某因素的最小值、最大值和指标值。

5.4.6.3 基础设施作用分值计算

选择基础设施齐备标准时,从供水、排水、电力、电讯、供热、供气等设施中选定齐备时应有的设施类型;划分设施在某区域水平系数时,按设施技术水平、设施服务方式或设备分布密度分出 2~4 个相对系数,数值在 0~1 之间;确定在某区域使用保证率时,按水、电、气、热等设施使用的持续率、可靠率和保证率确定,数值在 0~100％之间。

$$F = 100 \times a_i \times b_i \tag{5-15}$$

式中:F—设施完善度作用分;

  a_i—某设施某个水平指数;

  b_i—某设施某个使用保证率。

5.4.6.4 环境条件作用分值计算

(1)环境质量作用分 具有环境质量综合评价成果的城镇公式:

$$F_i = 100 \frac{(x_i - x_{\min})}{(x_{\max} - x_{\min})} \tag{5-16}$$

式中:F_i—因素作用分值;

  $x_{\min},x_{\max},x_i$—分别为评价指数的最小值、最大值和指标值。

(2)绿地覆盖度作用分

$$F_i = 100 \frac{(x_i - x_{\min})}{(x_{\max} - x_{\min})} \tag{5-17}$$

式中:F_i—因素作用分值;

  $x_{\min},x_{\max},x_i$—分别为评价指数的最小值、最大值和指标值。

5.4.6.5 人口密度作用分值计算

$$F_i = 100 \frac{(x_i - x_{\min})}{(x_g - x_{\min})} \tag{5-18}$$

式中:F_i—因素作用分值;

  x_i—指标值或修订指标值;

  $x_g,x_{\min}$—分别为人口密度的最佳值和最小值。

当调查指标值大于最佳值时,需对指标值修正后代入上式。

修正式为:

$$x_i' = 2x_g - x_t \tag{5-19}$$

式中:x_i'—修订后指标值;

  x_g—最佳值;

  x_t—调查值。

5.4.7　土地级别划分

（1）定级单元各因素作用分值确定

$$P_i = \sum_{i=1}^{n} F_{ij} W_j \tag{5-20}$$

式中：P_i——i 因素的评分值；

$\quad$ F_{ij}——i 因素中 j 因子的分值；

$\quad$ W_j——j 因子的权重值。

（2）定级单元总分值的确定

$$P = \sum_{i=1}^{m} P_i W_i \tag{5-21}$$

式中：W_i——i 因素的权重值；

$\quad$ m——m 个因素。

土地级按总分值变化状况划分，不同的土地级对应不同的总分值区间。按从优到劣的顺序分别对应于 $1,2,3,\cdots,n$ 个级别值（n 为正整数）；

任何一个总分值只能对应一个土地级。

实习4　城市土地定级实习

1.实习任务

（1）熟悉城镇土地定级中可供选择的因素。

（2）根据所学的城市土地定级的理论编写模拟区域的土地定级工作方案。

2.实习步骤

（1）参考《城镇土地定级规程》，运用多因素综合评定方法作为定级技术路线，编写土地定级技术方案，收集相关资料。

（2）分析土地级别的影响因素对各类用地的影响差异，选择相应的定级因素。

（3）应用特尔斐法和层次分析法确定因素权重，设计专家打分表格，小组模拟专家打分，进行权重计算。

（4）根据总分值确定土地的级别。

3.提交成果

（1）每人提交一份《××土地定级技术方案》。

（2）提交实习总结报告，分析存在的问题和不足。

第6章

房屋调查

【学习任务】

1. 了解房屋调查的内容。

2. 熟悉不动产单元编码的方法。

3. 掌握建筑面积计算的方法。

【知识内容】

6.1　概述

　　建筑物、构筑物是土地上的非常重要的附着物,建筑物、构筑物的情况是地籍资料不可缺少的重要组成部分。建筑物、构筑物调查是一项十分细致严肃的工作,同时也是一项准确性、技术性要求都很高的调查工作。建筑物、构筑物情况调查成果资料的好坏将影响地籍内容的准确性,也将直接影响到房地产登记和管理工作。一般情况下,构筑物主要是指道路、桥梁、堤坝、水闸等,建筑物主要是指房屋。

◈ 6.1.1　与房屋有关的概念

6.1.1.1　房屋主体

　　房屋是指有承重墙、顶盖和四周有围护墙体的建筑。房屋包括一般房屋、架空房屋和窑洞等。

(1)架空房屋　底层架空,以支撑物作为承重的房屋。其架空部位一般为通道、水域或斜坡,如廊房、骑楼、过街楼、吊脚楼、挑楼、水榭。

(2)窑洞　在坡壁上挖成洞供人使用的住所。

(3)假层　房屋的最上一层,四周外墙的高度一般低于正式层外墙的高度,内部房间利用部分屋架空间构成的非正式层,其高度大于 2.2 m 的部分,面积不足底层 1/2 的,叫作假层。

(4)气屋　利用房屋的人字屋架下面的空间建成,并设有老虎窗的叫作气屋。

(5)夹层　建筑设计时,安插在上下两层之间的房屋叫作夹层。

(6)暗楼　房屋建成后,利用室内上部空间添加建成的房间叫作暗楼。

(7)过街楼　横跨里巷两边房屋建造的悬空房屋叫作过街楼。

(8)吊楼　边依附于相邻房屋,另一边有支柱建筑的悬空房屋叫作吊楼。

(9)天井和天棚　房屋内部无盖见天的小块空间叫作天井,天井上有透明顶棚覆盖的叫天棚。

6.1.1.2　房屋附属设施

(1)柱廊　有顶盖和支柱、供人通行的建筑物。

(2)檐廊　房屋檐下有顶盖,无支柱和建筑物相连的作为通道的伸出部位。

(3)架空通廊　两幢房屋上层贯通的架空建筑。

(4)底层阳台　突出于外墙面或凹在墙内的平面,挑出的称挑阳台,凹进的称凹阳台,还有半凹半挑阳台。底层阳台均为凸阳台。封闭的底阳台按房屋表示,不封闭的底阳台用虚线表示。

(5)门廊　建筑物门前突出有顶盖、有廊台的通道,如门斗、雨罩等。

(6)门顶　大门的顶盖。

(7)门、门墩　机关单位和大的居民点院落的各种门和墩柱。

(8)室外楼梯　建筑物内上、下层间的交通疏散设施。

(9)台阶　联系室内外地面的一段踏步。

6.1.2　房地产调查的目的与内容

6.1.2.1　房地产调查的目的

房地产调查就是确定房屋和承载房屋的土地的自然状况与权属状况。为城镇的规划和房地产的管理、开发、利用及征收房地产税提供依据。房地产调查的主要成果是各种房地产平面图、有关数据及文档。房地产调查测绘的图件和调查成果资料一经审核批准作为权证的附件,便具有了法律效力。因此,对房地产调查而言,必须有严格的要求。

6.1.2.2　房地产调查的内容

房地产调查分为房屋调查和房屋用地调查。其内容包括对每个权属单元的位置、权界、权属、数量和利用状况等基本情况以及地理名称和行政境界的调查。

6.1.2.3　房产调查表

房地产调查应利用已有的地形图、地籍图、航摄像片以及产权产籍等资料,按房屋调查表和房屋用地调查表的要求以丘和幢为单位逐项实地进行调查。

1)要求

不动产权籍调查表必须做到图表内容与实地一致,表达准确无误,字迹清晰整洁。

表中填写的项目不得涂改,每一处只允许划改一次,划改符号用"\"表示,并在划改处由划改人员签字或盖章;全表划改不超过 2 处。

表中各栏目应填写齐全,不得空项。确属不填的栏目,使用"/"符号填充。

文字内容使用蓝黑钢笔或黑色签字笔填写,亦可采用计算机打印输出;不得使用谐音字、国家未批准的简化字或缩写名称;签名签字部分需手写。

项目栏的内容填写不下的可另加附页,宗地草图/宗海图可以附贴,凡附页和附贴的应加盖相关单位部门印章。

2)说明

地籍区、地籍子区、宗地号、定着物代码、不动产单元号根据《不动产单元设定与代码编制规则》的划分要求填写。

房地坐落一般包括街道名称、门牌号、幢号、楼层号、房号等。

权利人为自然人的,填写身份证明上的姓名;权利人为法人、其他组织的,填写身份证明上的法定名称。

证件一般为居民身份证,无居民身份证的,可以为户口簿、军官证等。法人或其他组织一般为营业执照、事业单位法人证书、社会团体法人登记证书。外籍人的身份证件为护照和中国政府主管机关签发的居留证件。

权利人类型分为个人、企业、事业单位、国家机关、其他。无法归类为个人、企业、事业单位、国家机关的,填写其他。

房屋性质分为商品房、房改房、经济适用住房、廉租住房、共有产权住房、自建房等。

房屋结构分为钢结构、钢和钢筋混凝土结构、钢筋混凝土结构、混合结构、砖木结构、其他结构等六类。

产权来源指产权人取得房屋产权的时间和方式,如继承、购买、受赠、交换、自建、翻建、征用、收购、调拨、价拨、拨用等。产权来源有两种以上的,应全部注明。

墙体归属是房屋四面墙体所有权的归属,分别注明自有墙、共有墙和借墙等三类。

◈ 6.1.3　房地产调查单元的划分

(1)丘　房屋用地的调查以丘为单元分户进行。丘是指地表上一块有界空间的地块。

一个地块只属于一个产权单元时称独立丘,一个地块属于几个产权时称组合丘,一般将一个单位、一个门牌号或一处院落划分为独立丘,当用地单位混杂或用地单位面积过小时划分为组合丘。

(2)幢　房屋的调查以幢为单元分户进行。幢是一座独立的,包括不同结构和不同层次的房屋。同一结构的互相毗连的成片房屋,可按街道门牌号适当分幢。一幢房屋有不同层次的,中间用虚线分开。

6.1.4　房屋及房屋用地调查

6.1.4.1　房屋用地调查

房屋用地调查的内容包括用地坐落、产权性质、等级、税费、用地人、用地单位所有制性质、使用权来源、四至、界标、用地用途、用地面积和用地纠纷等基本情况以及用地范围略图。

(1)房屋用地坐落　指房屋用地所在街道的名称和门牌号。房屋用地坐落在小的里弄、胡同和小巷时,应加注附近主要街道名称;缺门牌号时,应借用毗连房屋门牌号并加注东、南、西、北方位;房屋用地坐落在两个以上街道或有两个以上门牌号时,应全部注明。

(2)房屋用地的产权性质　按国有、集体两类填写。集体所有的还应注明土地所有单位的全称。

(3)房屋用地的等级　按照当地有关部门制定的土地等级标准执行。

(4)房屋用地的税费　指房屋用地的使用人每年向相关部门缴纳的费用,以年度缴纳金额为准。

(5)房屋用地使用权主　指房屋用地的产权主的姓名和单位名称。

(6)房屋用地的使用人　指房屋用地的使用人的姓名或单位名称。

(7)用地来源　指土地使用权的时间和方式,如转让、出让、征用、划拨等。

(8)用地四至　指用地范围与四邻接壤的情况,一般按东、南、西、北方向注明邻接丘号或街道名称。

(9)房屋用地用途　房屋用地用途按实际用途填写

(10)用地略图　以用地单元为单位绘制的略图,表示房屋用地位置、四至关系、用地界线、共用院落的界线以及界标类型的归属,并注记房屋用地界线边长。

6.1.4.2　房屋调查

按地籍的定义,房屋调查的内容包括 5 个方面,即房屋的权属、位置、数量、质量和利用状况,见表 6-1。

表 6-1　房屋基本信息调查表

市区名称或代码		地籍区		宗地号		定着物（房屋）代码	
不动产单元号		地籍子区					

房地坐落					邮政编码		
房屋所有权人		证件种类					
		证件号					
电话		住址					
权利人类型		项目名称					
房屋性质		产别		共有情况			
用途		规划用途					

房屋状况

幢号	户号	总套数	总层数	所在层	房屋结构	竣工时间	占地面积（m²）	建筑面积（m²）	专有建筑面积（m²）	分摊建筑面积（m²）	产权来源	墙体归属 东	南	西	北

附加说明	
房屋权界线示意图	调查意见：产权清楚，无争议。

调查员：　　　　　　　　　　　　　　日期：　　　年　　　月　　　日

1）房屋的权属

房屋的权属包括权利人、权属来源、产权性质、产别、墙体归属、房屋权属界线草图。

（1）权利人　房屋权利人是指房屋所有权人的姓名。私人所有的房屋，一般按照产权证件上的姓名登记；若产权人已死亡则注明代理人的姓名；产权共有的，应注明全体共有人姓名；房屋是典当或抵押的，应注明典当或抵押人姓名及典当或抵押情况；产权不清或无主的可直接注明产权不清或无主，并做简要说明。单位所有的房屋，应注明单位全称；两个以上单位共有的，应注明全体共有单位全称。

（2）权属来源　房屋的权源是指产权人取得房屋产权的时间和方式，如继承、购买、受赠、交换、自建、翻建、征用、收购、调拨、拨用等。

（3）产权性质　房屋产权性质是按照我国社会主义经济3种基本所有制的形式，对房屋产权人占有的房屋进行所有制分类，共划分为全民（全民所有制）、集体（集体所有制）、私有（个体所有制）等3类。外产、中外合资产不进行分类，但应按实际注明。

（4）产别　房屋产别是根据产权占有和管理不同而划分的类别。按两级分类，一级分8类，二级分4类，见表6-2。

（5）墙体归属　是指四面墙体所有权的归属，一般分3类：自有墙、共有墙、借墙。在房屋调查时应根据实际的墙体归属分别注明。

（6）房屋权属界线示意图　以房屋权属单元为单位绘制的略图，表示房屋的相关位置。其内容有房屋权属界线、共有共用房屋权属界线以及与邻户相连墙体的归属、房屋的边长，对有争议的房屋权属界线应标注争议部位，并做相应的记录。

（7）房屋权属登记情况　若房屋原已办理过房屋所有权登记的，在调查表中注明《房屋所有权证》证号。

2）房屋的位置

房屋的位置包括房屋的坐落、所在层次。

房屋坐落是描述房屋在建筑地段的位置，是指房屋所在街道的名称和门牌号。房屋坐落在小的里弄、胡同或小巷时，应加注附近主要街道名称；缺门牌号时，应借用毗连房屋门牌号并加注东、南、西、北方位；当一幢房屋坐落在两个或两个以上街道或有两个以上门牌号时，应全部注明；单元式的成套住宅，应加注单元号、室号或产号。

所在层次是指权利人的房屋在该幢的第几层。

3）房屋的质量

房屋的质量包括层数、建筑结构、建成年份。

房屋的层数是指房屋的自然层数，一般按室内地坪以上起计算层数。当采光窗在室外地平线以上的半地下室，室内层高在2.2 m以上的，则计算层数。地下层、假层、夹层、暗楼、装饰性塔楼以及突出层面的楼梯间、水箱间均不计算层数。屋面上添建的不同结构的房屋不计算层数，但仍需测绘平面图且计算建筑面积。

根据房屋的梁、柱、墙及各种构架等主要承重结构的建筑材料确定房屋的结构，房屋结构的分类见表6-3。

表 6-2　房屋产别分类表

一级分类		二级分类		含义
编号	名称	编号	名称	
10	国有房产			指归国家所有的房产。包括由政府接管、国家经租、收购、新建以及由国有单位用自筹资金建设或购买的房产。
		11	直管产	指由政府接管、国家经租、收购、新建、扩建的房产（房屋所有权已正式划拨给单位的除外），大多数由政府地产管理部门直接管理、出租、维修，少部分免租拨借给单位使用。
		12	自管产	指国家划拨给全民所有制单位所有以及全民所有制单位自筹资金构建的房产。
		13	军产	指中国人民解放军部队所有房产。包括由国家划拨的房产、利用军费开支或军队自筹资金构建的房产。
20	集体所有房产			指城市集体所有制单位所有的房产。即集体所有制单位投资建造、购买的房产。
30	私有房产			指私人所有的房产。包括中国公民、港澳台同胞、海外侨胞、在华外国侨民、外国人民投资建造、购买的房产，以及中国公民投资的私营企业（私营独资企业、私营合伙企业和有限责任公司）所投资建造、购买的房产。
		31	部分产权	指按照房改政策，职工个人以标准价购买的住房，拥有部分产权。
40	联营企业房产			指不同所有制性质的单位之间共同组成新的法人经济实体所投资建造、购买的房产。
50	股份制企业房产			指股份制企业所投资建造或购买的房产。
60	港澳台投资房产			指港澳台地区投资者以合资、合作或独资在祖国大陆创办的企业所投资建造或购买的房产。
70	涉外房产			指中外合资经营企业、中外合作经营企业和外资企业、外国政府、社会团体、国际性机构所投资建造或购买的房产。
80	其他房产			凡不属于以上各类别的房屋，都归在这一类，包括因所有权人不明，由政府房地产管理部门、全民所有制单位、军队代为管理的房屋以及宗教用房等。

131

表 6-3　房屋建筑结构分类表

分类		内　　　容
编号	名称	
1	钢结构	承重的主要构件是钢材料建造的,包括悬索结构。
2	钢、钢筋混凝土结构	承重的主要构件是钢、钢筋混凝土建造的。如一幢房屋一部分梁采用钢、钢筋混凝土构架建造。
3	钢筋混凝土结构	承重的主要构件是钢筋混凝土建造的。包括薄壳结构、大模板现浇结构及使用滑模、升板等建造的钢筋混凝土结构的建筑物。
4	混合结构	承重的主要构件是钢筋混凝土和砖木结构建造的。如一幢房屋的梁是用钢筋混凝土制成,以砖墙为承重墙,或者梁是木材建造,柱是钢筋混凝土建造。
5	砖木结构	承重的主要构件是用砖、木材建造的。如一幢房屋是木制房架、砖墙、木柱建造的。
6	其他结构	不属于上述结构的房屋都归此类。如竹结构、砖拱结构、窑洞。

一幢房屋一般只有一种建筑结构,如房屋中有两种或两种以上建筑结构组成,如能分清楚界线的,则分别注明结构,否则以面积较大的结构为准。

房屋的建成年份是指实际竣工年份。拆除翻建的,应以翻建竣工年份为准。一幢房屋有两种以上建筑年份,应分别调查注明。

4)房屋的用途

房屋的用途是指房屋目前的实际用途,也就是指房屋现在的使用状况。房屋的用途按两级分类,一级分 8 类,二级分 28 类,具体分类标准见表 6-4。一幢房屋有两种以上用途的,应分别调查注明。

5)房屋的数量

房屋的数量包括建筑占地面积、建筑面积、使用面积、共有面积、产权面积、宗地内的总建筑面积(简称总建筑面积)、成套房屋的建筑面积等。

(1)建筑占地面积(基底面积)　指房屋底层外墙(柱)外围水平面积,一般与底层房屋建筑面积相同。

(2)建筑面积　指房屋外墙(柱)勒脚以上各层的外围水平投影面积,包括阳台、挑廊、地下室、室外楼梯等,有上盖、结构牢固、层高 2.2 m 以上(含 2.2 m)的永久性建筑。每户(或单位)拥有的建筑面积叫分户建筑面积。平房建筑面积指房屋外墙勒脚以上的墙身外围的水平面积。楼房建筑面积则指各层房屋墙身外围水平面积的总和。

(3)使用面积　指房屋户内全部可供使用的空间面积,按房屋的内墙面水平投影计算。包括直接为办公、生产、经营或生活使用的面积和辅助用房如厨房、厕所或卫生间以及壁柜、户内过道、户内楼梯、阳台、地下室、附层(夹层)、2.2 m 以上(指建筑层高,含 2.2 m,以下同)的阁(暗)楼等面积。

表 6-4　房屋用途分类表

一级分类		二级分类		含义
编号	名称	编号	名称	
10	住宅	11	成套住宅	指由若干卧室、起居室、厨房、卫生间、室内走道或客厅等组成的供一户使用的房屋。
		12	非成套住宅	指人们生活居住的但不成套的房屋。
		13	集体宿舍	指机关、学校、企事业单位的单身职工、学生居住的房屋。集体宿舍是住宅的一部分。
20	工业交通仓储	21	工业	
		22	公共设施	指自来水、泵站、污水处理、变电、燃气、供热、垃圾处理、环卫、公厕、殡葬、消防等市政公用设施的房屋。
		23	铁路	指铁路系统从事铁路运输的房屋。
		24	民航	指民航系统从事民航运输的房屋。
		25	航运	指航运系统从事水路运输的房屋。
		26	公交运输	指公路运输、公共交通系统从事客、货运输、装卸、搬运的房屋。
		27	仓储	指用于储备、中转、外贸、供应等各种仓库、油库用房。
30	商业金融信息	31	商业服务	指各类商店、门市部、饮食店、粮油店、菜场、理发店、照相馆、浴室、旅社、招待所等从事商业和居民生活服务所用房屋。
		32	经营	指各种开发、装饰、中介公司等从事各类经营业务活动所用的房屋。
		33	旅游	指宾馆、饭店、乐园、俱乐部、旅行社等主要从事旅游服务所用的房屋。
		34	金融保险	指银行、储蓄所、信用社、信托公司、证券公司、保险公司等从事金融服务所用的房屋。
		35	电信信息	指各种邮电、电信部门、信息产业部门，从事电信与信息工作的场所。
40	教育医疗卫生科研	41	教育	指大专院校、中等专业学校、中学、小学、幼儿园、托儿所、职业学校、业余学校、干校、党校、进修院校、工读学校、电视大学等从事教育所用的房屋。
		42	医疗卫生	指各类医院、门诊部、卫生所、检(防)疫站、保健院、疗养院、医学化验、药品检验等医疗卫生机构从事医疗、保健、防疫、检验所用的房屋。
		43	科研	指各类从事自然科学、社会科学等研究设计、开发所用的房屋。

续表 6-4

一级分类		二级分类		含义
编号	名称	编号	名称	
50	文化娱乐体育	51	文化	指文化馆、图书馆、展览馆、博物馆、纪念馆等从事文化活动所用房屋。
		52	新闻	指广播电台、电视台、出版社、报社、杂志社、通讯社、记者站等从事新闻出版所用房屋。
		53	娱乐	指影剧院、游乐场、俱乐部、剧团等从事文娱演出所用的房屋。
		54	园林绿化	是指公园、动物园、植物园、陵园、苗圃、花圃、花园、风景名胜、防护林等所用的房屋。
		55	体育	指体育场馆、游泳池、射击场、跳伞塔等从事体育所用的房屋。
60	办公	61	办公	指党政机关、群众团体等行政、事业单位所用的房屋。
70	军事	71	军事	指中国人民解放军军事机关、营房、阵地、基地、机场、码头、工厂、党校等所用的房屋。
80	其他	81	涉外	指外国使、领馆、驻华办事处等涉外机构所用的房屋。
		82	宗教	指寺庙、教堂等从事宗教活动的房屋。
		83	监狱	指监狱、看守所、劳改场(所)等用房屋。

（4）共有面积　指各产权主共同拥有的建筑面积。主要包括有层高超过 2.2 m 的单车库、设备层或技术层、室内外楼梯、楼梯悬挑平台、内外廊、门厅、电梯及机房、门斗、有柱雨篷、突出屋面有围护结构的楼梯间、电梯间及机房、水箱等。

（5）房屋的产权面积　指产权主依法拥有房屋所有权的房屋建筑面积。房屋产权面积由直辖市、市、县房地产行政主管部门登记确权认定。

（6）总建筑面积　总建筑面积等于计算容积率的建筑面积和不计算容积率的建筑面积之和。计算容积率的建筑面积包括使用建筑面积（含结构面积，以下简称使用面积）、分摊的共有面积（以下简称共有面积）和未分摊的共有面积。面积测量计算资料中要明确区分计算容积率的建筑面积和不计算容积率的建筑面积。

（7）成套房屋的建筑面积　成套房屋的套内建筑面积由套内房屋的使用面积、套内墙体面积、套内阳台面积 3 部分组成。

套内房屋使用面积：为套内房屋使用空间的面积，以水平投影面积按以下规定计算。套内使用面积为套内卧室、起居室、过厅、过道、厨房、卫生间、厕所、储藏室、壁橱、壁柜等空间面积的总和。套内楼梯按自然层数的面积总和计入使用面积。不包括在结构面积内的套内烟囱、通风道、管道井均计入使用面积。内墙面装饰厚度计入使用面积。

套内墙体面积：是套内使用空间周围的围护、承重墙体或其他承重支撑体所占的面积，其中各套之间的分割墙、套与公共建筑空间的分割墙以及外墙（包括山墙）等自有墙体按水平投影面积全部计入套内墙体面积。

套内阳台建筑面积:套内阳台建筑面积均按阳台外围与房屋墙体之间的水平投影面积计算。其中,封闭的阳台按水平投影全部计算建筑面积,未封闭的阳台按水平投影的一半计算建筑面积。

6.2　房产编码

6.2.1　房产代码结构

房产代码分为二层,共 9 位,第一层用 1 位表示房产的特征码,第二层为单元号,包括幢号和户号,用 8 位数字表示。

1)特征码

房屋等建筑物、构筑物的特征码,码长为 1 位,用 "F"表示。

2)单元号

(1)幢号　2～5 位为幢号,幢号在使用权宗地(或地籍子区)内统一编号,码值为0001～9999。

(2)户号　6～9 位表示户号,户号在每幢房屋内统一编号,码值为 0001～9999。其中,全部房屋等建筑物、构筑物归同一权利人所有,该宗地内全部房屋等建筑物、构筑物可一并划分为一个定着物单元的,定着物单元代码的前 5 位可采用"F9999"作为统一标识,后 4 位户号从"0001"开始首次编号。每幢房屋等建筑物、构筑物的基本信息可在房屋调查表中按幢填写。

6.2.2　过渡期编码

未完全实现房地信息挂接的过渡期内,对于不涉及界址界线变化且需要即时办结的变更、转移、查封、抵押、注销等不动产登记业务,可以采用不动产单元过渡期编码,不动产单元过渡期编码与不动产单元编码具有相同的功能和效力。同时,应尽快开展不动产权籍调查与不动产登记数据整合,按照不动产单元设定与代码编制相关技术规定,统一编制不动产单元代码,建立不动产单元过渡期编码与不动产单元代码的一一对应关系,并记录在电子登记簿和不动产登记信息数据库以及不动产权籍调查成果数据库中。不动产单元过渡期编码方法如下:

(1)房屋等建筑物、构筑物暂时不能落在自然幢但能落宗的,不动产单元编码的幢号暂可按逻辑幢进行编码,户号在幢内统一编制,编制不动产单元过渡期编码。

(2)房屋等建筑物、构筑物等定着物暂时不能落宗但能落在地籍区(地籍子区)内的,宗地顺序号可暂使用"00000"标识,定着物单元从"00000001"起编号,编制不动产单元过渡期编码。

6.2.3　代码表示方法

不动产单元代码采用分段表示,具体方法如下:

(1)第一段表示县级行政区划代码。

(2)第二段表示地籍区代码与地籍子区代码。

(3)第三段表示宗地(宗海)号,由宗地(宗海)特征码和宗地(宗海)顺序号共同组成。

(4)第四段表示定着物单元代码,由定着物特征码和定着物单元号共同组成。

(5)不动产单元代码在表示时,段与段之间可用全角字符"空格"进行分隔,"空格"不占用不动产单元代码的位数。不动产单元代码在数据库中存储时,不应包含任何形式的"空格"。

不动产单元代码分段示意图如图 6-1 所示。

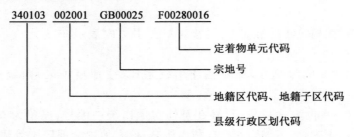

图 6-1　不动产单元代码分段示意图

6.3　房地产面积测算

6.3.1　共有面积的含义

共有面积由两部分构成,应分摊的共有面积和不应分摊的共有面积。

应分摊的共有面积主要有室内外楼梯、楼梯悬挑平台、内外廊、门厅、电梯房及机房、多层建筑物中突出屋面结构的楼梯间、有维护结构的水箱等。

不应分摊的共有面积是前项所列之外,建筑报建时未计入容积率的共有面积和有关文件规定不进行分摊的共有面积,包括机动车库、非机动车库、消防避难层、地下室、半地下室、设备用房梁底标高不高于 2 m 的架空结构转换层和架空作为社会公众休息或交通的场所等。

在房屋面积计算时,对于应分摊的共有面积,如果多个权利人拥有一栋房屋,则要求分户分摊,如果一个权利人拥有一栋房屋,则要求分层分摊,即使用面积按层计算,房屋的共有面积按层分摊。

由于房地产市场交易、抵押贷款等适应社会经济发展的各种经济活动形式的存在,对应分摊共有面积进行分摊时必须符合有关法律、法规的要求,严格按技术规程的要求进行计算。

无论从理论上,还是从实际情况看,自然层数等于或大于 2 的建筑物,一定有共有面积,如果在房屋调查报告中无共有面积,则这份报告是不合格的,不能使用。

6.3.2 应分摊共有面积的分摊原则

1)按文件或协议分摊

有面积分割文件或协议的,应按其文件或协议分摊。这种情况一般是对一栋房屋有两个以上权利人而言,在实际情况中并不多见。

2)按比例分摊

无面积分割文件或协议的,按其使用面积的比例进行分摊,即各单元应分摊的共有面积＝分摊系数 K×各单元套内建筑面积,式中 K 为应分摊的共有面积/各单元套内建筑面积之和。

3)按功能分摊

对有多种不同功能的房屋(如综合楼、商住楼等),共有面积应参照其服务功能进行分摊,具体如下:

(1)对服务于整个建筑物所有使用功能的共有面积应共同分摊,否则按其所服务的建筑功能分别进行分摊。

(2)住宅平面以外,仅服务于住宅的共有面积(电梯房、楼梯间除外)应计入住宅部分进行分摊。住宅平面以外的电梯间、楼梯间,仅服务于住宅部分,但其通过其他建筑功能的楼层,则按住宅部分面积和其他建筑面积的各自比例分配相应的分摊面积。

(3)建筑物报建时计入容积率的其他共有面积均应分摊。

(4)共有面积的分摊除有特殊规定外,一般按所服务的功能进行分摊,分摊时凡属本层的共有面积只在本层分摊,服务于整栋的共有面积整栋分摊,只为某部分建筑物服务的共有部分只在该部分分摊。

另外,建筑物天顶部分的共有面积,如无特别要求,无条件由整栋建筑物分摊。

6.3.3 应分摊共有面积的特点

(1)产权是共有的。应分摊的共有面积,其产权归属应属建筑物内部参与分摊共有面积的所有业主拥有,物业管理部门及用户不得改变其功能或有偿出租(售)。对于不应分摊的共有面积也是如此。

(2)应分摊共有面积的相对性。一栋房屋内拥有的共有面积按照实际情况进行分摊。

(3)各权利人拥有的应分摊共有面积在空间上是无界的。各权利人对共有面积只有拥有数量上的表达,而无空间位置界线的准确表达。

（4）从理论上讲,任何建筑物都有使用面积和共有面积。实际上无共有面积的建筑物是极少的,仅限于只有一层的建筑物。因此,一份房屋调查报告有无共有面积是其是否完整和规范的重要体现,也是办理房地产交易、抵押等手续时在法律上的要求。

6.4　建筑面积计算

面积测算系指水平面积测算。其内容包括房屋建筑面积测算和用地面积测算,以及共有共用的房屋建筑面积、毗连房屋占地面积和共用院落面积的分摊测算等。

▶ 6.4.1　计算全建筑面积的范围

（1）单层建筑物,不论其高度如何,均按一层计算,其建筑面积按建筑物外墙勒脚以上的外围水平面积计算,单层建筑物内如带有部分楼层,亦应计算建筑面积。

（2）高低联跨的单层建筑物,如需分别计算建筑面积,高跨为边跨时,其建筑面积按勒脚以上两端山墙外表面间的水平长度,乘以勒脚以上外墙表面至高跨中柱外边线的水平宽度计算;当高跨为中跨时,其建筑面积按勒脚以上两端山墙外表面间的水平长度,乘以中柱外边线的水平宽度计算。

（3）多层建筑物的建筑面积按各层建筑面积总和计算,其第一层按建筑物外墙勒脚以上外围水平面积计算,第二层及第二层以上按外墙外围水平面积计算。

（4）地下室、半地下室、地下车间、仓库、商店、地下指挥部等及相应出入口的建筑面积,按其上口外墙（不包括采光井、防潮层及其保护墙）外围的水平面积计算。

（5）坡地建筑物利用吊脚做架空层加以利用且层高超过 2.2 m 的,按围护结构外围水平面积计算建筑面积。

（6）穿过建筑物的通道,建筑物内的门厅、大厅,不论其高度如何,均按一层计算建筑面积。门厅、大厅内回廊部分按其水平投影面积计算建筑面积。

（7）图书馆的书库按书架层计算建筑面积。

（8）电梯井、提物井、垃圾道、管道井、烟道等均按建筑物自然层计算建筑面积。

（9）舞台灯光控制室按围护结构外围水平面积乘以实际层数计算建筑面积。

（10）建筑物内的技术层或设备层,层高超过 2.2 m 的,应按一层计算建筑面积。

（11）突出屋面的有围护结构的楼梯间、水箱间、电梯、机房等按围护结构外围水平面积计算建筑面积。

（12）突出墙外的门斗按围护结构外围水平面积计算建筑面积。

（13）跨越其他建筑物的高架单层建筑物,按其水平投影面积计算建筑面积。

6.4.2　计算一半建筑面积的范围

(1)用深基础做地下室架空加以利用,层高超过 2.2 m 的,按架空层外围的水平面积的一半计算建筑面积。

(2)有柱雨篷按柱外围水平面积计算建筑面积;独立柱的雨篷按顶盖的水平投影面积的一半计算建筑面积。

(3)有柱的车棚、货棚、站台等按柱外围水平面积计算建筑面积;单排柱、独立柱的车棚、货棚、站台等按顶盖的水平投影面积的一半计算建筑面积。

(4)封闭式阳台、挑廊,按其水平面积计算建筑面积。凹阳台、挑阳台,有柱阳台按其水平投影面积的一半计算建筑面积。

(5)建筑物墙外有顶盖和柱的走廊、檐廊按其投影面积的一半计算建筑面积。

(6)两个建筑物间有顶盖和柱的架空通廊,按通廊的投影面积计算建筑面积。无顶盖的架空通廊按其投影面积的一半计算建筑面积。

(7)室外楼梯作为主要通道和用于疏散的均按每层水平投影面积计算建筑面积;楼内有楼梯室外楼梯按其水平投影面积的一半计算建筑面积。

6.4.3　不计算建筑面积的范围

(1)突出墙面的构件配件和艺术装饰,如柱、垛、勒脚、台阶、挑檐、庭园、无柱雨篷、挑窗台等。

(2)检修、消防等用的室外爬梯。

(3)层高在 2.2 m 以内的技术层。

(4)没有围护结构的屋顶水箱,建筑物上无顶盖的平台(露台)。舞台及后台悬挂幕布、布景的天桥、挑台。

(5)建筑物内外的操作平台、上料平台及利用建筑物的空间安置箱罐的平台。

(6)构筑物,如独立烟囱、烟道、油罐、贮油(水)池、贮仓、园库、地下人防干线及支线等。

(7)单层建筑物内分隔的操作间、控制室、仪表间等单层房间。

(8)层高小于 2.2 m 的深基础地下架空层,坡地建筑物吊脚、架空层。

(9)建筑层高 2.2 m 及以下的均不计算建筑面积。

实习5　房屋调查实习

1.实习任务

(1)丈量一幢房屋的边长,计算该房屋基底的面积、建筑面积,绘制房屋的平面草图。

(2)掌握用钢尺进行房屋尺寸的测量,掌握记录和计算的方法。

（3）掌握房屋基底面积、建筑面积的计算方法。

（4）掌握房屋调查表的填写方法。

2．仪器工具

（1）每组准备经检验的钢尺 1 把、记录板 1 块、自备铅笔 1 支、三角板 1 块。

（2）每组准备房屋调查表 1 份。

3．实习步骤

首先在校园周边选一幢家属住宅楼。每组四个人，分工为两个人量距，一人记录，一人画草图。

（1）沿房屋外墙勒脚以上用钢尺丈量房屋边长，每边丈量两次取其中数。

（2）绘制房屋的平面示意图，并把边长数据标注在示意图上。

（3）按房屋的几何形状，利用实量数据和简单的几何公式计算房屋的建筑面积。

（4）填写房屋调查表。

4．基本要求

（1）钢尺操作要做到三清：①零点清楚，尺子零点不一定在尺端，有些尺子零点前还有段分划；②读数认清，尺子读数要认清；③尺段记清，尺段较多时，容易发生漏记的错误。

（2）丈量用的钢卷尺需进行检校，检校合格后方能使用。丈量边长读数取至厘米。边长要进行两次丈量，两次丈量结果较差应符合规定。

（3）房屋面积测算中的误差

$$M_p = \pm 0.04\sqrt{P} + 0.003P$$

式中：P 为房屋面积。

（4）房屋调查表内容要齐全。

（5）在现场调查中要在草图中记上门牌号、街坊名称、业主（单位）名称、四至业主名称、幢号、房屋结构、层数，并注明界墙归属、门窗装修等情况。非城市住宅区中毗连成片的私人住宅房，应调查其四墙归属，并按四墙归属丈量其建筑面积。

5．提交资料

（1）每人提交 1 份实习报告。

（2）每组提交 1 份房屋调查表。

第 7 章

地籍控制测量

【学习任务】

1. 了解地籍控制测量的基本原则、精度和密度要求。
2. 掌握地籍控制测量的特点。
3. 掌握地籍控制测量中坐标系的选择。
4. 熟悉地籍控制测量的基本方法。

【知识内容】

7.1 概述

地籍测量是测绘地籍要素及必要的地形要素,形成以地籍要素为主的平面图,一般不要求高程控制。地形控制网点一般只用于测绘地形图,而地籍控制网点不但要满足测绘地籍图的需要,还要以厘米级的精度(城镇)用于土地权属界址点坐标的测定,满足地籍变更测量的需求。因此,地籍控制测量除具有一般地形控制测量的特点之外,在质和量上又有别于地形控制测量。

7.1.1　地籍控制测量的含义

地籍控制测量是地籍图件的数学基础,是关系到界址点精度的带全局性的技术环节。地籍控制测量是根据界址点及地籍图的精度要求,结合测区范围的大小、测区内现有控制点数量和等级情况,按控制测量的基本原则和精度要求进行技术设计、选点埋石、野外观测、数据处理等测量工作。

地籍控制测量包括地籍基本控制测量和图根控制测量,前者为测区的首级控制点,后者则为直接用于测图服务的扩展控制点,两者构成了测区控制网的两个不同层次。这样,既可保证测区控制点精度分布均匀,又可满足测区设站的实际要求。

7.1.2　地籍控制测量的分类

(1)地籍基本控制测量　地籍基本控制测量可采用三角网(锁)、测边网、导线网和GPS相对定位测量网进行施测,施测的地籍基本控制网点分为一、二、三、四等和一、二级,精度高的网点可作精度低的控制网的起算点。

(2)地籍图根控制测量　在地籍基本控制测量的基础上,地籍图根控制测量主要采用导线网和GPS相对定位测量网施测,施测的地籍图根控制网点分为一、二级。

7.1.3　地籍控制测量的特点

(1)地籍控制点的密度与测图比例尺无直接关系。在城镇地区,控制点的密度与测区的大小、测区内的界址点总数和要求的界址点精度有关,而与测图比例尺无直接关系。控制点最小密度应符合《城市测量规范》的要求。这是因为在一个区域内,界址点的总数、要求的精度和测图比例尺都是固定的,必须优先考虑要有足够的地籍控制点来满足界址点测量的要求,再考虑测图比例尺所要求的控制点密度。

(2)地籍图根控制点的精度与地籍图的比例尺无关。地籍图根控制点的精度一般用地形图的比例尺精度来要求。界址点坐标精度通常以实地具体的数值来标定,而与地籍图的比例尺精度无关。一般情况下,界址点坐标精度要等于或高于其地籍图的比例尺精度,如果地籍图根控制点的精度能满足界址点坐标精度的要求,则也能满足测绘地籍图的精度要求。

(3)城镇地籍控制网中较多应用导线网进行控制测量。城镇地籍测量由于城区街区街巷纵横交错,房屋密集,视野不开阔,故一般采用导线测量建立平面控制网。

(4)精度要求高。地籍图的比例尺比较大,平面控制测量精度高才能保证界址点和地籍要素的精度要求。地籍要素之间的相对误差限制较严,如相邻界址点距离、界址点与邻近地物点间距的误差不超过图上0.3 mm。因此,应保证平面控制测点有较高的精度。高斯投影的长度变形不大于2.5 cm/km。

7.1.4　地籍平面控制网的布设原则

地籍控制测量的布网要遵循"从整体到局部,先控制后碎部"和"分级布网,逐级控制"（应用 GPS 也可越级布网）的原则,尽可能地利用已有的等级控制网来布设或加密建立。

1)地籍控制点要有足够的精度

地籍控制网、点的精度应以满足最大比例尺（1∶500）地籍制图的需要为基本条件。根据《规程》要求,四等三角网中最弱相邻点的相对点位中误差不得超过 5 cm;四等以下网最弱点（相对于起算点）的点位中误差不得超过 5 cm。

2)地籍控制点要有足够的密度

地籍测量工作,不仅要测绘地籍图和界址点坐标,而且要频繁地对地籍资料进行变更。因此,地籍控制点的密度与测区的大小、测区内的界址点总数和要求的界址点精度有关的地籍控制点最小密度应符合《城市测量规范》的要求。为满足日常地籍管理的需要,在城镇地区应对一、二级地籍控制点全都埋石。在通常情况下,地籍控制网点的密度为:

城镇建城区,100～200 m 布设二级地籍控制点;

城镇稀疏建筑区,200～400 m 布设二级地籍控制点;

城镇郊区,400～500 m 布设二级地籍控制点;

在旧城居民区,内巷道错综复杂,建筑物多而乱,界址点非常多,在这种情况下应适当地增加控制点和埋石的密度和数目,才能满足地籍测量的需求。

3)各级控制网要有统一的规格

根据《城镇地籍调查规程》和测区的实际情况,制定出《技术设计书》,对整个测区控制网的布网精度及方法应做出明确的规定。在获得批准后,应严格按章作业。

4)地籍基本控制网的布设

应考虑发展规划区,图根控制要考虑日常地籍工作的需要

基本控制网的布设应优先以 GPS 网形式布设,特殊情况下也可用导线网、边角网或三角网等地面控制网布设方法。而地籍图根控制不仅要为当前的地籍细部测量服务,同时还要为日常地籍管理服务,因此地籍图根控制点原则上应埋设永久性或半永久性标志。地籍图根控制点在内业处理时,应有示意图、点之记描述。

5)地籍基本（首级）控制网应一次性全面布设

测区的首级控制网应一次性布设,加密网可根据情况分期分区布设。

7.1.5　地籍控制测量的精度

地籍控制测量的精度是以界址点的精度和地籍图的精度为依据而制定的。根据《地籍测绘规范》规定,地籍控制点相对于起算点中误差不超过±0.05 m。根据不同的施测方法,各等级地籍基本控制网点的主要技术指标见表 7-1 至表 7-5。

（1）各等级三角网的主要技术规定（表7-1）

表7-1 各等级三角网的主要技术规定

等级	平均边长/km	测角中误差/（"）	起始边相对中误差	导线全长相对闭合差	水平角观测测回数			方位角闭合差/（"）
					DJ$_1$	DJ$_2$	DJ$_3$	
二等	9	±1.0	1/30 0000	1/120 000	12			±3.5
三等	5	±1.8	1/200 000（首级）1/120 000（加密）	1/80 000	6	9		±7.0
四等	2	±2.5	1/120 000（首级）1/80 000（加密）	1/45 000	4	6		±9.0
一级	0.5	±5.0	1/80 000（首级）1/45 000（加密）	1/27 000		2	6	±15.0
二级	0.2	±10.0	1/27 000	1/14 000		1	3	±30.0

（2）各等级三边网主要技术规定（表7-2）

表7-2 各等级三边网的主要技术规定

等级	平均边长/km	测距相对中误差	测距中误差/mm	测距仪等级	测距测回数	
					往	返
二等	9	1/300 000	±30	Ⅰ	4	4
三等	5	1/100 000	±30	Ⅰ、Ⅱ	4	4
四等	2	1/120 000	±16	Ⅰ Ⅱ	2 4	2 4
一级	0.5	1/33 000	±15	Ⅱ	2	2
二级	0.2	1/17 000	±12	Ⅱ	2	2

（3）各等级测距导线主要技术规定（表7-3）

表7-3 各等级测距导线主要技术规定

等级	平均边长/km	附合导线长度/km	测距中误差/mm	测角中误差/（"）	导线全长相对闭合差	水平角观测测回数			方位角闭合差/（"）
						DJ$_1$	DJ$_2$	DJ$_3$	
三等	3.0	15.0	±18	±1.5	1/60 000	8	12		±3
四等	1.6	10.0	±18	±2.5	1/40 000	4	6		±5
一级	0.3	3.6	±15	±5.0	1/14 000		2	6	±10
二级	0.2	2.4	±12	±8.0	1/10 000		1	3	±16

（4）各等级 GPS 相对定位测量的主要技术规定（表 7-4 和表 7-5）

表 7-4　各等级 GPS 相对定位测量的主要技术规定（1）

等级	平均边长/km	GPS 接收机性能	测量量	接收机标称精度优于	同步观测接收数量
二等	9	双频（或单频）	载波相位	$10\ mm+2\times10^{-6}$	≥2
三等	5	双频（或单频）	载波相位	$10\ mm+3\times10^{-6}$	≥2
四等	2	双频（或单频）	载波相位	$10\ mm+3\times10^{-6}$	≥2
一级	0.5	双频（或单频）	载波相位	$10\ mm+3\times10^{-6}$	≥2
二级	0.2	双频（或单频）	载波相位	$10\ mm+3\times10^{-6}$	≥2

表 7-5　各等级 GPS 相对定位测量的主要技术规定（2）

项　目	等　级				
	二等	三等	四等	一级	二级
卫星高度角	≥15°	≥15°	≥15°	≥15°	≥15°
有效观测卫星数	≥6	≥4	≥4	≥3	≥3
时段中任一卫星有效观测时间/min	≥20	≥15	≥15		
观测时间段	≥2	≥2	≥2		
观测时段长度/min	≥90	≥60	≥60		
数据采样间隔/S	15～60	15～60	15～60		
卫星观测值象限分布	3 或 1	2～4	2～4	2～4	2～4
点位几何图形强度因子/PDOP	≤8	≤10	≤10	≤10	≤10

▶▶ 7.1.6　地籍控制点之记和控制网略图

7.1.6.1　点之记

地籍控制点若需要做永久性保存的就必须在地下埋设标石（或标志）。基本控制点的标石往往埋设在地表之下（称暗标石）而不易被发现。一、二级地籍控制点的标石的大部分被埋设在地表之下，在地表的上面仅留有很少一点（约 2 cm 高）。为了今后应用控制点寻找方便，必须在实地选点埋石后，对每一控制点填绘一份点之记。

点之记是用图示和文字描述控制点位与四周地形和地物之间的相互关系，以及点位所处的地理位置的文件，该文件属上交资料（图 7-1）。

7.1.6.2　控制网略图

控制网略图是在一张标准计算用纸（方格纸）上，选择适当的比例尺（能将整个测区画在其内为原则），按控制点的坐标值直接展绘纸上，然后用不同颜色或不同线型的线条画出各等级的网形。

点名	余山	等级	四等	标志类型	水泥现浇瓷质标准
点号	4			觇标类型	钢质寻常标
所在地	东乡县东坊镇南面幸福村			交通路线	由本县开往铜县长途汽车路往幸福村
与本点有关的方向和距离				点 位 略 图	

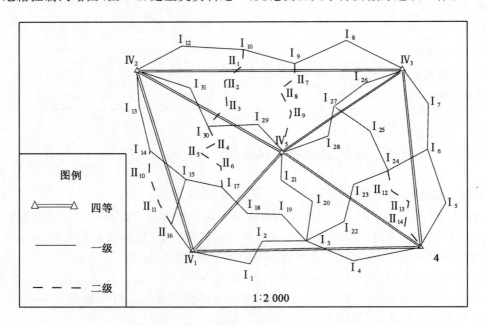

与本点有关的方向和距离		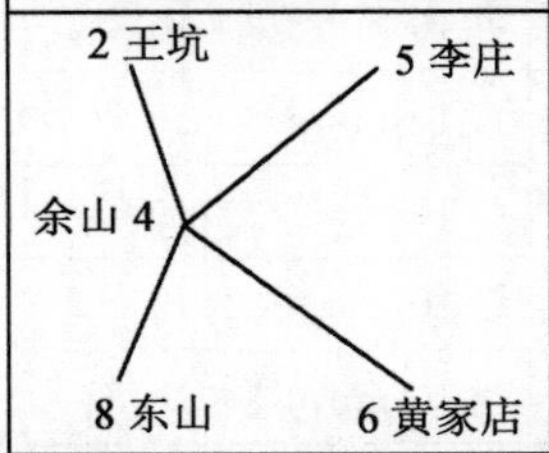 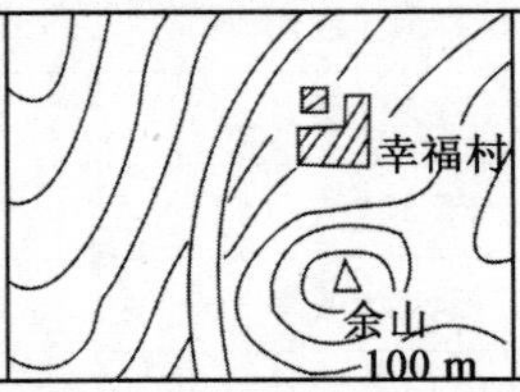 1:25 000
有关问题说明	本点在旧有点位上重选重埋	

图 7-1　控制点点之记

　　控制网略图要做到随测随绘,也就是当完成某一等级控制测量工作后,立即按点的坐标展出,再用相应的线条联结,这样不断地充实完成。地籍控制测量工作完成,控制网略图也相应地完成。

　　地籍控制网略图(图 7-2)是上交资料之一,无论测区大小都要做好这项工作。

图 7-2　地籍控制网略图

7.2 地籍控制测量的坐标系

凡是用来确定地面点的位置和空间目标的位置所采用的参考系都称为坐标系。由于使用目的不同,所选用的坐标系也不同。与地籍测量密切相关的有大地坐标系(俗称地理坐标系)、平面直角坐标系和高程系。

▶ 7.2.1 大地坐标系

大地坐标系是以参考椭球面为基准的,其两个参考面一个是通过英国格林尼治天文台与椭球短轴/(即旋转轴)所做的平面(即子午面),称

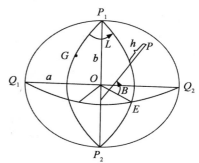

为起始子午面(如图 7-3 中的 P_1GP_2 平面所示),它与地球表面的交线称为子午线;另一个是过椭球中心 O 与短轴相垂直的平面,即 Q_1EQ_2 平面,称为赤道平面。

地面点 P 的子午面与起始子午面之间的夹角,称为大地经度,用 L 表示,并规定以起始子午面为起算,向东量取为东经(正号),由 $0°$ 到 $+180°$ 向西量取为西经(负号),由 $0°$ 到 $-180°$。

地面点 P 的法线(过 P 点与椭球面相垂直的直

图 7-3 大地坐标系

线)与赤道平面的交角,称为大地纬度,用 B 表示,并规定以赤道平面为起算,向北量取为北纬(正号),由 $0°$ 到 $+90°$;向南量取为南纬(负号),由 $0°$ 到 $-90°$。

地面点 P 沿法线方向至椭球面的距离,称为大地高,用 h 表示。

例如,$P(L,B)$ 表示地面点 P 在椭球上投影点的位置,而 $P(L,B,h)$ 则表示地面点 P 在空间的位置。

▶ 7.2.2 高斯平面直角坐标系

将旋转椭球当作地球的形体,球面上点的位置可用大地坐标 (L,B) 来表示。球面是不可能没有任何形变而展开成平面的,而在地籍测量中,如地籍图往往需要用平面表示,因此就存在如何将球面上的点转换到平面上去的问题。解决的方法就是通过地图投影方法将球面上的点投影到平面上。地图投影的种类很多,地籍测量主要选用高斯-克吕格投影(简称高斯投影),以高斯投影为基础建立的平面直角坐标系称为高斯平面直角坐标系。

7.2.2.1 高斯平面直角坐标系的原理

高斯投影就是运用数学法则,将球面上点的坐标 (L,B) 与平面上坐标 (X,Y) 之间建立起一一对应的函数关系,即

$$X = f_1(L, B)$$
$$Y = f_2(L, B) \tag{7-1}$$

7.2.2.2 高斯投影带的划分

高斯投影属等角(或保角)投影,即投影前、后的角度大小保持不变,但线段长度(除中央子午线外)和图形面积均会产生变形,离中央子午线愈远,则变形愈大。变形过大将会使地籍图发生"失真",因而失去地籍图的应用价值。为了避免上述情况的产生,有必要把投影后的变形限制在某一允许范围之内。常采用的解决方法就是分带投影,即把投影范围限制在中央子午线两旁的狭窄区域内,其宽度为 $6°$、$3°$ 或 $1.5°$。该区域即被称为投影带。如果测区边缘超过该区域,就使用另一投影带。

国际上统一分带的方法是:自起始子午线起向东每隔 $6°$ 分为一带。称为 $6°$ 带,按 $1,2,3,\cdots$ 顺序编号(即带号)。各带中央子午线的经度 L_0 按下式计算 $L_0 = 6 \times N - 3$,式中 N 为带号。

经差每 $3°$ 分为一带,称为 $3°$ 带。它是在 $6°$ 带基础上划分的,就是 $6°$ 带的中央子午线和边缘子午线均为 $3°$ 带的中央子午线。$3°$ 带的带号是自东经 $1.5°$ 起,每隔 $3°$ 按 $1,2,3,\cdots$ 顺序编号,各带中央子午线的经度 L_0 与带号 n 的关系式为 $L_0 = 3 \times n$。

若某城镇地处两相邻带的边缘时,也可取城镇中央子午线为中央子午线,建立任意投影带,这样可避免一个城镇横跨两个带,同时也可减少长度变形的影响。

每一投影带均有自己的中央子午线、坐标轴和坐标原点,形成独立的但又相同的坐标系统。为了确定点的唯一位置并保证 Y 值始终为正,则规定在点的 Y 值(自然值)加上 $500\ \text{km}$,再在它的前面加写带号。例如某控制点的坐标($6°$ 带)为 $X = 47\ 156\ 324.536\ \text{m}$、$Y = 21\ 617\ 352.364\ \text{m}$,根据上述规定可以判断该点位于第 21 带,$Y$ 值的自然值是 $117\ 352.364\ \text{m}$,为正数,该点位于 X 轴的东侧。

分带投影是为了限制线段投影变形的程度的,但却带来了投影后带与带之间不连续的缺点。同一条公共边缘子午线在相邻两投影带的投影向相反方向弯曲,于是,位于边缘子午线附近的分属两带的地籍图就拼接不起来。为了弥补这一缺陷,则规定在相邻带拼接处要有一定宽度的重叠。重叠部分以带的中央子午线为准,每带向东加宽经差 $30'$,向西加宽经差 $7.5'$。相邻两带就是经差为 $37.5'$ 宽度的重叠部分。

位于重叠部分的控制点应具有两套坐标值,分属东带和西带,地籍图、地形图上也应有两套坐标格网线,分属东、西两带。这样,在地籍图、地形图的拼接和使用,控制点的互相利用以及跨带平差计算等方面都是方便的。

7.2.2.3 高斯投影长度变形

地面上有两点 A、B,已知它们的平面直角坐标分别为 $A(X_A, Y_A)$,$B(X_B, Y_B)$,则可由式(7-2)计算出 AB 间的距离 S:

$$S = \sqrt{(X_B - X_A)^2 + (Y_B - Y_A)^2} \tag{7-2}$$

S 仅表示在高斯投影平面上两点间的距离。若用测量图工具(如钢尺、测距仪等)在地面直接测量这两点的水平距离 S_1,是不会与 S 相等的,它们之间的差值就是由长度变形所引起的。

测量工作总是把直接测得的边长首先归算到参考椭球面上,然后再投影到高斯投影平面上去,无论是归算还是投影过程总要产生变形。这种变形有时达到不能允许的程度,特别是在进行大比例尺的地籍图测绘工作时,必须考虑这一问题。

为减少因长度变形而引起的误差,一般采用如下方法:若因测区地面平均高程引起的变形大于 2.5 cm/km 时,则采用测区平均高程面作为归算面以减少变形;若因测区偏离中央子午线而引起的投影变形大于 2.5 cm/km 时,则应选择测区中央的某一子午线为投影带的中央子午线,带宽为 3°,由此建立的投影带称为任意投影带。

7.2.2.4 平面坐标转换

坐标转换是指某点位置由一坐标系的坐标转换成另一坐标系的坐标的换算工作,也称为换带计算。它包括 6°带与 6°带之间、3°带与 3°带之间、3°带与 6°带之间,以及 3°(6°)与任意投影带之间的坐标转换。

坐标转换计算(也称换带计算)利用高斯正、反算公式(即高斯投影函数式)进行。具体做法是先根据点的坐标值(X,Y),用投影反算公式计算出该点的大地坐标值(L,B),再应用投影正算公式换算成另一投影带的坐标值(X',Y')。

▶ 7.2.3 我国常用的坐标系

我国位于北半球,在高斯平面直角坐标系内,X 坐标均为正值,而 Y 坐标值有正有负。为避免 Y 坐标出现负值,考虑 6°带中央子午线到分带子午线最远不超过 334 km(在赤道上),规定将每带的 X 坐标轴向西平移 500 km,即所有点的 Y 坐标值(自然值)均加上 500 km。此外为便于判断某点位于哪一个投影带内,在横坐标值前再冠以投影带带号,这种坐标称为国家统一坐标。我国统一的坐标系有北京 54 坐标系、西安 80 坐标系、WGS-84 坐标系、2000 坐标系等。

7.2.3.1 北京 54 坐标系

北京 54 坐标系为参心大地坐标系,大地上的一点可用经度 L54、纬度 M54 和大地高 H54 定位,它是以克拉索夫斯基椭球为基础,经局部平差后产生的坐标系。1954 年北京坐标系可以认为是前苏联 1942 年坐标系的延伸。它的原点不在北京而是在前苏联的普尔科沃。北京 54 坐标系,属三心坐标系,长轴 6 378 245 m,短轴 6 356 863,扁率 1/298.3。

几十年来,我国按 1954 年北京坐标系建立了全国大地控制网,完成了覆盖全国的各种比例尺地形图,满足了经济、国防建设的需要。

1)优点

(1)有利于地籍成果的通用性,便于成果共享,使地籍测量不仅能为地籍管理奠定基础,而且能为城市规划、工程设计、土地整理、管道建设等多种用途提供服务。

(2)统一坐标系有利于图幅正规分幅、图幅拼接、接合、使用和各种比例尺图幅的编绘。

(3)有利于土地、规划、房地产等各部门之间的合作,这将加快地籍测量的进度,提高效益和节省经费。

2)缺点

(1)克拉索夫斯基椭球体长半轴($a = 6\ 378\ 245$ m)比 1975 年国际大地测量与地球物理联合会推荐的更精确地球椭球长半轴($a = 6\ 378\ 140$ m)大 105 m。

(2)1954 年北京坐标系所对应的参考椭球面与我国大地水准面存在着自西向东递增的系统性倾斜,高程异常(大地高与海拔高之差)最大为 +65 m(全国范围平均为 29 m),且出现在我国东部沿海经济发达地区。

(3)提供的大地点坐标,未经整体平差,是分级、分区域的局部平差结果,这使点位之间(特别是分别位于不同平差区域的点位)的兼容性较差,影响了坐标系本身的精度。

7.2.3.2 西安 80 坐标系

针对 1954 年北京坐标系统的缺点和问题,1978 年国家决定建立新的国家大地坐标系。大地坐标原点设在处于我国中心位置的陕西省泾阳县永乐镇,它位于西安市西北方向约 60 km 处,简称西安原点。该坐标系的基准面采用青岛大港验潮站 1952—1979 年确定的黄海平均海水面(即 1985 国家高程基准)。

1)优点

(1)地球椭球体元素,采用 1975 年国际大地测量与地球物理联合会推荐的更精确的参数为:

长半轴 $a = 6\ 378\ 140$ m;短半轴 $b = 6\ 356\ 755.29$;扁率 $f = 1/298.257$。

(2)椭球定位按我国范围高程异常值平方和最小为原则求解参数,椭球面与我国大地水准面获得了较好的吻合。高程异常平均值由 1954 年北京坐标系的 29 m 减至 10 m,最大值出现在西藏的西南角(+40 m),全国广大地区多数在 15 m 以内。

(3)全国整体平差,消除了分区局部平差对控制的影响,提高了平差结果的精度。

(4)大地原点选择在我国中部,缩短了推算大地坐标的路程,减少了推算误差的积累。

2)缺点

主要体现在地形图图廓线和方里网线位置的改变,改变大小随点位而异,对我国东部地区其变化最大约为 80 m,平均约为 60 m。图廓线位置的改变,使新旧地形图接边时产生裂隙。方里线位置的改变,不仅与坐标系的变化有关,而且还将包括椭球参数的改变所带来的投影后平面坐标变化的影响。

7.2.3.3 WGS-84 坐标系统

WGS-84 坐标系是美国国防部研制确定的大地坐标系,是一种协议地球坐标系。WGS-84 坐标系的原点是地球的质心,空间直角坐标系的 Z 轴指向 BIH(1984.0)定义的地极(CTP)方向,即国际协议原点 CIO,它由 IAU 和 IUGG 共同推荐。X 轴指向 BIH 定义的零度子午面和 CTP 赤道的交点,Y 轴和 Z、X 轴构成右手坐标系。WGS-84 椭球采用国际大地测量与地球物理联合会第 17 届大会测量常数推荐值,采用的两个常用基本几何参数:

长半轴 $a = 6\ 378\ 137$ m;扁率 $f = 1/298.257\ 223\ 563$

7.2.3.4 2000 坐标系

由于 1954 年北京坐标系和 1980 西安坐标系的成果受技术条件制约,精度偏低,无法满足新技术的要求。同时,空间技术的发展成熟与广泛应用迫切要求国家提供高精度、地心、动态、实用、统一的大地坐标系作为各项社会经济活动的基础性保障。

2000 国家大地坐标系,是中国新一代大地坐标系,属于地心大地坐标系统,该坐标系是通过中国 GPS 连续运行基准站、空间大地控制网以及天文大地网与空间地网联合平差建立的地心大地坐标系统。该系统以 ITRF 97 参考框架为基准,参考框架历元为 2000.0。

7.2.3.5　任意投影带独立坐标系

当测区(城、镇)地处投影带的边缘或横跨两带时,长度投影变形一定较大或测区内存在两套坐标系,这将给使用造成麻烦,这时应该选择测区中央某一子午线作为投影带的中央子午线,由此建立任意投影带独立坐标系。这既可使长度投影变形小,又可使整个测区处于同一坐标系内,无论对提高地籍图的精度还是拼接以及使用都是有利的。

7.2.4　高程系

在通常的情况下,地籍测量的地籍要素是以二维坐标表示的,不必测量高程。但地籍测量规程规定,在某些情况下,土地管理部门可以根据本地实际情况,有时要求在平坦地区测绘一定密度的高程注记点,或者要求在丘陵地区和山区的城镇地籍图上表示等高线,以便使地籍成果更好地为经济建设服务。

大地水准面即一个国家确定的某一个验潮站所求得的平均海水面,作为全国高程的统一起算面——高程基准面。我国 1957 年确定了青岛验潮站为我国的基本验潮站,并以该站 1950—1956 年 7 年间的潮汐资料求得平均海水面,作为我国高程基准面,并命名为"1956 年黄海高程系统",水准原点位于青岛附近,青岛水准原点高程为 72.289 m。全国各地的高程都是以它为基准测算出来的。"1956 年黄海高程系统"所确定的高程基准面,历史上曾起到了统一全国高程的重要作用。

但是,"1956 年黄海高程系统"限于当时采用的验潮资料时间较短等历史条件,并不十分完善。因此又根据青岛验潮站 1952—1979 年 20 多年的验潮资料重新计算确定了平均海水面,以此重新确定的新的国家高程基准称为"1985 国家高程基准",并于 1987 年开始启用。"1985 国家高程基准"水准原点高程为 72.260 m,水准原点与"1956 年黄海高程系统"相同。

两个高程基准相差 0.029 m,这对于地形图上测绘的等高线基本无影响。

7.2.5　地籍测量平面坐标系的选择

(1)地籍平面控制测量应采用国家统一的 3°带(农村)、1.5°带(城镇)平面直角坐标系,使地籍平面控制网成为国家网的组成部分。这样可充分利用国家控制点成果,有利于地籍成果的通用性,便于成果共享,使地籍测量不仅能为地籍管理奠定基础,而且能为城市规划、工程设计、土地整理、管道建设等提供多用途服务;有利于图幅正规分幅、图幅拼接与使用和各种比例尺图幅的编绘;有利于土地、规划、房地产等各部门之间的合作,以便加快地籍测量的进度,提高效益,节省经费。

(2)在某些城镇如已有城市坐标系和城市控制网,由于这些控制网一般均与国家控制网进行了联测,并且有坐标变换参数,应尽可能利用已有城市坐标系和城市控制网来建立当地的地籍控制网。

(3)某些小城镇没有控制网点,以投影变形值小于 2.5 cm/km 为原则建立城市坐标系和控制网,并与国家网联测。面积小于 25 km² 的小城镇,可不经投影直接建立平面直角坐标系,并与国家网联测。如不具备与国家网联测条件,可用以下方法建立独立坐标系:

①用国家控制网中的某一点作为坐标原点,某边的坐标方位角作为起始方位角。

②从中、小比例尺地形图上用图解方法量取国家控制网中一点的坐标或一明显地物点的坐标作为坐标原点,量取某边的坐标方位角作为起始方位角。

③假设原点的坐标和一条边的坐标方位角作为起始方位角。

④当城镇地处投影带边缘或横跨两带时,为减少投影变形和避免存在两套坐标,应选择测区中央某一子午线作为投影带的中央子午线来建立任意投影带独立坐标系。这样有利于提高地籍图精度和图幅拼接与使用。

7.3 地籍控制测量的方法

7.3.1 利用 GPS 定位技术布测城镇地籍基本控制网

在一些大城市中,一般已经建立城镇控制网,并且已经在此控制网的基础上做了大量的测绘工作。但是,随着经济建设的迅速发展,已有控制网的控制范围和精度已不能满足要求,为此,迫切需要利用 GPS 定位技术来加强和改造已有的控制网作为地籍控制网。

7.3.1.1 优点

(1)不需造标;

(2)速度快;

(3)精度高;

(4)费用不高。

7.3.1.2 方法

由于 GPS 定位技术的测绘精度、测绘速度和经济效益,都大大地优于常规控制测量技术,因此,GPS 定位技术可作为地籍控制测量的主要手段。

(1)对于边长小于 8~10km 的二、三、四等基本控制网和一、二级地籍控制网的 GPS 基线向量,都可采用 GPS 快速静态定位的方法。由实验分析与检测证明,应用 GPS 快速静态定位方法,施测一个点的时间,从几十秒到几分钟,最多十几分钟,精度可达到 1~2 cm,完全可以满足地籍控制测量的需求,可以成倍地提高观测时间和经济效益。

(2)建立 GPS 定位技术布测城镇地籍控制网时,应与已有的控制点进行联测,联测的城镇控制点最少不能少于两个。

7.3.1.3 GPS 测量的外业实施

GPS 测量外业实施包括外业准备、数据观测和成果整理三个阶段。

1) 外业准备

外业准备阶段的主要工作是进行技术设计和选点埋石。技术设计首先应根据有关规程说明、测区范围、测量任务的目的及精度要求,测区已有测量资料的状况以及测区所采用的参考坐标系统,考虑 GPS 技术的特点,在实地踏勘的基础上,优化设计 GPS 网布设方案。该技术设计应包括各点间连接方法,设站次数和观测时段等;还需要根据作业日期的卫星状态图表,制订作业进程安排计划。

GPS 网的各点之间一般不要求通视,但应适当考虑下一级测量对通视的要求。GPS 点的点位应选在视野开阔处,要避开高压电线、变电站、电视台等设施,还应尽量选在交通方便的地方,点位附近不应有大面积水域或不应有强烈干扰卫星信号接收的物体,以减弱多路径效应的影响。当所选点位需要进行水准联测时,选点人员应实地踏勘水准路线,提出有关建议。

2) 数据观测

GPS 外业施测是指用 GPS 接收机获取 GPS 卫星信号,其主要工作包括天线设置、接收机操作和测站记簿等。

天线应与周围物体相隔一定的距离。天线的对中、整平和定向应符合精度要求,并应精确地测天线高。在做偏心观测时应精确测定偏心元素。

接收机操作的自动化程度相当高,一般只需要按几个功能键就可以进行测量。

天线高度偏心元素和观测中的各种情况和问题应正确记录在记录簿内。为了保证 GPS 观测的质量,在施测前应对 GPS 进行检测,并且宜在 GPS 网中加测部分电磁波测距边。

3) 成果整理

外业成果整理包括 GPS 基线向量(一般是应用厂家提供的商用软件进行),并及时计算同步观测环闭合差,非同步多边形闭合差及重复边的较差。检查它们是否超过规定的限差。如果超限,应分析其原因后,进行重测或补测。

外业数据观测结束后,编写技术总结,将各种技术文件、观测手簿和计算资料整理上交。

7.3.1.4 GPS 控制网平差

GPS 外业计算得到了构成基线向量的三维坐标差 ΔX_{ij}、ΔY_{ij} 和 ΔZ_{ij} 以及它们的协方差阵,它们也是 GPS 网平差计算的观测值。

GPS 基线向量观测值 ΔX_{ij}、ΔY_{ij} 和 ΔZ_{ij} 可以称为 WGS-84 坐标系统的三维坐标差。在建立 GPS 控制网时,根据地区的特点和需要,建立该地区的坐标系统,或采用该地区原有的坐标系统。为此,常常以已有的地面已知点作为起算点。同时,为了检验和提高 GPS 控制网的精度,还在网中加测了部分高精度电磁波测距边,有时还可能加测有其他地面观测数据(如方位角、方向值)。所以,一般来说,GPS 网的平差计算是 GPS 与地面数据的联合平差。因此,在 GPS 网平差时,应考虑 GPS 坐标系统与地面参考坐标系统的尺度和方位的转换关系。

GPS 网平差中,通常以待定点在地面参考坐标系统的大地坐标以及尺度和方位转换参数(E_x、E_y、E_z)等作为未知参数。由 GPS 网平差可求得地面参考坐标系中各点的大地坐标,然后将它们变换为相应的高斯平面坐标,并求得相应的精度。GPS 控制网的平差一般采用商品化的软件系统进行。

7.3.2 利用已有城镇基本控制网

凡符合 CJJ/T 8—2011《城市测绘规范》要求的二、三、四等城市控制网点和一、二级城市控制网点都可利用。

对已布设二、三、四等城市控制网而来布设一、二级控制网的地区,可以以其为基础,加密一级或二级地籍控制网。

对已布设有一级城市控制网的地区,可以以其为基础,加密二级地籍控制网。

在利用已有控制成果时,应对所利用的成果有目的地进行分析和检查。在检查与使用过程中,如发现有过大误差,则应进行分析,对有问题的点(存在粗差、点位移动等),可避而不用。

7.3.3 图根控制测量

7.3.3.1 地籍图根控制网的特点

与地形测绘的图根控制网相比,地籍图根控制网有下述特点:

(1)地形测绘的图根控制网布设规格(点位密度、精度等)由当时的测图比例尺决定,不同成图比例尺图根控制网的规格相差很大。地籍图根控制网布设规格,应满足测量界址点坐标的精度要求,与地籍图的比例尺大小基本无关。

(2)地形测绘的图根控制点,是为地形细部测量而布设的,测图(整个项目)完成后,便失去了其作用。因此,埋点时原则上设临时性标志。而地籍图根控制点不仅要为当前的地籍细部测量服务,同时还要为日常地籍管理(各种变更地籍测量、土地有偿使用过程中的测量等)服务,因此地籍图根控制点原则上应埋设永久性或半永久性标志。地籍图根控制点在内业处理时,应有示意图、点之记描述。

(3)由于地籍图根控制点密度是由界址点位置及其密度决定的,几乎所有的道路上都要敷设地籍图根导线。一般来说,地籍图根控制点密度比地形图根控制点密度要大,通常每平方千米应布设 100～400 个地籍图根控制点。

7.3.3.2 图根控制测量网的布设

(1)城镇地籍测绘中控制网的布设,重点是保证界址点坐标的精度,界址点坐标的精度有了保证,地籍图的精度自然也就得到了保证。

(2)经济而又可靠的方法是布网时增加控制点的密度。可在二级导线以下,根据实际需要布设适合的图根导线进行加密。

(3)图根导线的测量方法有闭合导线、附合导线、无定向附合导线、支导线等。

7.3.3.3　关于地籍图根导线布设的几点特殊规定及注意事项

(1)当导线长度小于允许长度的 1/3 时,只要求导线全长的绝对闭合差小于 13 cm,而不作导线相对闭合差的检查。

(2)当单导线中的边长短于 10 m 时,允许不做导线角度闭合差检查,但不得用该导线的边长及方位作为起算数据布设低一级导线或支点。

(3)当用电磁波测距仪或电子全站仪测量导线的边长时,导线总长允许放宽。但这时导线全长绝对闭合差不得大于 ±22 cm;相对闭合差:一级地籍图根导线不得大于 1/5 000,二级地籍图根导线不得大于 1/3 000。

(4)在首级控制许可的情况下,尽可能采用附合导线和闭合导线,但如果控制点遭到破坏,不能满足要求,可考虑无定向附合导线、支导线。

(5)图根导线的边长已充分考虑复杂居民点的实际情况,目的是在控制点上能够直接测界址点。

(6)对于特别隐蔽的地方,界址点离开控制点的距离也会约束在较短的范围内。

图根导线技术参数表见表 7-6。

表 7-6　图根导线技术参数表

等级	平均边长 /m	附合导线长度 /km	测距中误差 /mm	测角中误差 /(″)	导线全长相对闭合差	水平角观测回数		方位角闭合差 /(″)	距离测回数
						DJ_2	DJ_6		
一级	100	1.5	±12	±12	1/6 000	1	2	$±24\sqrt{n}$	2
二级	75	0.75	±12	±20	1/4 000	1	1	$±40\sqrt{n}$	1

7.3.3.4　方法

1)无定向导线

由于在日常地籍工作中,一些地籍要素需要经常测绘,而且当城镇原有的地籍控制点被严重破坏时,则很难找到两个能相互通视的点,如果在加密控制点时仍然采用附(闭)合导线或附(闭)合导线(网)或支导线,势必会增加费用,延长时间,难以及时满足变更地籍测绘的要求,随着测角、测距技术和仪器的发展,在满足一定条件下,也可布设无定向导线。

无定向导线检核条件少,在具体应用时要求注意如下几点:

(1)首先对高级点做仔细检测,确认点号正确,点位未动时方可使用。

(2)应采用高精度仪器作业。

(3)无定向导线中无角度检核,因此在进行角度测绘时应特别当心。一般来说,转折角应盘左和盘右观测,距离应往返测,并保证误差在相应的限差范围内。

(4)无定向单导线有一个多余观测,即有一个相似比 M 的,规定 $|1-M| < 10^{-4}$ 的无

定向导线才是合格的。

（5）对无定向导线采用严密平差软件或近似平差软件进行平差计算，软件中最好有先进的可靠性分析功能。

2）支导线

在实际工作中，支导线的应用非常普遍。在一些较隐蔽处，支导线的边数可能达到三条或更多。支导线的缺点是缺乏检核条件，出现粗差和较大误差时不能及时发现，易造成返工，给工作带来损失。因此，应加强对支导线的检核，采取一些措施以保证支导线的精度，从而保证界址点的测量精度。检核方法有如下三种：

（1）闭合导线法　通过构造闭合导线，使公共点具有两组坐标，较好地解决了位于隐蔽处界址点的施测问题，同时导线点也得到了检核和精度保证。缺点是工作量增加。

（2）利用高大建筑物检核　高大建筑物，如烟囱、水塔上的避雷针和高楼顶上的共用天线等，在地籍控制测绘中有很好的控制价值。作业时，高大建筑物的交会随首级地籍控制一次性完成，这样做工作量增加不多。用前方交会求出高大建筑物上的避雷针等的平面位置后，进行观测，根据测得的角度和边长计算各导线点坐标。该法能够发现观测和计算中的错误，起到了检核支导线的作用。

（3）双观测法　因受地形条件的限制，布设支导线时，可布设不多于 4 条边、总长不超过 200 m 的支导线。为了防止在观测中出现粗差和提高观测的精度，支导线边长应往返观测。角度应分别测左、右角各一回，其测站圆周角闭合差不应超过 40″。此法在计算中容易出现错误，因此在计算各导线点的坐标时一定要认真检查，仔细校核，尤其在推算坐标方位角时更要细心。

实习6　地籍控制测量实习

1. 实习任务

（1）熟悉地籍控制测量的基本内容。

（2）学会应用全站仪、GPS 进行地籍图根控制测量。

2. 仪器设备

（1）全站仪每组 1 套，包括主机 1 台、脚架 2 个、棱镜 2 个、对中杆 1 个、充电器 1 个、3 m 钢卷尺 1 个。

（2）GPS-RTK 每组 1 套，包括主机 1 台、接收机 1 台、手簿 1 个、脚架 3 个、充电器 3 个。

3. 实习步骤

（1）图根控制网布设　以学校为测区进行地籍平面控制测量，测图比例尺选为 1∶1 000。测区范围是整个校区，布设二级导线作为首级控制。

（2）选点踏勘　首先，相邻点之间应通视良好，每个点至少要求有两个点通视，以便以后定向和检查。为便于测图，点位周围尽量避开一些小障碍物。其次，点位应该选在土质坚实的地方或坚固稳定的高建筑物顶面上，便于造标、埋石和观测，并能永久保存。第三，充分利用原有控制点和国家控制点的点位,各级导线也应充分利用已埋设永久性标志的规划道路中线点。第四,选择合适的点位密度。

(3)外业观测　全站仪和 RTK 配合使用,进行距离测量和角度测量。

(4)数据处理　对导线外业观测数据进行手工计算和平差软件验算。

4.提交成果

(1)观测数据成果表。

(2)实习总结报告。

第8章

地籍细部测量

【学习任务】

1. 了解地籍细部测量的精度要求。
2. 掌握界址点测量的数据采集和计算方法。
3. 熟悉界址点测量的技术要求和实施程序。

【知识内容】

8.1 概述

8.1.1 界址点的概念

界址点是宗地或权属界线的转折点,即拐点。它是标定宗地权属界线的重要标志。在进行宗地权属调查时,界址点应由宗地相邻双方指界人在现场共同认定,确认的界址点上要设置永久固定界标,进行编号,并精确测定其位置,以备日后界标被破坏时能用测量方法找准地界点或拐点。界址点的连线构成地界线。

8.1.2 界址点坐标

8.1.2.1 界址点坐标概念

界址点坐标是在某一特定的坐标系中界址点地理位置的数学表达。

8.1.2.2 界址点坐标作用

（1）界址点坐标是确定土地权属界线地理位置的依据。

（2）界址点坐标是计算宗地面积的基础数据。

（3）界址点坐标精度将直接影响土地面积的计算精度。

（4）界址点坐标对实地的界址点起着法律上的保护作用。

一旦界址点标志被移动或破坏，则可根据已有的界址点坐标，用测量放样的方法恢复界址点的实地位置。因此在地籍测量中必须重视界址点测量的解析精度。而且也要特别重视相邻界址点之间及界址点与其邻近地物点间的相邻精度。

▶ 8.1.3 界址点精度

界址点测量的精度，一般根据土地经济价值和界址点的重要程度来加以选择。欧洲的德国、奥地利、荷兰等国家对界址点精度要求很高，一般为 $\pm(3\sim5)$ cm。

在我国，考虑到地域之广大和经济发展不平衡，对界址点精度的要求有不同的等级，具体规定见表 8-1。

表 8-1 《城镇地籍调查规程》中对界址点精度的规定

级别	界址点相对于对邻近控制点的点位中误差/cm		相邻界址点之间的允许误差/cm	适用范围
	中误差	允许误差		
一	～5.0	～10.0	～10	地价高的地区、城镇街坊外围界址点、街坊内明显的界址点。
二	～7.5	～15.0	～15	地价较高的地区，城镇街坊内部隐蔽的界址点及村庄内部界址点。
三	～10.0	～20.0	～20	地价一般的地区。

注：界址点相对于对邻近控制点的点位中误差系指采用解析法测量的界址点应满足的精度要求；界址点间距允许误差是指采用各种方法测量的界址点应满足的精度要求。

8.2 界址点测量的方法

由于界址点的重要性，在地籍细部测量中首先要考虑界址点测量。实测中一般在测站点（各等级控制点、图根点）先对界址点进行测量再进行碎部点测量，之后再将得到的地籍要素和必要的地形要素展绘成地籍图。

▶ 8.2.1 界址点测量方法分类

8.2.1.1 解析法

根据角度和距离测量结果按公式解算出界址点坐标的方法叫解析法。地籍图根控制点及以上等级的控制点均可作为测量界址点解析坐标的起算点。解析法分为直接解析法和间接解析法。

1)直接解析法

直接解析法的优点如下:

(1)每个界址点都有自己的坐标,一旦丢失或地物变化,也可使界址点位准确复原。

(2)有了界址点坐标即可编绘任意比例尺的地籍图,且成图精度高。

(3)面积计算速度快,精度高,且便于计算管理。

(4)长远看来,经济上也是核算的。

2)间接解析法

间接解析法又称测算法。在实际工作中,由于受到地形条件限制,一些隐蔽界址点无法直接在图根点施测,故经常采用间接解析法,根据待测界址点的分布情况,通过已测界址点或地物点测算待测界址点的坐标。

这种方法适用于施测界址点比较困难的地区,即街坊内隐蔽的界址点。如未经改造的旧城区、成片的公建房和自建房,尤其自建房,最为复杂,各户宗地面积小又十分密集,界址点多且隐蔽。对此类地区,可以外围小街巷为界将成片住宅划分为若干区块。施测时,将全站仪测站设在较高建筑物上,观测区块内部宗地可直接观测的界址点及隐蔽界址点附近地物点,之后,对其余不能直接施测的隐蔽界址点,再以区块外围和内部已测的解析点为基础,用钢尺勘丈关系距离和条件距离,得出几何勘丈值,再通过相应的公式计算这些隐蔽界址点的解析坐标。

由于该法中的解析坐标计算公式所依据的是实际勘丈值,只要在勘丈时注意点的位置准确,认真按要求进行丈量,则解算界址点坐标的精度是比较高的,但因其是在非图根点基础上通过勘丈而扩展的解析点,其精度较直接解析法低些,可以满足二类界址点±7.5 cm 的精度要求。

8.2.1.2 图解法

在地籍图上量取界址点坐标的方法称图解法。作业时,要独立量测两次,两次量测坐标的点位较差不得大于图上 0.2 mm,取中数作为界址点的坐标。采用图解法量取坐标时,应量至图上 0.1 mm。

(1)优点 野外工作量少,生产工艺简单,速度快、成本低。

(2)缺点 精度较低,适用于农村地区和城镇街坊内部隐蔽界址点的测量,并且是在要求的界址点精度与所用图解的图件精度一致的情况下采用。

8.2.1.3 航测法

航测法是采用航测大比例尺成图技术,先外业调绘、后内业测图的方法做成大比例尺地形图或地籍图。适用于需要大面积地籍测量的地区。可以弥补图解法精度低的不足,又克服了解析法效率较低,成本较高的缺点。

▶ 8.2.2 界址点坐标的计算

解析界址点测量法包括极坐标法、正交法、截距法、距离交会法等方法,通过实测界址点与控制点或界址点与界址点之间的几何关系元素,再按相应的数学公式求得界址点解析坐标。《规程》规定对于要求界址点坐标精度上±0.05 m的一类界址点必须采用解析法测量。

8.2.2.1 极坐标法

极坐标法是测定界址点坐标最常用的方法,如图 8-1 所示,其原理是根据测站上的一个已知方向,测出已知方向与界址点之间的角度和测站点至界址点的距离,来确定出界址点的位置。极坐标法的测站点可以是基本控制点或图根控制点。

已知数据 $A(X_A, Y_A)$、$B(X_B, Y_B)$,观测数据 β,S,则界址点 P 的坐标 $P(X_P, Y_P)$ 为

$$X_P = X_A + S\cos(\alpha_{AB} + \beta)$$

$$Y_P = Y_A + S\sin(\alpha_{AB} + \beta) \tag{8-1}$$

式中:$\alpha_{AB} = \arctan\dfrac{Y_B - Y_A}{X_B - X_A}$

(1)优点 极坐标法的方位与距离重合,方法灵活,量距、测角的工作量不大,在一个测站点上通常可同时测定多个界址点,精度较高,速度较快,不受地形乃至场地的影响,应用很广泛,它是测定界址点最常用的方法。

(2)缺点 对于老城区、商业密集区、街坊内部的隐蔽界址点,效率低,成本高。

(3)适用范围 适应于规划整齐,通视良好的大面积界址点测定,是目前城镇地籍调查解析界址点测定的主要技术方法。

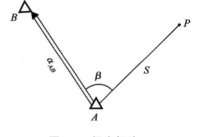

图 8-1 极坐标法

8.2.2.2 交会法

交会法可分为角度交会法和距离交会法。

1)角度交会法

角度交会法是分别在两个测站上对同一界址点测量两个角度进行交会以确定界址点的位置。如图 8-2 所示,A、B 两点为已知测站点,其坐标为 $A(X_A, Y_A)$、$B(X_B, Y_B)$,观测 α、β 角,P 点为界址点,其坐标公式如下:

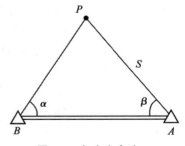

图 8-2 角度交会法

$$X_P = \frac{X_B\cot\alpha + X_A\cot\beta + Y_B - Y_A}{\cot\alpha + \cot\beta}$$

$$Y_P = \frac{Y_B\cot\alpha + Y_A\cot\beta - X_B + X_A}{\cot\alpha + \cot\beta} \tag{8-2}$$

也可用极坐标法公式进行计算,此时图 8-2 中的 $S = S_{AB}\sin\alpha / (180 - \alpha - \beta)$。其中 S_{AB} 为已知边长,把图 8-2 与图 8-1 对照,将其相应参数代入极坐标法计算即可。

该法施测简单,不受距离限制,但外业设站多,工作量大。

角度交会法一般适用于在测站上能看见界址点位置，但无法测量出测站点至界址点距离的情况。交会角 $\angle P$ 应在 $30°\sim150°$ 的范围内，A、B 两测站点可以是基本控制点或图根控制点。

2）距离交会法

距离交会法就是从两个已知点分别量出至未知界址点的距离以确定出未知界址点的位置的方法。如图 8-3 所示，已知 $A(X_A,Y_A,)$，$B(X_B,Y_B)$，观测 S_1、S_2，P 点为界址点，其坐标计算公式如下：

$$
\left.
\begin{aligned}
X_P &= X_B + L(X_A - X_B) + H(Y_A - Y_B)\\
Y_P &= Y_B + L(Y_A - Y_B) + H(X_B - X_A)
\end{aligned}
\right\}
\tag{8-3}
$$

式中：
$$
\left.
\begin{aligned}
L &= \frac{S_2^2 + S_{AB}^2 - S_1^2}{2S_{AB}^2}\\
H &= \sqrt{\frac{S_2^2}{S_{AB}^2 - L^2}}
\end{aligned}
\right\}
\tag{8-4}
$$

距离交会法施测简单，精度较高，适用于测定二类界址点及原界址点位置的检查和恢复、变更界址点的测定等。在控制点上直接交会的测站点，也可用于一类界址点的测定，但应注意交会角 P 在 $30°\sim150°$ 之间。

以上两种交会法的图形顶点编号应按顺时针方向排列，即按 B、P、A 的顺序。进行交会时，应有检核条件，即对同一界址点应有两组交会图形，计算出两组坐标，并比较其差值。若两组坐标的差值在允许范围以内，则取平均值作为最后界址点的坐标。或把求出的界址点坐标和邻近的其他界址点坐标反算出的边长与实量边长进行检核，其差值如在规范所允许范围以内，则可确定所求出的界址点坐标是正确的。

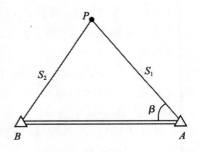

图 8-3　距离交会法

8.2.2.3　内外分点法

当未知界址点在两已知点的连线上时，分别量测出两已知点至未知界址点的距离，从而确定出未知界址点的位置。

如图 8-4 所示，已知 $A(X_A,Y_A)$、$B(X_B,Y_B)$，观测 $S_1=AP$，$S_2=BP$，此时可用内外分点坐标公式和极坐标法公式计算出未知界址点 P 的坐标。

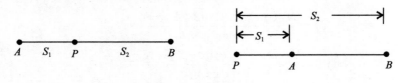

图 8-4　内外分点法

由距离交会图可知：当 $\beta=0°$，$S_2<S_{AB}$ 时，可得到内分点图形；当 $\beta=180°$，$S_2>S_{AB}$ 时，可得到外分点图形。

从公式中可以看出，P 点坐标与 S_2 无关，但要求作业人员量出 S_2 以供检核之用，以便发现观测错误和已知点 A、B 两点的错误。

内外分点法计算 P 点坐标的公式为：

$$\left.\begin{aligned} X_P &= \frac{X_A + \lambda X_B}{1 + \lambda} \\ Y_P &= \frac{Y_A + \lambda Y_B}{1 + \lambda} \end{aligned}\right\} \tag{8-5}$$

式中内分时，$\lambda = S_1/S_2$；外分时，$\lambda = -S_1/S_2$。由于内外分点法是距离交会法的特例，因此距离交会法中的各项说明、解释和要求都适用于内外分点法。

内外分点法的优点是设备简单，易于操作，精度很高，但该法受地形限制，要求已知点的连线必须通视，因此，它仅适用于规则建筑物外侧呈线状排列的界址点的测定。

8.2.2.4　直角坐标法

直角坐标法又称截距法，通常以一导线边或其他控制线作为轴线，测出某界址点在轴线上的投影位置，量测出投影位置至轴线一端点的位置。如图 8-5 所示，$A(X_A, Y_A)$、$B(X_B, Y_B)$ 为已知点，以 A 点作为起点，B 点作为终点，在 A、B 间放上一根测绳或卷尺作为投影轴线，然后用设备器从界址点 P 引设垂线，定出 P 点的垂足 P_1 点，然后用鉴定过的钢尺量出 S_1 和 S_2，则计算公式如下：

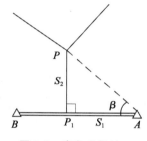

图 8-5　直角坐标法

$$S = S_{AP} = \sqrt{S_1^2 + S_2^2}, \quad \beta = \arctan\left(\frac{S_2}{S_1}\right) \tag{8-6}$$

将上式计算出的 S、β 和相应的已知参数代入极坐标法计算公式即可。

这种方法操作简单，使用的工具价格低廉，要求的技术也不高，为确保 P 点坐标的精度，引设垂足时的操作要仔细。

直角坐标法是两次方位与距离交会的组合，施测简单，易懂易做，垂足点的精度不受地界和建筑物离测线相对位置的影响，精度较高。缺点是目标点到垂足的距离受获取的垂足点位置精度的限制。在大量的界址点测量中，它仅仅是对极坐标法的补充。

8.2.2.5　GPS-RTK 方法

目前，GPS-RTK 技术已被广泛应用于地籍测量，其作业优势是快速高效，通常条件下，几秒钟即可获得一个点的三维坐标，定位精度高，减少了测量误差的传播和积累；操作简便，使用方便，且能全天候、全天时地作业。

1）观测程序

（1）设置基准站　基准站的安置是顺利进行 RTK 测量的关键，应避免选择在无线电干扰强烈的地区，基准站站址及数据链电台发射天线必须具有一定的高度。为防止数据链丢失，以及多路径效应的影响，周围应无 GPS 信号反射物（大面积水域、大型建筑物等）。

（2）求取坐标转换参数　作业所使用的 WGS-84 大地坐标系到城市坐标系转换参数，可以利用测区已有 WGS-84 大地坐标系资料在内业求取，也可采用外业实地采集按点校

163

正方式获取,进行厘米级定位。不论采用何种方式,求解转换参数的校正点应均匀分布且能控制整个测区,平面校正点不得少于 3 个,高程校正点不得少于 4 个(所求得的转换参数仅适用于校正点包含区域),一般而言,校正点水平最大残差不应大于 5 cm,垂直最大残差不应大于 8 cm。在同一测区应采用相同的转换参数,以保证成果的一致性。

(3)测量界址点坐标 应用 GPS-RTK 采集界址点只需一人持仪器(流动站)在待测的界址点上停留 1~2 s,同时输入特征编码、用电子手簿或便携机记录,在满足点位精度要求下,将区域内的地籍要素和必要的地形要素测定后,在野外或回到室内,通过专业测图软件绘制所需要的地籍图。

2)利用 GPS-RTK 技术进行作业应注意的问题

(1)基准站的设置要合理 基准站的上空尽可能开阔,周围约 200 m 的范围内不得有强电磁波干扰源,如大功率无线电发射设施、高压输电线等。

(2)作业前,使用随机软件做好卫星星历的预报,应选择卫星数较多,Pdop(Position Dilution of Precision)值较小的时段进行测试。

(3)对于影响 GPS 卫星信号接收的遮蔽地带,即使接收到 5 颗或更多的卫星,也会因接收卫星信号不好而难以得到"固定解",此时应使用全站仪、经纬仪、测距仪等测量工具,采用解析法或图解法进行细部测量。

极坐标法已成为测定解析界址点坐标的首选方案。定点方法的择用应根据地区情况、精度要求、技术水平、仪器设备条件、综合经济效益等多种因素区别对待,灵活选择与之相适应的技术方法,充分发挥各自的优点,做到取长补短。

8.3 界址点测量的实施

▶ 8.3.1 测前准备工作

界址点测量的准备工作包括资料准备、野外踏勘、资料整理和误差表准备。

(1)界址点位置资料准备 土地权属调查时填写的地籍调查表详细地记载了界址点实地位置情况,并有界址边长丈量数据、预编宗地号和宗地草图等。这些资料是进行界址点测量所必需的。

(2)界址点位置野外踏勘 踏勘时最好有参加权属调查的工作人员引导,实地查找界址点位置,了解宗地范围,并在界址点观测底图上(最好是现势性强的大比例尺图件)用红笔清晰地标记界址点和界址线位置。如无参考图件,则要详细画好踏勘草图。对于面积较小的宗地,最好能在一张纸上连续画上若干个相邻宗地的用地情况,应特别注意界址点的共用情况。对于面积较大的宗地,要认真注记好四至关系和共用界址点情况。在画好的草图上标记权属主的姓名并预编宗地号。在权属未定界线附近可选择若干固定地物点或埋设参考标志,实测时按界址点坐标的精度要求测定这些点的坐标,待权属界线确认后,可据此补测确认后的界址点坐标,这些辅助点也要在底图(或草图)上标注。

（3）踏勘后资料整理　踏勘后资料整理指预编界址点号、制作界址点观测及面积计算底图。

在地籍调查区内统一编制野外界址点观测草图,并统一编上草编界址点号,在观测底图上注记出与地籍调查表中相一致的实量边长及草编宗地号或权属主姓名,主要目的是为外业观测记簿和内业计算带来方便。

8.3.2　界址点外业观测

界址点坐标的测量应有专用的界址点观测手簿。记簿时,界址点的观测序号直接用观测底图上的预编界址点号。观测用仪器设备有光学经纬仪、钢尺、测距仪、电子经纬仪、全站仪,测角时,应尽可能地照准界址点的实际位置读数。

（1）水平角借助于精度不低于 J6 级经纬仪方向观测法半测回,定向边应长于测定边,多于 3 个方向时应归零,归零差应小于 24″,对中误差不大于 3 mm。

（2）当界址点多于 6 个时或每测 15～20 个界址点,应以定向点检查仪器是否扭动。

（3）用测距仪测距时,两次读数,一次记录,两次读数较差不超过 2 cm;使用测距仪或全站仪测量距离,可以隔站观测,不受距离长短的限制,均应加入反光镜安置中心到界址点间的距离的改正。

（4）用经鉴定过的钢尺量距短于一尺段时,两次丈量差不大于 1 cm,当距离超过一尺段时,两次丈量差不大于 2 cm。

（5）边长记录至 0.01 m,角度至 1″,坐标计算至 0.01 m。

8.3.3　观测成果内业整理

（1）界址点的外业观测工作结束后,应及时地计算出界址点坐标,并反算出相邻界址边长,填入界址点误差表中,计算出每条边的 Δl。如 Δl 的值超出限差,应按照坐标计算、野外勘丈、野外观测的顺序进行检查,发现错误及时改正。

（2）当一个宗地的所有边长都在限差范围以内才可以计算面积。

（3）当一个地籍调查区内的所有界址点坐标（包括图解的界址点坐标）都经过检查合格后,按界址点的编号方法编号,并计算全部的宗地面积,然后把界址点坐标和面积填入标准的表格中,并整理成册。

8.3.4　界址点误差检验

界址点误差包括界址点点位误差（表 8-2）、界址间距误差（表 8-3）。ΔS 为界址点点位误差,ΔS_1 表示界址点坐标反算出的边长与地籍调查表中实量的边长之差,ΔS_2 表示检测边长与地籍调查表中实量的边长之差。ΔS_1 和 ΔS_2 为界址点间距误差。

表 8-2 界址点坐标误差表

界址点号	测量坐标		检测坐标		比较结果		
	X/m	Y/m	X/m	Y/m	$\Delta X/cm$	$\Delta Y/cm$	ΔS

表 8-3 间距误差表

界址边号	量边长/m	算边长/m	测边长/m	S_1/cm	S_2/cm	备注

在界址点误差检验时常用的中误差计算公式为：

$$m = \pm\sqrt{\frac{[\Delta \ \Delta]}{2n}} = \pm\sqrt{\frac{\sum_{i=1}^{n}\Delta_i^2}{2n}} \tag{8-7}$$

8.4 界址恢复与鉴定

8.4.1 界址的恢复

实地界址点位置设置界标后,界标可能因人为的或自然的因素发生位移或遭到破坏,为保护土地所有者和使用者的合法权益,须及时地对界标位置进行恢复。

初始地籍调查后,表示界址点位置的资料和数据一般有界址点坐标、地籍调查表记载的界址点标石类型、宗地草图上界址点的点之记、地籍图、宗地图等。对一个界址点,以上数据可能都存在,也可能只存在某一种数据。可根据实地界址点位移或破坏情况和已有的界址点数据及所要求的界址点放样精度、仪器设备来选择不同的界址点放样方法。

恢复界址点的放样方法一般有直角坐标法、极坐标法、角度交会法、距离交会法。这几种方法其实也是测定界址点的方法,因此测定界址点位置和界址点放样是互逆的两个过程。不管用哪种方法,都可归纳为两种已知数据的放样,即已知长度直线的放样和已知角度的放样。

8.4.1.1 已知长度直线的放样

这里的已知长度是指界址点与周围各类点间的距离,具体情况如下所述:

(1)界址点与界址点间的距离;

(2)界址点与周围相邻明显地物点间的距离;

(3)界址点与邻近控制点间的距离。

这些已知长度可以通过坐标反算得到,也可以从宗地草图或宗地图上得到,并且这些距离都是水平距离。实地作业时,可以用测距仪或鉴定过的钢尺量出已知直线的长度,作业过程中应考虑仪器设备的系统误差,从而使放样更加精确。

8.4.1.2 已知角度的放样

已知角度通常都是水平角。在界址点放样工作中,如用极坐标法或角度交会法放样需计算出已知角度,此时已知角度一般是指界址点和控制点连线与控制点和定向点之间连线的夹角。设界址点坐标(X_P,Y_P),放样测站点为(X_A,Y_A),定向点为(X_B,Y_B),则

$$\alpha_{AB}=\arctan\left(\frac{Y_B-Y_A}{X_B-X_A}\right),\alpha_{AP}=\arctan\left(\frac{Y_P-Y_A}{X_P-X_A}\right) \tag{8-8}$$

此时放样角度为$\beta=\alpha_{AP}-\alpha_{AB}$。把经纬仪架设在测站上,瞄准定向方向并使经纬仪读数置零,顺时针转动经纬仪的读数等于β,移动目标,使经纬仪十字丝中心与目标重合即把经纬仪架设在测站上,瞄准定向方向并使经纬仪读数即可。

▶ 8.4.2 界址的鉴定

依据地籍资料(原地籍图或界址点坐标成果)与实地鉴定土地界址是否正确的测量作业,称为界址鉴定(简称鉴界)。界址鉴定工作通常是在实地界址存在问题,或者双方有争议时进行。

问题界址点如有坐标成果,且临近还有控制点时,则可参照坐标放样的方法予以测设鉴定。如无坐标成果,则可在现场附近找到其他的明显界址点,应以其暂代控制点,据以鉴定。否则,需要重新施测控制点,测绘附近的地籍现状图,再参照原有地籍图与邻近地物或界址点的相关位置、面积大小等加以综合判定。重新测绘附近的地籍图时,最好选择与旧图相同的比例尺并用聚酯薄膜测图,这样可以直接套合在旧图上加以对比审查。

▶ 8.4.3 界址鉴定测量作业程序

8.4.3.1 准备工作

(1)调用地籍原图、表、册。

(2)精确量出原图图廓长度,与理论值比较是否相符,否则应计算其伸缩率,以作为边长、面积改正的依据。

(3)复制鉴定附近的宗地界线。原图上如有控制点或明确界址点(愈多愈好),尤其要细心转绘。

(4)图上精确量定复制部分界线长度,并注记于复制图相应各边上。

8.4.3.2 实地施测

(1)依据复制图上的控制点或明确的界址点位,判定图与实地相符正确无误后,如点位距被鉴定的界址处很近且鉴定范围很小,即在该点安置仪器测量。

(2)如所找到的控制点(或明确界址点)距现场太远或鉴定范围较大,应在等级控制点间按正规作业方法补测导线,以适应鉴界测量的需要。

(3)用光电测设法、支距法或其他点位测设方法,将要鉴定的界址点的复制图上位置

测设于实地,并用鉴界测量结果计算面积,核对无误后,报请土地主管部门审核备案。

实习7 界址点测量实习

1. **实习任务**

(1)掌握测定界址点的方法,包括坐标法、交会法、分点法、直角坐标法。

(2)熟悉全站仪测量界址点的过程。

2. **仪器设备**

全站仪每组一套,包括主机、脚架2个、棱镜2个、对中杆一个、充电器、3 m钢卷尺。

3. **实习步骤**

(1)根据控制点和待测界址点分布情况确定哪些界址点采用哪种方法进行测设。

(2)极坐标法:在一个控制点上架设全站仪,首先定向,然后转向待测界址点,直接用全站仪解析各处界址点的坐标;也可以首先在一个控制点上架设全站仪,然后测定已知方向和界址点之间的角度,用测距的方式测量出测站点和界址点之间的距离,来确定界址点的位置。

(3)角度交会法:分别在两个控制点上设站,在两个测站上测量两个角度进行交会以确定界址点的位置。

(4)距离交会法:在两个控制点上分别量出至一个界址点的距离,从而确定界址点的位置。

(5)内外分点法:当界址点位于两个已知点的连线时,分别量测出两个已知点至界址点的距离。从而确定界址点的位置。

4. **提交成果**

(1)界址点测量成果表。

(2)撰写实习报告。

第 9 章

地籍图与房产图的测绘

【学习任务】

1. 掌握地籍图的分类、内容和比例尺的选取。
2. 了解分幅地籍图测制的基本方法。
3. 掌握地籍图、宗地图和房产图的测绘方法、内容。

【知识内容】

9.1 地籍图概述

▶ 9.1.1 地籍图的概念

地籍图是按照特定的投影方法、比例关系和专用符号把地籍要素及其有关的地物和地貌测绘在平面图纸上的图形,是地籍的基本资料之一。

地籍图既要准确完整地表示基本地籍要素,又要使图面简明、清晰,便于用户根据图上的基本要素去增补新的内容,加工成用户各自所需的专用图。

一张地籍图并不能表示所有应该表示或描述的地籍要素。在图上主要直观地表达自然的或人造的地物、地貌及各类地物所具有的属性。在地籍图上,用各种符号、数字、文字注记表达有限内容并与地籍数据和地籍簿册建立了一种有序的对应关系,从而使地籍资料有机地联系在一起。地籍图的内容不仅受到地图比例尺的限制,还要考虑地籍图的可读性和艺术性。

9.1.2 地籍图的分类

多用途地籍图有很多的功能,可供许多部门使用。使用地籍图和地籍资料的部门,关心的只是符合自己要求的那一部分,但有一部分内容是所有用户都需要的,即所谓的"基本内容"。由基本内容构成的地籍图就是按《规程》要求测绘的基本地籍图。这样的地籍图仍具有多用途的特性,其最直接的功能就是它可为各种用户提供一个良好的地理参考系统。使用者可在基本地籍图的基础上添加表示和描述各自所需的专题内容,为己所用。因此,多用途地籍图不能理解为一张谁都可以用的万能图,而是各类地籍图的集合。在这个集合中,按表示的内容可分为基本地籍图和专题地籍图,按城乡地域的差别可分为农村地籍图和城镇地籍图,按图的表达方式可分为模拟地籍图和数字地籍图,按用途可分为税收地籍图、产权地籍图和多用途地籍图,按图幅的形式可分为分幅地籍图和地籍岛图。

在地籍图集合中,我国现在主要测绘制作的有:城镇分幅地籍图、宗地图、农村居民地地籍图、土地利用现状图、土地所有权属图等。

我国城镇地籍调查测绘的地籍图为宗地草图、基本地籍图和宗地图。

9.1.3 地籍图比例尺

地籍图比例尺的选择应满足地籍管理的需要。地籍图需准确地表示土地的权属界址及土地上附着物等的细部位置,为地籍管理提供基础资料,特别是地籍测量的成果资料将提供给很多部门使用,故地籍图应选用大比例尺。考虑到城乡土地经济价值的差别,农村地区地籍图的比例尺比城镇地籍图的比例尺可小一些。即使在同一地区,也可视具体情况及需要采用不同的地籍图比例尺。

9.1.3.1 选择地籍图比例尺的依据

相关规程或规范对地籍图比例尺的选择规定了一般原则和范围。但对具体的区域而言,应选择多大的地籍图比例尺,必须根据以下的原则来考虑。

1)用图目的和经费来源

总的来说,地籍图是为地籍管理、房地产管理和城市规划服务的。但在实际工作中,具体的服务对象是有区别的,比如,特大城市与中小城市不一样,前者为市、区两级管理,市国土资源局颁发国有土地使用证,而县(区)国土资源分局颁发集体土地使用证。前者在做权属管理时,1∶2 000 比例尺的地籍图是较合适的,后者分户颁发土地使用证以1∶500 为宜。例如,某单位权属面积达几千亩,施测解析界址点后计算面积,由市局发放土地使用证,有 1∶2 000 的地籍图即可,比例尺太大而图幅较多反而使用不便。但对该单位内的职工住房发放土地使用证时,就必须加测一部分 1∶500 的地籍图,才能核实分户用地面积,否则无法办理发证。

此外,经费来源也是必须考虑的。如果国家投资,对于特大城市,例如,武汉市城区面积 863.62 km^2(1991 年统计年鉴),占 1∶500 图幅将近 14 000 幅,投资太大;但 1∶2 000

的图就只有 800 多幅,所需经费就少得多。因此,以 1:2 000 的图作为基础覆盖整个城区,再对重点地区加测 1:500 的图是较合适的。

　　2)繁华程度和土地价值

　　就土地经济而言,地域的繁华程度与土地价值密切相关,对于城镇尤其如此。城镇的商业繁华程度主要是指商业和金融中心,如武汉市的建设路和中南路,上海市的南京路等。显然,对城镇黄金地段,要求地籍图对地籍要素及地物要素的表示十分详细和准确,因此必须选择大比例尺测图,如 1:500,1:1 000。

　　3)建设密度和细部粗度

　　一般来说,建筑物密度大,其比例尺可大些,以便使地籍要素能清晰地上图,不至于使图面负载过大,避免地物注记相互压盖。若建筑物密度小,选择的比例尺就可小一些。另外,表示房屋细部的详细程度与比例尺有关,比例尺越大,房屋的细微变化可表示得更加清楚。如果比例尺小了,细小的部分无法表示,影响房产管理的准确性。

　　4)地籍图的测量方法

　　按城镇地籍调查规程的规定,地籍测量采用模拟测图和数字测图方法。当采用数字测图方法测绘地籍图时,界址点及其地物点的精度较高,面积精度也较高,在不影响土地权属管理的前提下,比例尺可适当小些。当采用传统的模拟法测绘地籍图时,若实测界址点坐标,比例尺大则准确,比例尺小则精度低。

9.1.3.2　我国地籍图的比例尺系列

　　世界上各国地籍图的比例尺系列不一,目前比例尺最大的为 1:250,最小的为 1:50 000。例如,日本规定城镇地区为 1:(250~5 000),农村地区为 1:(1 000~5 000);德国规定城镇地区为 1:(500~1 000),农村地区为 1:(2 000~50 000)。

　　根据国情,我国地籍图比例尺系列一般规定为城镇地区(指大、中城市及建制镇以上地区)地籍图的比例尺可选用 1:500,1:1 000,1:2 000,其基本比例尺为 1:1 000,农村地区(含土地利用现状图和土地所有权属图)地籍图的测图比例尺可选用 1:5 000,1:10 000,1:25 000,1:50 000,其基本比例尺为 1:10 000。

　　为了满足权属管理的需要,农村居民地及乡村集镇可测绘农村居民地地籍图。农村居民地(或称宅基地)地籍图的测图比例尺可选用 1:1 000 或 1:2 000。急用图时,也可编制任意比例尺的农村居民地地籍图,以能准确地表示地籍要素为准。

▶ 9.1.4　地籍图的分幅与编号

9.1.4.1　城镇地籍图的分幅与编号

　　城镇地籍图的幅面通常采用 50 cm×50 cm 和 50 cm×40 cm,分幅方法采用有关规范所要求的方法,便于各种比例尺地籍图的连接。

　　当 1:500,1:1 000,1:2 000 比例尺地籍图采用正方形分幅时,图幅大小均为 50 cm×50 cm,图幅编号按图廓西南角坐标公里数编号,X 坐标在前,Y 坐标在后,中间用短横线连接,如图 9-1 所示。

　　1:2 000 比例尺地籍图的图幅编号为:689-593;

1∶1 000 比例尺地籍图的图幅编号为:689.5-593.0;

1∶500 比例尺地籍图的图幅编号为:689.75-593.50。

当1∶500,1∶1 000,1∶2 000 比例尺地籍图采用矩形分幅时,图幅大小均为 40cm× 50 cm,图幅编号方法同正方形分幅如图 9-2 所示。

1∶2 000 比例尺地籍图的图幅编号为:689-593;

1∶1 000 比例尺地籍图的图幅编号为:689.4-593.0;

1∶500 比例尺地籍图的图幅编号为:689.60-593.50。

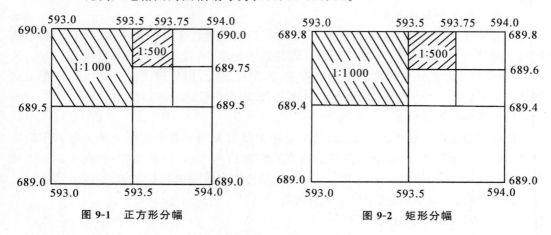

图 9-1　正方形分幅　　　　　　　　　图 9-2　矩形分幅

若测区已有相应比例尺地形图,地籍图的分幅与编号方法可沿用地形图的分幅与编号,并于编号后加注图幅内较大单位名称或著名地理名称命名的图名。见图 9-3。

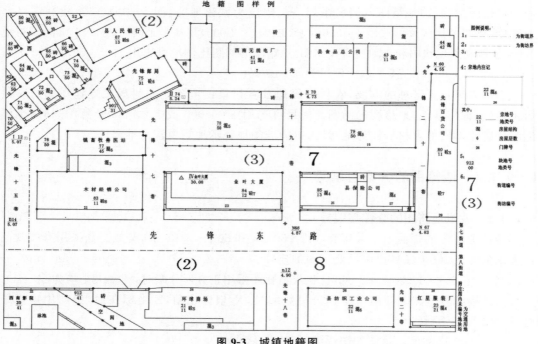

图 9-3　城镇地籍图

9.1.4.2　农村地籍图的分幅和编号

农村居民地地籍图的分幅和编号(图 9-4)与城镇地籍图相同。若是独立坐标系统,则是县、乡(镇)、行政村、组(自然村)给予代号排列而成。

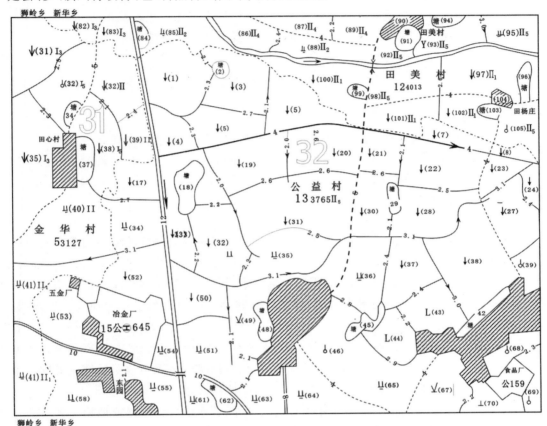

图 9-4　农村地籍图

农村地籍图(包括土地利用现状图和土地所有权属图)按国际标准分幅编号,其具体方法见有关测量学教材,这里不再详述。

无论是城镇地籍图,还是农村地籍图,均应取本幅图内最著名的地理名称或企事业单位、学校等名称作为图名,以前已有的图名一般应沿用。

9.1.5　地籍图的内容

地籍图上应表示的内容一部分可通过实地调查得到,如街道名称、单位名称、门牌号、河流、湖泊名称等;另一部分内容则要通过测量得到,如界址位置、建筑物、构筑物等。

9.1.5.1　地籍图的基本要求

(1)以地籍要素为基本内容,突出表示界址点、线。

(2)有必需的数学要素。

（3）必须表示基本的地理要素，特别是与地籍有关的地物要素应予表示。

（4）地籍图图面必须主次分明、清晰易读，并便于根据多用户需要加绘专用图要素。

9.1.5.2　地籍图内容选取的基本要点

（1）选具有宗地划分或划分参考意义的各类自然或人工地物和地貌。

（2）选具有土地利用现状分类划分意义或划分参考意义的各种地物或地貌。

（3）选地上的重要附着物。

（4）在土地表面下的各种管线及构筑物，在图上不表示。

（5）地面上的管线只表示重要的。

（6）有界址点、控制点等点要素。

（7）地表自然情况用符号注记，如房屋结构和层数、植被、地理名称等。

（8）主要表示的标识符包括：地籍区（街道）号、地籍子区（街坊）号、宗地号、界址点号、利用分类代码、控制点号、房产编号等。

9.1.5.3　地籍图的基本内容

1）地籍要素

（1）界址　包括各级行政境界和土地权属界址。不同级别的行政境界相重合时只表示高行政境界，境界线在拐角处不得间断，应在转角处绘出点或线。当图上两界址点间距小于 1 mm 时，用一个点的符号表示，但应正确表示界址线。当土地权属界址线与行政界线、地籍街道界或地籍子街坊界重合时，应结合线状地物符号突出表示土地权属界址线，行政界线可移位表示。

（2）地籍区与地籍子区界　地籍区（街道）是以市（县）行政建制区的街道办事处或乡（镇）的行政辖区为基础划定的。地籍子区（街坊）是根据实际情况由道路或河流等固定地物围成的包括一个或几个自然街坊或村镇所组成的地籍管理单元。

（3）宗地界址点与界址线　当界址线与行政境界、地籍区（街道）界或地籍子区（街坊）界重合时，应结合线状地物符号突出表示界址线，行政界线可以不表示。

（4）地籍要素编号　包括街道（地籍区）号、街坊（地籍子区）号、宗地号或地块号、房屋栋号、土地利用分类代码、土地等级等，分别注记在所属范围内的适中位置，当被图幅分割时应分别进行注记。如宗地或地块面积太小注记不下时，允许移注在宗地或地块外空白处并以指示线标明。

（5）宗地坐落　由行政区名、街道名（或地名）及门牌号组成。门牌号除在街道首尾及拐弯处注记外，其余可跳号注记。

（6）土地利用类别　按第三次全国国土调查的二级分类注记。

（7）土地权属主名称　选择较大宗地注记土地权属主名称。

（8）土地等级　对已完成土地定级估价的城镇，在地籍图上绘出土地分级界线并注记出相应的土地级别代码。

（9）宗地面积　每宗地都应注出其面积，以 m^2 为单位。

2）地物要素

（1）作为界标物的地物　围墙、道路、房屋边线及各类垣栅等应表示。

（2）房屋及其附属设施　房屋以外墙勒脚以上外围轮廓为准，正确表示占地状况，并注记房屋层数与建筑结构。装饰性或加固性的柱、垛、墙等不表示，临时性或已破坏的房屋不表示；墙体凸凹小于图上 0.2 mm 不表示；落地阳台、有柱走廊及雨篷、与房屋相连的大面积台阶和室外楼梯等应表示。

（3）工矿企业、露天构筑物、固定粮仓、公共设施、广场、空地等绘出其用地范围界线，内置相应符号。

（4）铁路、公路及其主要附属设施，如站台、桥梁、大的涵洞和隧道的出入口应表示，铁路路轨密集时可适当取舍。

（5）建成区内街道两旁以宗地界址线为边线，道牙线可取舍。

（6）城镇街巷均应表示。

（7）塔、亭、碑、像、楼等独立地物应择要表示，图上占地面积大于符号尺寸时应绘出用地范围线，内置相应符号或注记。公园内一般的碑、亭、塔等可不表示。

（8）电力线、通信线及一般架空管线不表示，但占地塔位的高压线及其塔位应表示。

（9）地下管线、地下室一般不表示，但大面积的地下商场、地下停车场及与他项权利有关的地下建筑应表示。

（10）大面积绿化地、街心公园、园地等应表示。零星植被、街旁行树、街心小绿地及单位内小绿地等可不表示。

（11）河流、水库及其主要附属设施如堤、坝等应表示。

（12）平坦地区不表示地貌，起伏变化较大地区应适当注记高程点。

（13）地理名称注记。

3）其他要素

（1）图廓线、坐标格网线及坐标注记。

（2）埋石的各级控制点位及点名或点号注记。

（3）图廓外测图比例尺注记。

▶ 9.1.6　地籍图与地形图的差别

9.1.6.1　服务对象与用途上的差别（表 9-1）

表 9-1　地形图与地籍图对象用途区别对比

	地形图	地籍图
服务对象	基础用图，国民经济建设、国防建设。	专门用图，土地的权属管理，行使国家对土地的行政职能。
描绘内容	反映自然地理属性，它完整地描绘地物地貌，真实地反映地表形态。	反映土地的社会经济属性，完整地描绘房地产位置、数量，有选择地描绘地物或概略地描绘地貌。

续表 9-1

	地形图	地籍图
作用	可以作为工程设计、铁路、公路、地质勘查等施工的工程用图;可作为编制专题地图和小比例尺地形图的基础图件和底图,是国家地理信息数据库的重要资料来源,接受用户关于测绘信息等方面的查询。	作为不动产管理、征税、有偿转让土地的依据,是处理房地产民事纠纷的法律文件。可作为编制土地利用现状图和城市规划图的重要图件,是国家土地信息数据库的重要资料来源,接受用户关于房地产转让、贷款、税收等方面的查询。
测量内容	量测地面坡度、纵横断面、土石方量、水库容量、森林覆盖面积和水源状况等。	在图上准确地量测土地面积、土地利用现状面积,可供分析土地利用合理配置等基本情况。

9.1.6.2 表示内容的差别

在地籍图上除了某些地物、地貌符号(如道路、水域等)与地形图表示方法基本相同外,主要表示地籍内容,如宗地、界址点和权属关系等。见表 9-2。

表 9-2 地形图与地籍图的内容对照

表示内容		地形图	地籍图
数学要素	控制点	√	√
	坐标网	√	√
	比例尺	√	√
	经纬线	√	农村土地利用图有
	磁偏角	√	无
	界址点	无	√
自然要素	地貌	√	选择表示
	水域	√	表示主要的
	农用土地	概括分类	详细分类
	植被	√	土地详查、城镇地籍简要表示
人工要素	房屋建筑	综合表示	详细表示
	独立工厂	√	√
	独立地物	√	选择主要的表示
	管线	√	选择表示
	道路	√	表示主要的
地籍要素	境界(县以上)	√	√
	权属界(乡以下)	不表示	详细表示
	房产状况	仅注记建筑材料	详细调查
	土地利用分类	概略或不表示	详细分类表示
	街坊和单元编号	无	√
	权属主法人代表	无	√

续表 9-2

	表示内容	地形图	地籍图
文字注记	地理名称	√	√
	房屋边长和面积	无	√
	楼层和门牌号	√	√
	高程注记	√	概略或不注
	图廓注记	√	√
	比例尺注记	√	√
	其他注记	√	择要注记

9.1.6.3　作业过程的差别

　　地形测量的最后产品是地形图,地籍测量的最后成果包含地籍图和地籍簿。因此,地籍测量对社会的涉及面比地形测量要广得多,它包括测绘作业技能、土地政策、法律法规,涉及社会成员(如市民、村民)的切身利益,如住房、财产、继承、民事纠纷等,是一项不动产的确认、保护、分割、合并、转移等因素的社会系统工程。为了搞好这项工作,地籍测量不仅需要测绘专业知识,还应具备城市规划的土地法规方面的知识,方能熟练地履行职责。

9.2　地籍图与宗地图的测制

9.2.1　地籍图测绘的基本要求

9.2.1.1　地籍原图的精度要求

　　绘制精度主要指图上绘制的图廓线、对角线及图廓点、坐标格网点、控制点的展点精度。通常要求内图廓长度误差不得大于 ± 0.2 mm,内图廓对角线误差不得大于 ± 0.3 mm,图廓点、坐标格网点和控制点的展点误差不得超过 ± 0.1 mm。

9.2.1.2　地籍图的基本精度

　　地籍图的基本精度主要指界址点、地物点及其相关距离的精度。通常要求如下:

　　(1)相邻界址点间距、界址点与邻近地物点之间的距离中误差不得大于图上 ± 0.3 mm。依测量数据测绘的上述距离中误差不得大于图上 ± 0.3 mm。

　　(2)宗地内外与界址边相邻的地物点,不论采用何种方法测定,其点位中误差不得大于图上 ± 0.4 mm,邻近地物点间距中误差不得大于图上 ± 0.5 mm。

9.2.2　地籍图测制的方法

　　分幅地籍图又称为基本地籍图,现有的地形图测绘方法都可用于测绘分幅地籍图。既可通过野外平板仪测图,也可以利用摄影测量方法和编绘法成图,这些都是一些常规的方法。随着科学技术的发展,全野外数字测图成为地籍测绘的主要方法。

9.2.2.1　平板仪测图

适用于大比例尺的城镇地籍图和农村居民地地籍图的测制。作业顺序如下:

(1)测图前的准备(图纸的准备、坐标格网的绘制、图廓点及控制点的展绘)。

(2)测站点的增设。

(3)碎部点(界址点、地物点)的测定。

(4)图边拼接。

(5)原图整饰。

(6)图面检查验收。

碎部点的测定方法一般都采用极坐标法和距离交会法。在测绘地籍图时,通常先利用实测的界址点展绘出宗地位置,再将宗地内外的地籍、地形要素位置测绘于图上。这样做可减少地物测绘错误发生的概率。

9.2.2.2　航测遥感法成图

摄影测量法可测制多用途地籍图,用于土地利用现状分类的调查、制作农村地籍图和土地利用现状图;用于加密界址点坐标(主要用于农村地区土地所有权界址点),作为地籍数据库的数据采集站。

土地利用现状图和土地权属界线图可采用航空遥感调查成图,主要方法是:

(1)利用航片进行野外调绘。

(2)以大比例尺地形图为工作底图,把调绘的内容按照一定的精度要求转绘到地形图上。

(3)将透明绘图膜片蒙贴在转绘有地籍内容的地形图上,清绘制成土地利用现状图或分幅土地权属界线图。

现阶段,摄影测量技术主要用于测制农村地籍图。对农村地籍,界址点的精度要求较低,一般为 0.25~1.50 m(居民点除外),因此,可在航片上直接描绘出土地权属界线的情况。如有正射像片或立体正射像片,则可直接从中确定出土地利用类别和土地权属界线,并方便地测算出各土地利用类别的面积和土地权属单位的面积。借助数字摄影测量系统可制作出数字线划土地利用现状图和农村地籍图。

9.2.2.3　编绘法成图

大多数城镇已经测制有大比例尺的地形图,在此基础上按地籍的要求编绘地籍图,不失为快速、经济、有效的方法。例如,地形图已数字化,则可直接在计算机上编绘地籍图。为满足对地籍资料的急需,可利用测区内已有地形图、影像平面图编制地籍图。

1)模拟地籍图的编绘

(1)选定工作底图　首先选用符合地籍测量精度要求的地形图、影像平面图作为编绘底图。编绘底图的比例尺大小应尽可能选用与编绘的地籍图所需比例尺相同。

(2)复制二底图　由于地形图或影像平面图的原图一般不能提供使用,故必须利用原图复制成二底图。复制后的二底图应进行图廓方格网变化情况和图纸伸缩的检查,当其限差不超过原绘制方格网、图廓线的精度要求时,方可使用。

(3)外业调绘与补测　外业调绘与补测工作在二底图上进行,调绘、补测时应充分利用测区内原有控制点,采用交会截距、极坐标等方法补测,如控制点的密度不够时则应先增设测站点。补测的内容主要有界址点的位置、权属界址线所必须参照的线状地物、新增或变化了的地物等地籍和地形要素。

(4)清绘、整饰 外业调绘与补测工作结束后,应加注地籍要素的编号与注记,然后进行必要的整饰、着墨,制作成地籍图的工作底图(或称草编地籍图)。再在工作底图上,采用薄膜透绘方法,将地籍图所必需的地籍和地形要素透绘出来,舍去地籍图上不需要的部分(如等高线),制作成正式的地籍图。

模拟地籍图编绘的精度取决于所利用的地形图或影像平面图的精度。当地形原图的精度超过一定限值时,该图就不适用于编绘地籍图。当利用测区已有较小一级比例尺地形图放大后编制地籍图,如用 1∶1 000 比例尺地形图放大为 1∶500 比例尺地形图,以编绘 1∶500 比例尺地籍图时,首先必须考虑放大后地形原图的精度,能否满足地籍图的精度要求。通常模拟编绘的地籍图上,界址点和地物点相对于邻近地籍图根控制点的点位中误差及相邻界址点的间距中误差不得超过图上±0.6 mm。

2)数字地籍图的编绘

利用地形(地籍)图编制数字地籍图就是以现有的满足精度要求的大比例尺地形(地籍)图为底图,结合部分野外调查和测量对上述数据进行补测或更新,然后数字化,经编辑处理形成以数字形式表示的地籍图。为了满足地籍权属管理的需要,对界址点通常采用全野外实测的方法。编制数字地籍图的基本步骤分为编辑准备阶段、数字化阶段、数据编辑处理阶段和图形输出阶段。

9.2.2.4 数字化成图

数字化成图是指利用测量仪器如全站仪、GPS-RTK 等,在野外对界址点、地物点进行实测,以获得观测值(水平角、天顶距、距离等),然后将观测值存入存储器,再通过接口,将数据传输到计算机,由计算机进行数据处理,从而获得界址点、地物点坐标,最后利用计算机内的各种成图软件,将地籍资料按不同的形式输出。如屏幕上显示各种成果表及图形,打印机打印各种数据,资料存入磁盘。

▶ 9.2.3 宗地图测绘

9.2.3.1 宗地图的概念

宗地图是以宗地为单位编绘的地籍图,是在地籍测绘工作的后阶段,当对界址点坐标进行检核后,确认准确无误,并且在其他的地籍资料也正确收集完毕的情况下,依照一定的比例尺制作成的反映宗地实际位置和有关情况的一种图件。日常地籍工作中,一般逐宗实测绘制宗地图。

9.2.3.2 宗地图的内容

宗地图是土地证上的附图,经土地登记认可后,便成为具有法律效力的图件。

宗地图和分幅地籍图是地籍的重要组成部分,是宗地现状的直观描述。宗地图是以宗地为单位编制的地籍图,分幅地籍图是以地图标准分幅为单位编绘的地籍图。通常要求宗地图的内容与分幅地籍图保持一致,具体内容如下:

(1)所在图幅号、地籍区(街道)号、地籍子区(街坊)号、宗地号、界址点号、利用分类号、土地等级、房屋栋号。

（2）用地面积和实量界址边长或反算的界址边长。

（3）相邻宗地的宗地号及相邻宗地间的界址分隔示意线。

（4）紧靠宗地的地理名称。

（5）宗地内的建筑物、构筑物等附着物及宗地外紧靠界址点线的附着物。

（6）本宗地界址点位置、界址线、地形地物的现状、界址点坐标表、权利人名称、用地性质、用地面积、测图日期、测点（放桩）日期、制图日期。

（7）指北方向和比例尺。

（8）为保证宗地图的正确性，宗地图要检查审核，宗地图的制图者、审核者均要在图上签名。

9.2.3.3 宗地图的特性（图9-5）

（1）是地籍图的一种附图，是地籍资料的一部分。

（2）图中数据都是实量或实测得到，精度高并且可靠。

（3）其图形与实地有严密的数学相似关系。

（4）相邻宗地图可以拼接。

（5）标识符齐全，人工和计算机都可方便地对其进行管理。

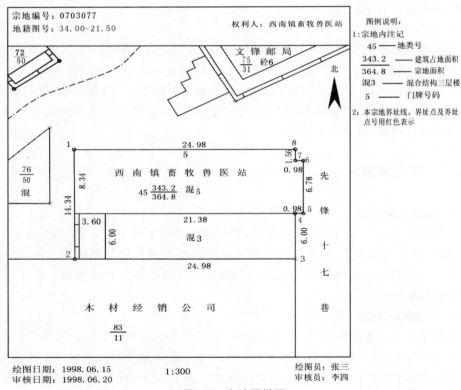

图 9-5 宗地图样图

9.2.3.4　宗地图的作用

（1）宗地图是土地证上的附图，它通过具有法律手续的土地登记过程的认可，使土地所有者或使用者对土地的使用或拥有有可靠的法律保证，宗地草图却不能做到这一点。

（2）是处理土地权属问题的具有法律效力的图件，比宗地草图更能说明问题。

（3）在变更地籍测绘中，通过对这些数据的检核与修改，可以较快地完成地块的分割与合并等工作，直观地反映宗地变更的相互关系，便于日常地籍管理。

9.2.3.5　宗地图的绘制

宗地图绘制的方法是将透明的绘图膜蒙贴在分幅地籍图上，蒙绘宗地图所需的内容并补充加绘相关内容。编绘宗地图时，应做到界址线走向清楚，坐标正确无误，面积准确，四至关系明确，各项注记正确齐全，比例尺适当。

宗地图图幅规格根据宗地的大小选取，一般为 32 开、16 开、8 开等，界址点用 1.0 mm 直径的圆圈表示，界址线粗 0.3 mm，用红色或黑色表示。

宗地图在相应的基础地籍图或调查草图的基础上编制，宗地图的图幅最好是固定的，比例尺可根据宗地大小选定，以能清楚表示宗地情况为原则。

9.3　土地利用现状图的编制

土地利用现状图是土地利用现状调查工作结束需要提交的主要成果之一。它是地籍管理和土地管理工作的重要基础资料，必须认真编制。

土地利用现状图是以地图形式，全面系统地反映本行政辖区的土地利用类型、分布、利用现状以及与自然、社会经济等要素的相互关系的专题地图。土地利用现状图有两种类型，一种为标准分幅土地利用现状图，是基本图件，与调查底图比例尺相同；另一种为按行政区域编制的土地利用挂图。县级土地利用挂图以标准分幅土地利用现状图为基础编制，县级以上各级土地利用挂图由下一级土地利用挂图编制。

依据标准分幅土地利用现状图和各级土地利用挂图，可派生出耕地坡度分级图、基本农田分布图和土地利用图集等各种类型图件，可根据需要编制。派生图件应与标准分幅土地利用现状图或土地利用挂图比例尺一致。

▶ 9.3.1　比例尺与图幅

9.3.1.1　标准分幅图

县级标准分幅土地利用现状图的成图比例尺与调查底图比例尺一致，即以 1∶1 万为主，荒漠、沙漠、高寒等地区采用 1∶5 万。

9.3.1.2　各级挂图

（1）乡级土地利用现状挂图比例尺，农区 1∶1 万、重点林区 1∶2.5 万、一般林区 1∶5 万、牧区 1∶5 万或 1∶10 万，图面开幅可根据面积大小、形状、图面布置等分为全开或对开两种。

(2)县级挂图除面积较大或形状窄长的县用 1∶10 万比例尺图外,通常以 1∶5 万比例尺成图,采用全开幅。市(地)级挂图比例尺一般选为 1∶10 万或 1∶25 万。

(3)省级挂图比例尺一般选为 1∶50 万或 1∶100 万;全国土地利用挂图比例尺一般选为 1∶250 万或 1∶400 万,可根据具体情况选择。

▶ 9.3.2 土地利用现状图的内容

土地利用现状图上应反映的内容有:图廓线及公里网线、各级行政界、水系、各种地类界及符号、线状地物、居民地、道路、必要的地貌要素、各要素的注记等。为使图面清晰,平原区适当注记高程点,丘陵山区只绘计曲线。

目前土地利用现状图有两类:一类是分幅土地利用现状图,另一类是行政区域的土地利用现状图(岛图),它是在分幅土地利用现状图的基础上编绘而成的。

▶ 9.3.3 乡级土地利用现状图的编制

9.3.3.1 图件编绘基本要求

(1)全面反映制图区域的土地利用现状、分布规律、利用特点和各要素间的相互关系。

(2)体现土地调查成果的科学性、完整性、实用性和现势性。

(3)土地利用现状分类按《规程》执行,地类图斑应有统一的选取指标,定性、定位正确。

(4)广泛收集现势资料,对新增重要地物,要根据有关资料进行修编,提高图件的现势性。

(5)在土地调查数据库基础上,采用人机交互编制方法,形成数字化成果。

(6)内容的选取和表示要层次分明,符号、注记等正确,清晰易读。

9.3.3.2 图件编绘准备

各级土地利用挂图电子图,利用计算机辅助制图等技术,采用缩编等手段,通过制图综合取舍编制而成。

1)地图投影

土地利用挂图的地图投影可根据制图区域的面积、形状等实际情况,参考相关的地图资料综合确定;坐标系采用 1980 年西安坐标系;高程系采用 1985 年国家高程基准。

2)成图比例尺选择

根据制图区域的大小和形状,按县级、市(地)级、省级、国家级,依据前述规定制图比例尺确定成图比例尺。

3)编图资料收集

(1)标准分幅土地利用现状图数据。

(2)选择与成图比例尺相同的测绘部门地图,作为挂图编制的地理底图(电子图或加工成电子图),主要用于保证挂图的数学精度,选取地貌内容、经纬网及注记等基础地理信息。

(3)下一级土地利用挂图电子图。

(4)根据制图需要的其他有关资料。如最新的行政区划、交通、水利等专题图。

4)编辑设计书

编辑设计书是指导编绘作业的技术文件,是制作编绘原图的基本依据,编图单位要根据《规程》和有关规定的要求,结合制图区域的实际情况、特点编写。

设计书内容一般为:

(1)制图区域范围、图幅数量、完成的期限和要求;

(2)制图资料的分析、评价,确定基本资料、辅助资料、参考资料;

(3)制图区域土地利用特点,为反映这一特点应采取的技术措施;

(4)作业方案、工艺流程;

(5)对地类的综合取舍和相互关系的处理原则及要求,对《规程》和有关规定中未涉及的特殊问题做出补充规定;

(6)图例填写的具体要求。

9.3.3.3　编制方法

1)缩小套合

将下一级挂图(或标准分幅土地利用现状图)缩小与地理底图套合,当主要地物,如铁路、公路等与底图相应地物目视不重合(大于 0.2 mm,新增地物除外)时,应以地理底图为控制,对土地利用现状图进行纠正。

2)综合取舍

综合取舍的原则是,上图图斑应与调查图斑的地类面积比例保持一致,形状相似道路、河流等应成网状,充分反映不同地区分布密度的对比关系及通行状况。

(1)图斑最小上图指标　城镇村及工矿用地为 $2\sim4$ mm^2;耕地、园地及其他农用地为 $4\sim6$ mm^2;林地、草地等为 $10\sim15$ mm^2。小于上图指标的一般舍去或在同一级类内合并。对特殊地区的重要地类,如深山区中的耕地、园地等,可适当缩小上图指标。

(2)道路选取　铁路、乡(含)以上公路应全部选取。平原中的农村道路可适当选取,丘陵、山区的小路应全部选取。对土地调查中以图斑表示的交通用地,按《规程》中相应的图式图例符号表示。

(3)河流沟渠选取　河流应全部选取,沟渠可适当选取。

(4)水库、湖泊、坑塘选取　水库、湖泊应全部选取,图上坑塘面积大于 1 mm^2 的一般应选取坑塘密集区,可适当取舍,但只能取或舍,不能合并。

(5)岛屿选取　图上岛屿面积大于 1 mm^2 的依比例尺(形似)表示,小于 1 mm^2 的用点状符号表示。

(6)注记　对居民点、路、渠、江、河、湖、水库等有正式名称的应注记名称。

(7)对图上的保密内容须作技术处理,以防失密。

9.3.3.4　主要整饰内容

(1)图名,统一采用"××县土地利用图""××市土地利用图""××省土地利用图"名称,配置于北图廓正中处。

(2)比例尺,统一采用数字比例尺,配置于南图廓正中处。

(3)"内部用图,注意保存"字样,配置于北图廓右上角。

（4）图廓四角,经纬网注记经纬度坐标。

（5）编制单位,"XX 县国土资源局"等,配置于西图廓左下角。

（6）图示图例可根据辖区形状合理配置。

（7）土地利用现状截止期、成图时间及说明配置于南图廓左下角。

9.3.4 县级土地利用现状图的编制

9.3.4.1 编图的原则和依据

（1）制图单元以土地利用现状分类单元为编图依据,进行制图综合。

（2）制图综合时,应贯彻"表示主要的、去掉次要的"原则。根据土地利用类型的区域特征,对各种地类要素进行科学分析,从水系综合、图形碎部综合、面积综合等 3 个方面对图斑进行简化、概括,力求保持地貌单元的完整性,注意图斑形状、走向同地貌单元相吻合,使综合后的图斑面积与原图斑面积相一致。

（3）通过不同的制图单元和图斑间的不同组合差异来反映土地利用现状的分布规律和区域特征的差异性。

9.3.4.2 编绘草图

（1）按 1∶5 万比例尺图的编绘要求,在 1∶1 万分幅土地利用现状图上进行综合取舍,逐一编制。

（2）以 1∶5 万地形图或素图的数学基础作为编制县级土地利用现状成果图的数学基础。在 1∶5 万工作底图上标绘出相应的 16 幅 1∶1 万地形图的图廓点,以图廓点、经纬网、公里网和控制点作控制。

（3）将经过综合取舍、编制的 1∶1 万土地利用现状图的各类要素缩编到 1∶5 万地形图或素图上,编绘成 1∶5 万的分幅土地利用现状草图。缩编可采用机械缩放仪法、复照法等。

9.3.4.3 编稿原图

（1）把 1∶5 万分幅的土地利用现状草图,按县级制图范围进行拼幅。拼幅时以图廓点、经纬网、公里网和控制点作控制,并进行图幅接边检查。

（2）用 0.05～0.07 mm 厚的聚酯薄膜蒙到已拼幅的草图上,进行透绘、整饰,清绘成县级 1∶5 万土地利用现状编稿原图。

（3）图面清绘。按《规程》规定的图式符号进行清绘、透绘,清绘的顺序与乡级土地利用现状图相同。

9.3.4.4 复制

已编制好的县级土地利用现状原图,需复制若干份,以提供各部门使用和报上级土地管理部门。其复制方法有熏图复制、晒蓝复制、印刷复制等。

9.3.5 土地所有权属图的编制

9.3.5.1 分幅土地权属界线图的编制

土地权属界线图是地籍管理的基础图件,也是土地利用现状调查的重要成果之一。

土地权属界线图与其他专题地图一样,除了要保持同比例尺线绘图的数学基础、几何精度外,在专题内容上,应突出土地的权属关系。它以土地利用现状调查成果图为依据,用界址拐点、权属界址线相应的地物图式符号及注记,表示土地权属的合法性。

分幅土地权属界线图与土地利用现状调查工作底图比例尺相同。土地权属界址线、界址拐点可利用分幅土地利用现状调查底图透绘得到。编制方法与内容如下:

(1)用 0.05～0.07 mm 厚的聚酯薄膜覆盖在分幅的土地利用现状调查底图上,透绘图廓点及内、外图廓线和公里网线,并以此作控制进行编制。

(2)用直径 0.1 mm 的小圆点准确透刺权属拐点,并用半径 1 mm 的圆圈整饰。无法用圆圈整饰时,需以 0.3 mm 小圆点表示权属界线,用 0.2 mm 粗的实线透绘。同一幅图内各拐点用阿拉伯数字顺序编写。图上拐点密集,两拐点间的距离小于 10 mm 时,可用 0.3 mm 小圆点只标拐点位置,不画界址点圆圈。

(3)县、乡、村等各行政单位所在地标示出建成区的范围线。并分别注记县、乡、村名。

(4)图上面积小于 1 cm^2 的独立工矿用地及居民点以外的机关、团体、部队、学校等企事业单位用地,界址点上不绘小圆圈,只绘权属界线并在适当地方集中注记土地使用者的名称。

(5)依比例尺上图的线状地物,在对应的两侧同时有拐点且其间距小于 2 mm 时,只透绘拐点,不绘小圆圈。依比例尺上图的铁路、公路等线状地物,只绘界址线,不绘其图式符号,但应注记权属单位名称。

(6)不依比例的单线线状地物与权属界线重合,用长 10 mm、粗 0.2 mm、间隔 2 mm 的线段沿线状地物两侧描绘。当行政界线与权属界线重合时,只绘行政界而不绘权属界。行政界线下一级服从于上一级。

(7)飞地用 0.2 mm 粗的实线表示,并详细注记权属单位名称,如县、乡、村名。

(8)增绘。根据需要,可增绘对权属界址拐点定位有用的相关地物及说明权属界线走向的地貌特征。

9.3.5.2　土地证上所附的土地所有权界线图的蒙绘

土地证上所附的土地权属界线图,以 0.05 mm 厚的聚酯薄膜蒙在标准分幅的 1∶1 万比例尺土地利用现状图上,将本村权属界址点刺出,以半径 1 mm 小圆圈整饰并编号,用 0.2 mm 红实线表示界址线。从拐点引绘出四至分界线,用箭头表示分界地段,并注明相邻土地所有权单位和使用单位名称。

▶ 9.3.6　农村居民地地籍图

农村居民地是指建制镇(乡)以下的农村居民地住宅区及乡村圩镇。由于农村地区采用 1∶5 000,1∶10 000 较小比例尺测绘分幅地籍图,因而地籍图上无法表示出居民地的细部位置,不便于村民宅基地的土地使用权管理,故需要测绘大比例尺农村居民地地籍图,用作农村地籍图的加细与补充,是农村地籍图的附图,以满足地籍管理工作的需要。

农村居民地地籍图的范围轮廓线应与农村地籍图(或土地利用现状图)上所标绘的居民地地块界线一致。农村居民地地籍图采用自由分幅以岛图形式编绘。

城乡接合部或经济发达地区的农村居民地地籍图一般采用 1∶1 000 或 1∶2 000 比例尺,按城镇地籍图测绘方法和要求测绘。急用图时,也可采用航摄像片放大,编制任意比例尺农村居民地地籍图。

居民地内权属单元的划分、权属调查、土地利用类别、房屋建筑情况的调查与城镇地籍测量相同。

农村居民地地籍图的编号应与农村地籍图(或土地利用现状图)中该居民地的地块号一致,居民地集体土地使用权宗地编号按居民地的自然走向 1,2,3,…顺序进行编号。居民地内的其他公共设施(如球场、道路、水塘等)不做编号。

农村居民地地籍图表示的内容一般包括如下:

(1)自然村居民地范围轮廓线、居民地名称、居民地所在的乡(镇)、村名称,居民地所在农村地籍图的图号和地块号。

(2)集体土地使用权宗地的界线、编号、房屋建筑结构和层数,利用类别和面积。

(3)作为权属界线的围墙、垣栅、篱笆、铁丝网等线状地物。

(4)居民地内公共设施、道路、球场、晒场、水塘和地类界等。

(5)居民地的指北方向。

(6)居民地地籍图的比例尺。

9.4 房产图的测绘

房地产测绘最重要的成果是房地产平面图。房产图以房产要素为主,反映房屋和房屋用地的有关信息,是房地产产权、产籍管理的基本资料,是房地产管理的图件依据。通过它可以全面掌握房屋建筑状况、房产产权状况和土地使用情况。借助于房产图,可以逐幢、逐处地清理房地产产权,计算和统计面积,作为房地产产权登记和转移变更登记的根据。房产图与房地产产权档案、房地产卡片、房地产簿(册)构成房地产产籍的完整内容,是房地产产权管理的依据和手段。

房产分幅图和基本地籍图可为房地产权属、规划、税收等提供基础资料。房产分户图供核发房屋所有权证使用,宗地图供核发土地使用权证使用。

总之,房地产图在整个房地产业管理中具有十分重要的作用,因此,必须严格按照规范要求,认真测绘房地产图。

9.4.1 房产图的基本知识

9.4.1.1 概念

房产图测绘是在房产平面控制测量和房产调查工作的基础上,对各房产要素的信息进行采集和表述的一项房产测绘工作。

房地产图的测绘是一项政策性、专业性、技术性和现势性很强的测量工作。首先,从政策性来讲,房地产图是核发房地产所有权和使用权证的法律图件,具有特定的行政政府行为。其次,从专业性来讲,房地产图是专门化的房地产管理用图。再次,从技术性来讲,房地产图的测绘精度要比地形图测绘精度高。最后,从现势性来讲,房地产图测绘应根据城市的发展变化和房地产权属变化的需求,必须随时做到图与实况一致。

9.4.1.2　内容

测定房屋平面位置,绘制房产分幅图;测定房屋四至、归属及丈量房屋边长,计算面积,绘制房产分丘图;测定权属单元产权面积,绘制房产分户图;测定界址点位置,制作基本地籍图;求算宗地面积,制作宗地图等。

此外,为了房地产变更测量以及野外数据采集,进行数字化成图,根据内业图形编辑的需求,还应绘制房地产测量草图和地籍测量草图。

9.4.1.3　房产图的特点

(1)房产图是平面图,只要求平面位置准确,不表示高程,不绘等高线。

(2)房产图对房屋及与房屋、房产有关的要素,要求比其他图种要详细得多。

(3)房产图对房屋及房屋的权属界线和用地界线等的表示,精度要求比较高。

(4)房产图的比例尺均比较大,一般为 1:1 000、1:500。

(5)房产图的变更较快,需要及时补测和修改,以确保其应有的现势性。

9.4.1.4　分类

房产图是房屋产权、产籍、产业管理的重要资料,按房产管理需要,分为:

(1)分幅房产平面图(以下简称分幅图)　房产分幅图是全面反映房屋及其用地的位置、形状、面积和权属等状况的基本图,是测绘分丘图和分户图的基础资料,同时也是房产登记和建立产籍资料的索引和参考资料。房产分幅图以幅为单位绘制。

(2)分丘房产平面图(以下简称分丘图)　房产分丘图是房产分幅图的局部图,反映本丘内所有房屋及其用地情况、权界位置、界址点、房角点、房屋建筑面积、用地面积、四至关系、权利状态等各项房地产要素,也是绘制房产权证附图的基本图。房产分宗图以宗地为单位绘制。

(3)分户房产平面图(以下简称分户图)　房产分户图是在分丘图基础上绘制的细部图表。以一户产权人为单位,表示房屋权属范围的细部图表。根据各户所有房屋的权属情况、分布等,对本户所有房屋的坐落、结构、产别、层数、层次、墙体归属、权利状态、产权面积、共有分摊面积及其用地范围等各项房产要素,明确房产毗连房屋的权利界线,供核发房屋所有权证的附图使用。房产分户图以产权登记户为单位绘制。

(4)房地产测量草图　房产测量草图包括房产分幅图测量草图和房产分户图测量草图。房产分幅图测量草图是对地块、建筑物、位置关系和房地产调查的实地记录,是展绘地块界址与房屋、计算面积和填写房产登记表的原始依据,是十分重要的原始记录,可以代替过去某些调查和观测手簿。在进行房产图测量时,应根据项目的内容,用铅笔绘制房产测量草图。房产分户图测量草图是产权人房屋的几何形状、边长及四至关系的实地记录,是计算房屋权属单元套内建筑面积、阳台建筑面积、共用分摊系数、分摊面积及总建筑面积的原始资料凭证。房产测量草图要存入档案作永久保存。

9.4.1.5　房地产图的比例尺

房地产由于内容的需要,一般比例尺都比较大。城镇建成区的分幅图一般采用

187

1∶500 比例尺,远离城镇建成区的工矿企事业单位及其相毗邻的居民点,也可采用 1∶1 000 比例尺。分丘图的比例尺可根据丘的面积的大小和需要,在 1∶(100~1 000)选用。分户图的比例尺一般为 1∶200,当房屋图形过大或过小时,比例尺可适当放大或缩小。

9.4.1.6　房产图的分幅

房产图采用国家坐标系统或沿用该地区已有的坐标系统,地方坐标系统应尽量与国家坐标系统联测。分幅图可根据测区的地理位置和平均高程,以投影长度变形不超过 2.5 cm/km 为原则选择坐标系统。测区面积小于 25 km² 时,可不经投影,采用平面直角坐标系统。

房产图的分幅,主要是分幅图的分幅。分幅图一般采用 40 cm×50 cm 的矩形分幅或 50 cm×50 cm 的正方形分幅。图幅的编号按图廓西南角坐标公里数编号,X 在前,Y 在后,中间加短线连接;已有分幅图的地区可沿用原有的编号方法。

分丘图和分户图没有分幅编号问题。分丘图可用 32~4 开的幅面,分户图可用 32 开或 16 开的幅面。它们的编号按照分幅图上的编号。

▶ 9.4.2　房产分幅图的测绘

9.4.2.1　房产分幅图内容

1)界线

(1)一般只表示区、县、镇的境界线。街道或乡的境界线可根据需要而取舍。若两级境界线重合时,则应用高一级境界线表示;当境界线与丘界线重合时,则应用境界线表示,境界线跨越图幅时,应在图廓间注出行政区划名称。

(2)丘界线是指房屋用地的界线,包括共用院落的界线,由产权人(用地人)指界与邻户认证来确定。对于明确而又没有争议的丘界线用实线表示,有争议而未定的丘界线用虚线表示。为确定丘界线的位置,应实测作为丘界线的围墙、栅栏、铁丝网等围护物的平面位置(单位内部的围护可不表示)。丘界线的转折点即为界址点。

2)房屋及其附属设施

房屋包括一般房屋、架空房屋和窑洞等。房屋应分幅测绘,以外墙勒脚以上外轮廓为准。墙体凹凸小于图上 0.2 mm 以及装饰性的柱、垛和加固墙等均不表示。临时性房屋不表示。同幢房屋层数不同的,应测绘出分层线,分层线用虚线表示。架空房屋以房屋外围轮廓投影为主,用虚线表示,虚线内四角加绘小圆圈表示支柱。窑洞只测绘住人的,符号绘在洞口处。

房屋附属设施包括柱廊、檐廊、架空通廊、底层阳台、门、门墩、门顶和室外楼梯。柱廊以柱外围为准,图上只表示四角和转折处的支柱,支柱位置应实测。底层阳台以栏杆外围为准。门墩以墩外围为准,门顶以顶盖投影为准,柱的位置应实测。室外楼梯以投影为准,宽度小于图上 1 mm 者不表示。

3）房产要素和房产编号

分幅图上应表示的房产要素和房产编号（包括丘号、幢号、房产权号、门牌号）、房屋产别、建筑结构、层数、建成年份、房屋用途和用地分类等，要根据房地产调查的成果以相应的数字、文字和符号表示。当注记过密，图面容纳不下时，除丘号、幢号和房产权号必须注记，门牌号可在首末两端注记、中间挑号注记外，其他注记按上述顺序从后往前省略。

4）地形要素

与房产管理有关的地形要素包括铁路、道路、桥梁、水系和城墙等地物均应测绘。铁路以两轨外沿为准，道路以路沿为准，桥梁以外围为准，城墙以基部为准，沟渠、水塘、河流、游泳池以坡顶为准。地理名称按房产调查中的规定。

9.4.2.2　房产用地界址点测定精度

按《房产测量规范》规定，房产用地界址点（以下简称界址点）的精度分为三等，一级界址点相对于邻近基本控制点的点位中误差不超过 0.05 m；二级界址点相对于邻近控制点的点位中误差不超过 0.10 m；三级界址点相对于邻近控制点的点位中误差不超过 0.25 m。对大中城市繁华地段的界址点和重要建筑物的界址点，一般选用一级或二级，其他地区选用三级。若一级、二级控制点不在固定地物点上，则应埋设固定标志，并记载标志类型和方位。界址点点号应以图幅为单位，按丘号的顺序顺时针统一编号，点号前冠以大写字母"J"。

根据界址点的精度要求，为保证一级、二级界址点的点位精度，必须用实测法求得其解析坐标。在实测时，一级界址点按 1∶500 测图的图根控制点的方法测定，从基本控制点起，可发展两次，困难地区可发展 3 次。二级界址点以精度不低于 1∶1 000 测图的图根控制点的方法测定，从邻近控制点或一级界址点起，可发展 3 次，从支导线上不得发展界址点。而对于三级界址点可用野外实测或航测内业加密方法求取坐标，也可以从 1∶500 地图上量取坐标。

9.4.2.3　房产分幅图的测绘方法

房产分幅图的测绘方法与一般地形图的测绘和地籍图测绘并无本质的不同，主要是为了满足房产管理的需要，以房地产调查为依据，突出房产要素和权属关系，以确定房屋所有权和土地使用权权属界线为重点，准确地反映房屋和土地的利用现状，精确地测算房屋建筑面积和土地使用面积。测绘分幅图应按照《房产测量规范》的有关技术规定进行。

房产分幅图的测绘方法，可根据测区的情况和条件而定。当测区已有现势性较强的城市大比例尺地形图或地籍图时，可采用增测编绘法，否则应采用实测法。

1）房产分幅图实测法

若无地物现势性较强的地形图或地籍图时，为建立房地产档案，配合房地产产权登记，发放土地使用权与房产所有权证，必须进行房产分幅图的测绘。测图的步骤与地籍图测绘基本相同，在房产调查和房地产平面控制的基础上，测量界址点坐标（一级、二级界址点）、界址点平面位置（三级界址点）和房屋等地物的平面位置。实测的方法有：平板仪法、小平板与经纬仪测绘法、经纬仪与光电测距仪测记法、全站仪采集数据法、GPS-RTK 采集数据等。采用实测法测绘的房产分幅图质量较高，且可读性强。

189

2)房产图的增测编绘法

(1)利用地形图增测编绘　利用城市已有的1∶500或1∶1 000大比例尺地形图编绘成房产分幅图时,在房地产调查的基础上,以门牌、院落、地块为单位,实测用地界线,构成完整封闭的用地单元——丘。丘界线的转折点(界址点)如果不是明显的地物点则应补测,并实量界址边长,逐幢房屋实量外墙边长和附属设施的长宽,丈量房屋与房屋或其他地物之间的距离关系,经检查无误后方可展绘在地形图上;对原地形图上已不符合现状部分应进行修测或补测;最后注记房产要素。

(2)利用地籍图增补测绘　利用地籍图增补测绘成图是房产分幅成图的方向。因为房产和地产是密不可分的,土地是房屋的载体,房屋依地而建,房屋所有权和土地使用权的主体应该一致,土地的使用范围和使用权限应根据房屋所有权和房屋状况来确定。从城市房屋地产管理上来说,应首先进行地籍调查和地籍测址,确定土地的权属、位置、面积等,而其利用状况、用途分类、分等定级和土地估价等又与土地上的房产有密切的关系,因此,在地籍图的测绘中也应测绘宗地内的主要房屋。房产调查和房产测绘是对该地产方位内的房屋作更细致的调查和测量,在已确定土地权属的基础上,对宗地范围内房屋的产权性质、面积数量和利用状况做分幢、分层、分户的细致调查、确权和测绘,以取得城市房地产管理的基础资料。

土地的权属单元为"宗",房屋用地的权属单元为"丘"。在我国的社会主义制度下,土地只有全民所有和集体所有两种所有制。因此,在绝大多数情况下,宗与丘的范围是一致的,在个别的情况下,一宗地可分为若干丘,根据地籍图编绘房产图时,其界址点一般只需进行复核而不需要重新测定。对于图上的房屋不仅需要复核,还需要根据房产分幅图测绘的要求,增测房屋的细部和附属物,以及根据房地产调查的资料增补房地产要素——产别、建筑结构、幢号。

3)城市地形图、地籍图、房产分幅图的三图并测法

城市地形图是一种多用途的基本图,主要用于城市规划、建筑设计、市政工程设计和管理等;地籍图主要用于土地管理;房产图主要用于房产管理。这3种图的用途虽有不同,但它们都是根据城市控制网来进行细部测量的,而且最大比例尺都是1∶500,图面上都需要表示出城市地面上的主要地物——房屋建筑、道路、河流、桥梁及市政设施等。由于这3种图都具有上述共性,因此,最合理、最经济的施测方法应该是在城市有关职能部门(规划局、房管局、国土资源局、测绘院等单位)的共同协作下,采用三图并出的测绘方法。

三图并出法首先应建立统一的城市基本控制网和图根控制网,实测三图的共性部分,绘制成基础图,并进行复制。然后在此基础上按地形图、地籍图、房产分幅图分别测绘各自特殊需要的部分。对于地形图,增测高程注记(或等高线)和地形要素如电力线、通信线、各种管道、井、消防龙头、路灯等。对于地籍图,在地籍调查的基础上,增测界址点和各种地籍要素。对于房产分幅图,在房产调查的基础上,增测丘界点和各种房产要素,在地籍图的基础上来完成房产分幅图的测绘是最合理的。

9.4.3　房产分丘图的测绘

分丘图是分幅图的局部图件,是绘制房产权证附图的基本图。

9.4.3.1　分丘图测绘的有关规定

分丘图是分幅图的局部图件,它的坐标系与分幅图的坐标系一致;比例尺可根据宗地图面积的大小和需要在 1∶(100～1 000)选用;幅面大小在 32～4 开选用。分宗图可在聚酯薄膜上测绘,也可选用其他图纸。分宗图是房屋产权证的基本图。分宗图的测绘精度要求是地物点相对于邻近控制点的点位误差不超过 0.5 mm。

9.4.3.2　分丘图测绘的内容和要求

(1)分丘图除标示分幅图的内容外,还标示房屋产权界线、界址、挑廊、阳台、建成年份、用地面积、建筑面积、宗地界线长度、房屋边长、墙体归属及四至关系等房产要素。

(2)房屋应分栋丈量边长,用地按宗地丈量边长,边长量测到 0.01 m,也可以界址点坐标反算边长。对不规则的弧形,可按折线分段丈量。

(3)挑廊、挑阳台、架空通廊,以栏杆外围投影为准,用虚线表示。

(4)分丘图中房屋注记内容有产权类别、建筑结构、层数、幢号、建成年份、建筑面积、门牌号、宗地号、房屋用途和用地分类、用地面积、房屋边长、界址线长、界址点号,各项内容分别用数字注记。

9.4.4　房产分层分户图的测绘

分户图是在分宗图的基础上绘制的,以一个产权人为单位,表示房屋权属范围内的细部图件,供核发房屋产权证使用。

9.4.4.1　分户图测绘的有关规定

(1)分户图采用的比例尺一般为 1∶200。当房屋过大或过小,比例尺也可适当放大或缩小,也可采用与分幅图相同的比例尺。

(2)分户图的幅面规格一般采用 32 开或 16 开两种尺寸,图纸图廓线、产权人、图号、测绘日期、比例尺、测图单位均应按要求书写。

(3)分户图图纸一般选用厚度为 0.07～0.1 mm、经定型处理变形率小于 0.02‰的聚酯薄膜,也可选用其他的图纸。

(4)分户图的方位应使房屋的主要边线与轮廓线平行,按房屋的朝向横放或竖放,分户图的方向应尽可能与分幅图一致,如果不一致,需在适当位置加绘指北方向。

9.4.4.2　分户图的成图方法

分户图的成图可以直接利用测绘的分幅图将属于本户范围的部分,进行实地调查核实修测后绘制。

分幅图测绘完成以后,可根据户主在登记申请书指明的使用范围制作分户图。

如没有房产分幅图可以提供,而房产登记和发证工作又亟待开展,可以按房产分宗分户的范围在实地直接测绘分户图,然后再按房产分户图的要求标注相应的内容。为了能

够明确表示各户占有房地的情况,对分户平面图的绘制可分为下列几类:

(1)宗地内,房、地同属一户的,发证时,也只按用地范围复制房产分户图一份,用以表示该户占用土地和占有房产的情况。

(2)宗地内,房、地不完全同属一户的,发证时,有几户应复制几份房产分户图。这样,每户可以有一份房产分户图,用以表明各自占有的房地情况。

(3)对其中一栋房屋有几户占有的,则对该栋房屋绘制相应份数的分层分间平面图作为附图,分别表明各户占有房产的部位界线和建筑面积,以表明一户在该栋房屋中占有的房产情况。

(4)各户占有的建筑面积应按具体情况分别计算。如果各户房产是分层占有的,或各户占有的房产有明确的界线,则各户占有的建筑面积应分层或按明确界线分开计算。如各户占有的房产无明确界线,则可按各户占有的房屋使用面积的比例,分摊计算各户建筑面积。

(5)对多户共用的房屋,如果占有的部位界线不能明确划分开,则只能作为共有产一户处理,除应在图上标明共有的房屋部位共有界线和建筑面积外,尚应详细记载共有人姓名,说明共有情况,如有可能应详细记载各人占有房屋比例。

9.4.4.3 分户图测绘的内容和要求

1)分户图的内容

分户图测绘的内容主要是房屋、土地以及围护物的平面位置与各地物点之间的相对关系,并着重于房屋的权属界线、四面墙体的归属、楼梯、过道等公用部位及门牌号码、所在层次、室号或户号、房屋建筑面积和房屋边长。

2)分户图的表示方法与测绘要求

(1)分户图以宗地为单位绘制,一宗地内的房屋,不论是一户或数户所有,均绘制在一张图纸上。一个宗地内的房屋、土地如果分属二幅图上的,应绘制一张分户图上,用铅笔标定其图幅的接边线。

(2)一个宗地内只有一个产权时,房屋轮廓线用实线表示;一个宗地内有数户房产权时,房屋轮廓线用房屋所有权界线表示。房屋轮廓线、房屋所有权界线与土地使用权界线重合时,用土地使用权界线表示。

(3)房屋的权属界线,包括墙体归属,按图式要求表示。墙体归属应标示出自有墙、借墙、共有墙符号,楼梯、过道等共同部位在适当位置加注。

(4)房屋轮廓线长度注记在房屋轮廓线内测中间位置,注记至 0.01 m。

(5)房屋边长应实地丈量,房屋前后、左右两相对边边长之差和整栋房屋前后、左右两相对边边长之差符合有关规定。

(6)不规则图形的房屋边长丈量应加辅助线,辅助线的条数等于不规则多边形边数减3,图形中每增加一个直角,可少量一条辅助线。

(7)分户房屋权属面积应包括共有公用部位分摊的面积。注在房屋所在层次的下方;房屋建筑面积注在房屋图形内,下加一条横线;共有公用部位本户分摊面积注在左下角。

(8)户(室)号和本户所在栋号、层次注记在房屋图形上方。

房产分户图如图 9-6 所示。

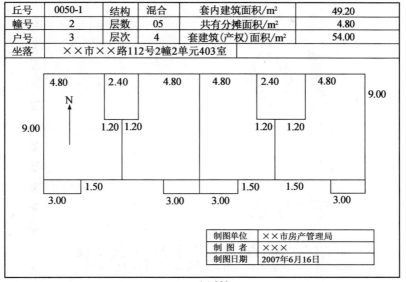

丘号	0050-1	结构	混合	套内建筑面积/m²	49.20
幢号	2	层数	05	共有分摊面积/m²	4.80
户号	3	层次	4	套建筑(产权)面积/m²	54.00
坐落	××市××路112号2幢2单元403室				

制图单位	××市房产管理局
制 图 者	×××
制图日期	2007年6月16日

1∶200

图 9-6　房产分户图

实习 8　地籍图与房产图绘制

1. 实习任务

(1)熟悉房产图测绘流程。

(2)绘制房产分幅平面图和分户平面图。

2. 实习步骤

(1)资料准备及野外踏勘。

(2)外业测量。

(3)展绘控制点。

(4)内业绘图。

3. 提交成果

(1)1∶200 房产分户平面图一幅。

(2)撰写实习报告。

chapter *10*

第10章

不动产登记与统计

【学习任务】

1. 理解不动产统一登记、土地统计的概念。
2. 熟悉不动产登记与统计的程序。
3. 掌握不动产登记的内容。

【知识内容】

10.1 不动产统一登记

▶ 10.1.1 不动产统一登记的提出

早在 2007 年,《物权法》出台时就明确提出了不动产实行统一登记制度。建立不动产统一登记制度的主要原因体现在以下几个方面:

(1)从不动产的自然属性上来看,建立不动产统一登记制度符合不动产的自然属性。土地不仅包括建设用地、耕地,也包括林地、草原、水面、荒山、荒地、滩涂等,房屋、林木、草原等其他不动产权利依附于土地而存在,无法分割。

(2)从国际上看,建立不动产统一登记制度符合国际通常做法。世界上绝大多数国家和地区都实行的是不动产统一登记。有的国家和地区将林地、牧草地与土地看作一个整体进行统一的土地登记,而没有对林地、牧草地等进行单独登记。另外,将建筑物等也作为土地的组成部分与土地一同登记,土地登记就包括对建筑物的登记,例如,《德国民法典》就将房屋、林木视为土地的组成部分。

(3)从历史上看,建立不动产统一登记制度符合我国的传统。因为我国长期以来形成了不动产统一登记的传统。民国初期我国便建立了不动产的统一登记,从 1956 年起,土地权利退出财产权范畴,土地登记本身失去了存在的价值。改革开放后,房产、林木等比土地更早进入财产权的范畴,房屋、林木的登记也先于土地登记而建立,因此才造成目前房屋、林木与土地分别由不同的部门管理和登记的局面。

(4)不动产统一登记制度可以充分发挥登记的公示作用,不仅可以方便权利人的申请登记,方便利害关系人查询登记资料,减少土地权利的交易成本,而且可以保护当事人的合法权益,降低交易风险。

(5)不动产统一登记制度不仅可以提高登记效率,降低登记成本,而且可以克服分别登记所造成的弊端,如重登、漏登。

2013 年 3 月 26 日,国务院办公厅关于实施《国务院机构改革和职能转变方案》(以下简称《方案》)任务分工的通知[国办发〔2013〕22 号]提出用 3～5 年时间完成《方案》提出的各项任务。

2013 年 11 月 20 日,国务院总理李克强主持召开国务院常务会议,会议内容之一是决定整合不动产登记职责。会议决定,将分散在多个部门的不动产登记职责整合由一个部门承担,理顺部门职责关系,减少办证环节,减轻群众负担。

2014 年 2 月 24 日,经国务院批复同意,由国土资源部牵头九部门(中央编办、财政部、住房和城乡建设部、农业部、国家税务总局、国家林业局、国务院法制办、国家海洋局等部门负责人作为不动产登记部际联席会议成员)建立不动产登记工作部际联席会议制度。该联席会议是沟通协调解决重大问题,研究推动建立不动产统一登记制度的重要议事平台。

2014 年 3 月 26 日,不动产登记工作第一次部际联席会议在京召开。要求从 2014 年开始,通过基础制度建设逐步衔接过渡,统一规范实施,用 3 年时间全面建立不动产统一登记制度,用 4 年时间运行统一的不动产登记信息管理基础平台,实现不动产审批、交易和登记信息实时互通共享和依法查询,形成不动产统一登记体系。2014 年建立统一登记的基础性制度,2015 年推进统一登记制度的实施过渡,2016 年全面实施统一登记制度,2018 年前,不动产登记信息管理基础平台投入运行,不动产统一登记体系基本形成。

同时,明确并确保现有各类不动产权证书继续有效。

2014 年 5 月 7 日,国土资源部办公厅下发《关于在地籍管理司加挂不动产登记局牌子的通知》,在国土资源部地籍管理司加挂不动产登记局牌子,承担指导监督全国土地登记、房屋登记、林地登记、草原登记、海域登记等不动产登记工作的职责。

不动产登记局挂牌成立,标志着统一的不动产登记机构正式组建,不动产登记"四统一"工作(登记机构、登记簿册、登记依据和信息平台)迈出了坚实一步,为建立和实施不动产统一登记制度提供了有力的组织保障。

2014 年 11 月 24 日,国务院总理李克强签署第 656 号国务院令,公布《不动产登记暂行条例》,该《条例》自 2015 年 3 月 1 日起施行。

10.1.2 概念

10.1.2.1 不动产的概念

《不动产登记暂行条例》所称的不动产,是指土地、海域以及房屋、林木等定着物。

不动产是与动产相对而言的,都属于"物"的范畴,都由《物权法》(大陆法系国家)或者财产法(英美法系国家)进行调整。两者之间的区别主要是能否人为地移动,如果能够移动的被称为动产,不能移动的被称为不动产。

在我国,不动产一词在法律中以及生活实践中用得很少。相反,由于房屋相对其他不动产较早地进入财产权领域,而且我国于 1994 年专门出台了《城市房地产管理法》,因此为公众所熟知的是房地产一词。虽然不动产和房地产概念的区别很清晰,房地产一词只包括土地和房屋,不动产不仅包括房屋、土地,还包括与土地没有分离的林木以及海域、水面等,但是社会上经常将两者混淆,把"房地产"等同于"不动产"。

在其他国家和地区,不动产的概念比较广,一般包括土地以及附着于土地与其无法分离的房屋、林木等,甚至与林木没有分离的果实等也属于不动产。

《法国民法典》对不动产采取列举式规定。不动产分为三类:依其性质而为不动产者,依其用途而为不动产者以及依其附着客体而为不动产者。首先,《法国民法典》第五百一十八条规定:"地产与建筑物依其性质为不动产。"第五百一十九条规定:"固定于支柱以及属于建筑物之一部分的风磨、水磨,依其性质,亦为不动产。"接着《法国民法典》以第五百二十条至五百二十五条对依其用途而为不动产者以及依其附着客体而为不动产者进行了详细列举。此外,第五百二十六条规定,不动产之用益权、地役权与土地使用权以及旨在请求返还不动产的诉权皆为因其附着客体而为不动产。

德国民法中并没有使用"动产"与"不动产",而只有"不可动之物"(unbewegliche Sache,Liegenschaft)与"可动之物"(bewegliche Sache,Fahrnis),所谓之"不可动之物"与"可动之物"也大致相当于"不动产"与"动产"。《德国民法典》遵照罗马法的原则:"地上物属于土地",以土地及其附着物为不动产,其余之物即为动产。因此《德国民法典》的"不可动之物"即指"地产",但其含义并不就等同于我们日常所言及的"土地"。除"有特定四至的地球表面"的"土地"外,与此"土地"相附着者,《德国民法典》按照"土地之物属于土地"的一元主义思想,认其为土地的一部分,亦属于"地产"。因此,德国民法中不动产包括土地、建筑物,还包括添附于土地或者建筑物而在法律上不能与之相分离的动产。但是,《德国民法典》第九十五条旋即又排除了那些为临时目的而附着者属于不动产。而是否系"为临时目的而附着"就取决于法官的解释。

《瑞士民法典》第六百五十五条规定"土地所有权的标的物为土地。本法所指的土地为:①不动产;②不动产登记簿上已登记的独立且持续的权利;③矿山;④土地的共有部分等"。可见,在瑞士,不动产与土地是两个可以互换的概念。瑞士是在土地的基础上构建的不动产体系。这样的结论还可以从《瑞士民法典》对动产所辖的定义得到验证。

根据《意大利民法典》第八百一十二条第一款规定,"土地、泉水、河流、树木、房屋和其他建筑物,即使是临时附着于土地的建筑物以及所有自然或人为的与土地结为一体的东西是不动产"，不动产包括土地、房屋等。

《日本民法典》以其第八十六条根据物的自然属性对动产和不动产下了定义，意即不动产是指土地及固定在土地上之物，如建筑物及其他"定着物"，土地及"定着物"以外之物就是动产。各个"定着物"是否具有作为不动产的独立性，则根据其他规定和交易上的观念来决定。

在美国的不同州，"不动产"一词有多种解释，但在所有的定义中，"不动产"本质上都包括土地、固着在土地上的定着物和附属于或者从属于土地的物。如佛罗里达州法称："'不动产'包括所有土地；土地上的改良物和定着物；所有土地上的自然附属物或在使用上与土地相连的物；制定法或衡平法规定的一切地产、收益（如股份、利息），土地上合法的或公正的权益（如多年的价格），法院判决的留置权、抵押权等权利以及因留置引起的债务。"与此类似，伊利诺伊州法称："'不动产'包括陆地，水域下的土地，建筑物与构筑物，地役权，与土地有关的特许权等无实体的可继承财产，地产，以及合法或合理的权益如多年的土地价格、法院判决的留置权、抵押权等。"威斯康星州法规定："不动产不仅包括土地本身，而且也包括土地上的建筑物和改良物，所有的定着物，以及从属于它们的特权。"

10.1.2.2　不动产登记的概念

《不动产登记暂行条例》将不动产登记定义为"不动产登记机构依法将不动产权利归属和其他法定事项记载于不动产登记簿的行为"。

其中包含了几层含义：

1）登记的主体是不动产登记机构

《物权法》第十条规定："不动产登记，由不动产所在地的登记机构办理。"据此，本条第一款把登记机关明确为不动产登记机构。《条例》第六条又明确规定："国务院国土资源主管部门负责指导、监督全国不动产登记工作。县级以上地方人民政府应当确定一个部门为本行政区域的不动产登记机构，负责不动产登记工作，并接受上级人民政府不动产登记主管部门的指导、监督。"这样规定，将登记的职责明确授予国家专职的部门，即在国家层面，为国务院国土资源主管部门；在地方层面，是县级以上地方人民政府确定的部门。这是综合考虑我国不动产登记的实践，并借鉴域外不动产登记机构设置的经验而做出的规定。

2）登记的内容是不动产权利归属和其他法定事项

不动产登记的重要作用就是进行物权公示，确定不动产权利的归属。确定一项不动产权利的归属，一般包括主体、客体、内容三个方面，这对应在不动产登记簿中便是不动产权利人的姓名、名称等身份信息，不动产的坐落、面积等自然状况，以及权利的具体类型等内容。通过对这些内容的记载和公示，社会公众便可以了解不动产权利的归属情况，起到定分止争的社会效果。其他法定事项，主要是指不动产存在异议、被查封等事实情况，这些内容是通过异议登记、查封登记等具体登记类型予以体现的，通过对这些事项的记载和公示，权利主体可以及时发现不动产交易所存在的风险。

3）登记事项须记载于不动产登记簿

《物权法》第十四条规定："不动产物权的设立、变更、转让和消灭，依照法律规定应当登记的，自记载于不动产登记簿时发生效力。"第十六条规定："不动产登记簿是物权归属和内容的根据。"因此,除《物权法》规定的个别情形以外,物权归属及物权变动等事项,只有记载于不动产登记簿时才发生效力。需要注意的是,《条例》起草过程中,有观点认为《条例》应当对记载于登记簿所产生的法律效果一并进行规定,但是考虑到《条例》只是一部规范登记行为的行政法规,物权变动的效力属于《物权法》规定的实体规范,因此,《条例》只是从规范登记行为的角度对不动产登记做出解释,并不涉及实体效力。登记产生何种法律效力,应当根据《物权法》的规定执行。

10.1.2.3 不动产单元

不动产单元,是指使不动产特定化,以便以之为基础设立登记簿簿页,并将不动产相关信息在登记簿上予以记载的基本单位。作为不动产登记的基本单位,不动产单元一般具备以下三个特征:

(1)具有明确的界址或界线。为了将特定的登记单元与其他登记单元区分开来,土地和海洋在平面空间上必须是权属界限封闭的,而房屋则必须具有明确的四至界限,可以是墙体,也可以是其他的固定界限。

(2)地理空间上的确定性与唯一性。土地是通过地籍测量的方式,形成地籍图或地籍册,并赋予每一个地块唯一的、确定的编码。登记簿通过援引该号码以确定土地的地理位置,据此形成地籍图与土地登记簿的关联性。房屋的坐落则通过房地产基础测绘形成的房地产分幅平面图与房地产项目测绘形成的房地产分丘平面图、房地产分层分户平面图等加以确定,并赋予唯一的、确定的编码,形成房地产测绘资料与房屋登记簿之间的关联性。

(3)具有独立的使用价值,即作为登记单元的不动产能够单独被使用。

10.1.3 登记制度

土地登记是世界各国普遍采用的一项土地权属管理制度,虽然在做法上不尽一致,但根据土地登记发展的进程、登记的要点及登记机关对登记审查的态度,大体可归纳为三种基本的土地登记制度。

10.1.3.1 契据登记制

契据登记制是历史上最早出现的土地登记制度。对于土地权利变更的行为,只要当事人意见一致,订立契据(契约)即生效力。登记只是为了证明双方的交易关系,从而能对第三人起到对抗作用,而不是登记生效的必要条件。登记机关根据契据所载内容,无须进行实质审核,即可办理登记。契据登记制为法国首创,因此又称法国登记制。它是一种公开登记,任何有利害关系者,都可查阅。

1)契据登记制的特点

(1)订立契据即可生效。只要当事人意见一致,订立了契据,土地权利的变更即可生效。登记仅仅是为了对抗第三者,而不是生效的必要条件。

(2)登记只是形式审查。登记机关对登记申请,只是形式上的审查,只要申请手续完备,契据条文规范,就可对契据进行登记,而对权利的变更不做实质性的审查。

(3)登记不具有公信力。虽经登记,但在法律上没有公信力,例如,已登记的事项,若实体上认为不成立而无效时,就可以推翻。

(4)登记簿采取人的编成主义。契据登记制登记簿编成不以不动产为准,而以不动产权利人登记次序之先后编制。登记完毕仅在契约上注记经过,不发权利书状。

(5)登记以不动产权利之动态为主。登记对不动产权利的变动情形尤为偏重,是以课税为主的登记制度。

(6)不动产权利的变动,以登记作为对抗第三人的要件。即不动产权利的取得或变更,依当事人意思订立契约,即已发生法律效力,向登记机关提出登记公示只是为对抗第三人。

2)实行契据登记制的国家

目前采用契据登记制的有法国、比利时、苏格兰、意大利、西班牙、葡萄牙、日本、美国的多数州、南美等国家。

10.1.3.2　权利登记制

权利登记制规定对于土地权利的变更,仅有当事人表示意见一致及订立契据,尚不能生效,必须由登记机关按法定登记形式进行实质审查,确认权利的得失与变更,才能生效,并供第三者查阅。即土地权利变更,不经登记不生效。权利登记制发源于德国,因此又称德国登记制。

1)权利登记制的特点

(1)登记具有强制性。土地权利的变更,必须办理登记方能生效,登记具有强制性。

(2)登记是生效的必要条件。土地权利登记才生效,因此,登记是发生效力的必要条件。

(3)进行实质性审查。登记机关对登记申请,必须进行实质性审查。登记人员对于登记申请,有实质的审查权,审查申请所必具的形式要件、不动产权利变动原因与事实是否符合、缴附文件有无瑕疵,证明无误后方予登记。

(4)登记具有公信力。土地权利一经登记,登记簿上所载事项,受到法律保护。因此,已登记的权利内容是可信赖的,在法律上具有公信力,能对抗第三者。

(5)登记簿编制,采取物的编成主义。即依不动产物的编号先后次序编制。登记完毕,不发权利书状,仅在契约上注记登记经过。

(6)登记以不动产权利之静态为主。登记簿先登记不动产权利之现在状态,再反映不动产之变动情形。

2)实行权利登记制的国家

目前采用权利登记制的国家有德国、奥地利、瑞士、荷兰、捷克、匈牙利、埃及等。

10.1.3.3　托伦斯登记制

澳大利亚人托伦斯爵士对权利登记制加以改良,主张以权利证书替代契据,从而保证权利可靠,且便于转移,是一种新型的改良了的权利登记制,又称托伦斯登记制。

托伦斯登记制认为为了便利不动产物权的转移,不动产物权经登记后,便具有确认产权的效力。

1)托伦斯登记制的特点

(1)土地权利的变更,不经登记不生效。该登记制虽不强制一切土地都必须申请登记,即初始土地登记,由当事人自行决定,政府不强制登记。但一经登记后,土地权利的变更不经登记不生效力。

(2)进行实质审查。登记机关对申请登记的案例,有实质审查权力。

(3)登记具有绝对公信力。土地权利一经登记,即有不可推翻的效力,受到法律的保护。因此,具有绝对公信力。

(4)发给权利证书。登记完毕,登记机关发给权利人土地权利证书,作为取得土地权利的凭证,并有附图,以辅助登记簿及文字说明的不足。

(5)登记机关的赔偿责任。登记如有虚假、错误、遗漏,使权利人受到损害时,登记机关应负损害赔偿责任。为此,应创设登记保证基金。

2)实行托伦斯登记制的国家

目前实行托伦斯登记制的主要有澳大利亚、新西兰、加拿大、菲律宾、英国、美国的若干州(加利福尼亚、伊利诺斯、马萨诸塞、俄勒冈等)等。

10.1.3.4 三种登记制度的共同特点

以上三种登记制度各具特点,作为土地登记制度,它们还具有以下的共同特点:

(1)土地及附着物的一并登记。房屋等作为土地的附着物,是土地不可分割的一部分,在土地登记时一并登记。

(2)以登记机关的注册登记为准。土地证书可能被篡改或伪造,但登记机关保存的土地登记卡(簿、册),只有登记人员才有可能改动。因此,要以土地登记卡为准。

(3)登记资料的公开查询。登记机关的登记资料与其他税务机关、估价机构、司法部门的资料可联成网络,互相监督、配合、提供查询。为此,要求土地登记资料全面、准确、完整、有效,否则,会引起经济、技术、法律和管理等问题。

10.1.3.5 我国不动产登记制度要点

我国采用的不动产登记制度是一种法律登记制度,既吸取了权利登记制度的优点,如强制登记、进行实质审查等,又大部分采纳了托伦斯登记制度的内容,如登记具有绝对公信力、登记机关对土地登记申请要进行实质性审查、发给权利证书等。因此,我国的不动产登记制度是兼有托伦斯登记制度和权利登记制度两者优点的一种登记制度。它以国家强制力为后盾,是一种积极主动的行政法律行为。

我国现行不动产登记制度具有以下要点:

(1)强制登记。无论是初始登记,还是变更登记,必须依照规定申请登记。

(2)经登记的土地权利受法律保护。依法登记的不动产受法律保护,任何单位和个人不得侵犯。经登记的权利才是合法的权利,一旦受到侵犯时,国家法律将保障其权利的合法性。

(3)进行实质性审查。如上所述,经登记的权利受法律保护。因此,不动产登记是一项严肃的法律行为,必须经过严格的实质性审查,要经过初审、复审、公告(土地变更登记除外)、批准等步骤,重点对权源是否合法、界址是否清楚、面积是否准确、用途和价格是否合理、是否有他项权利等进行实质性的审查。权利人对照核实结果无异议,经人民政府批准后,才能按规定办理注册登记。

(4)登记具有绝对公信力。经登记的不动产权利是真实可信的,具有不可推翻的法律效力,登记具有绝对公信力。

(5)颁发土地证书。不动产证书的内容是根据不动产登记卡相关内容填写的。因此,先有卡、后有证。县级以上地方人民政府国土管理部门向不动产他项权利者颁发不动产他项权利证明书。

10.1.4　不动产登记的内容

为了保护土地权利人的合法权益,维护土地市场交易秩序,为合理有效利用土地提供依据。不动产登记簿应当载明的内容有:

(1)不动产权利人的姓名或者名称、地址;

(2)不动产的权属性质、使用权类型、取得时间和使用期限、权利以及内容变化情况;

(3)不动产的坐落、界址、面积、宗地号、用途和取得价格;

(4)地上附着物情况。

对于土地登记内容的认识,一定要有法律依据,此间主要应当对土地权属人、土地权属内容、土地权利范围等有清晰的认识。

10.1.4.1　不动产权属性质

我国实行土地公有制,依据现行法律法规,土地权属性质分为:国有土地使用权、集体土地所有权、集体土地使用权以及他项权利。

1)国有土地使用权

国有土地使用权即依法使用国有土地的权利。国有土地使用权的主体非常广泛,任何单位和个人包括境外单位和个人,符合依法使用我国国有土地条件的,都可成为我国的国有土地使用者。

1999 年 1 月 1 日实行的《土地管理法实施条例》规定,下列土地属于国有土地:城市市区的土地;农村和城市郊区中已经依法没收、征收、征购为国有的土地;国家依法征用的土地;依法不属于集体所有的林地、草地、荒地、滩涂及其他土地;农村集体经济组织全部成员转为城镇居民,原属于其成员集体所有的土地;因国家组织移民、自然灾害等原因,农民集体迁移后不再使用的原属于迁移农民集体所有的土地。

2)集体土地所有权

集体土地所有权的主体只能是农民集体,所谓农民集体应具备三个条件:

(1)必须有确定的形式和组织机构,如集体经济组织或者村民委员会。

(2)应当具有民事主体资格,就是说这个集体组织是被法律承认的,能够依照法律享受权利和承担义务。

(3)集体成员应为农村居民。

农民集体所有的土地,依照法律分别属于村农民集体、乡(镇)农民集体和村内两个以上的农村集体经济组织的农民集体所有。他们之间在土地所有权上是平等的、相互独立的,都是可以单独承担义务和享受权利的民事主体。

3）集体土地使用权

集体土地使用权一般是指农民集体和个人进行非农业建设和农业生产依法使用集体所有土地的权利。非农业建设用地包括乡（镇）村企事业建设用地、农村居民宅基地和乡（镇）村公益事业建设用地三类。集体土地使用权的主体有较为严格的限制，一般只能由本集体及其所属成员享有使用权。全民所有制单位和城市集体所有制单位进行建设，需要使用集体所有的土地，应当经过征用，使之转为国有土地后才能取得使用权，即国有土地使用权。一般不允许全民所有制单位或城市集体所有制单位拥有集体土地使用权，但下列情况例外：

（1）企业单位或个人与农民集体举办联营企业，经过批准，农民集体可以按照联营协议将土地使用权作为联营条件，从而使联营企业获得集体土地使用权。

（2）农民集体的土地已由其他农民集体按协议使用的，则该农民集体所有的土地可以由另一个农民集体取得集体土地使用权。

（3）非农业户口和其他农民集体的农民按照有关法律、政府规定使用集体所有土地作为宅基地或承包经营农业用地的，可以取得该集体土地使用权。

（4）依照《土地管理法》规定，农民集体企业因破产或被其他企业兼并可以将集体土地使用权转给非本集体的单位或个人。

（5）全民所有制单位和城市集体所有制单位通过承包开发集体四荒地取得集体土地使用权。

4）他项权利

在已经确定了他人所有权和使用权的土地上设定的其他利用不动产方面的权利称为他项权利，如抵押权、地役权等。他项权利的主体具有特定性，他项权利者必须是与土地所有者或使用者有着密切关系的单位和个人，如邻里关系、土地使用权租赁关系、土地使用权抵押关系、地上附着物权属关系等。土地他项权利的发生，有的是由于土地所有者和使用者通过协议出让了部分权利，有的是法律明文规定的。他项权利与土地所有权和使用权客体一般同为一块土地，它既依附于土地的所有权和使用权，又是对土地所有权和使用权的一种限制，这种限制往往影响土地所有者和使用者对土地的充分利用，从而影响土地所有权和使用权的价值。

我国实行土地公有制以后，目前土地他项权利的种类还不太多，包括抵押权、地役权、租赁权等。但随着土地使用制度改革，会逐步派生出各种各样的土地他项权利。

10.1.4.2 权属来源

不动产的权属来源是指不动产所有者或使用者最初取得不动产的方式。判断某一宗地是国家所有还是集体所有，是国有土地使用权还是集体土地使用权，必须查清土地的权属来源。

10.1.4.3 权利主体

不动产权利主体，即权利的归属，指集体土地所有者、国有土地使用者、集体土地使用者和土地他项权利者。登记权利主体，主要登记权利人的姓名、通信地址，若权利人为单位的还包括法人代表、单位性质等。

（1）集体土地所有者 集体土地所有者，只能是农民集体。我国集体土地所有权只有三种形式,即村农民集体所有、乡(镇)农民集体所有和村以下农民集体所有。所有者必须与三种所有权形式对应,即村集体经济组织或村委会、乡(镇)农村集体经济组织或乡(镇)人民政府代行职能和村内两个以上的农村集体经济组织。

(2)国有土地使用者　国有土地使用权主体相当广泛,任何单位和个人都可成为国有土地使用者。

(3)集体土地使用者　集体土地使用者除因联营、入股或协议取得土地使用权的使用者以外,一般应是本集体经济组织内部的单位和个人。

(4)他项权利者　他项权利的主体具有特定性。他项权利者必须是与不动产所有者或使用者有着密切关系的单位和个人,如邻里关系、不动产使用权的抵押关系等。

10.1.4.4　不动产权利客体

不动产权利客体即权利人所辖的地块。登记地块的内容包括土地坐落、界址、面积、用途、使用条件、等级、价格等。

1)权属界址

权属界址指某一产权单位土地(一宗地)的位置和范围或者说是某一单位所有或使用土地的权属界线。反映在实地上,界址表现为界址点及其界标物;反映在地籍图上,界址表现为界址点符号及其编号和界址点连线;反映在调查簿册上,是各界址点的坐标或相对位置说明。

2)宗地面积

指一宗地权属界址线范围内的土地面积。土地面积是由不动产权属界址确定的,权属界址一经确定,不动产面积随之确定。一般来讲,如果某一宗地的权属来源证明文件上的界址范围与实地一致,而面积不一致的,一律以界址范围为准,更正土地面积数据。

土地面积可以根据土地权利人对宗地的利用情况分为独自使用面积、共有使用权面积、共有使用权分摊面积。

3)用途(地类)

用途一般是指不动产权利人依照规定对其权利范围内土地的利用方式或功能。在不动产登记中不动产分类是以实际用途作为分类标准的,因此,不动产用途和地类一般是一致的。

按照不动产登记的有关规定,城市土地的用途登记到城镇土地分类中的二级地类。农用土地的用途,在不动产登记时,登记到全国土地利用现状分类中的一级地类。

申请土地登记的土地用途必须符合有关规定。在城镇,主要应与城市规划和环境保护相协调。在农村,主要与合理利用土地、切实保护耕地的基本国策相吻合。土地权利人任意改变土地用途和闲置土地都是违法行为。

4)土地使用条件

土地的使用条件是土地权利的重要组成部分,直接关系到土地使用权的价格等。因此,严格界定土地使用条件并予以登记是非常重要的。

5)不动产等级和价格

不动产的等级反映某一宗地的质量优劣度,决定不动产的价值。土地分等定级可以与地籍调查同步进行,也可以单独进行。土地等级评定可以先不考虑与土地的宗地界线一致,但最终土地级要落实到每一个宗地。

不动产价格是不动产价值在经济上的反映。地价体系一般包括基准地价、标定地价和其他地价(如出让底价、交易价、申报价、抵押价格、入股价格等)。

土地等级作为土地登记的内容较为简单且稳定,土地价格则较复杂且变动较快。目前,土地的标定价、出让价、转让价、抵押价格、入股价格都是应当进行登记的内容。

▶ 10.1.5 不动产登记的分类

以《物权法》中规定的登记类型为依据,同时吸收借鉴了《土地登记办法》和《房屋登记办法》等各个不动产部门规章中的有关规定,概括规定了首次登记、变更登记、转移登记、注销登记、更正登记、异议登记、预告登记、查封登记八种登记类型。

10.1.5.1 首次登记

不动产首次登记,主要是指不动产权利第一次记载于不动产登记簿,具体来说主要包括实践中的总登记和初始登记。首次登记作为一种登记类型,是《条例》的首创,在《条例》出台之前,存在着土地总登记、土地初始登记和房屋初始登记、设定登记等相关类型,由于不同的部门对初始登记、设定登记的内涵理解不一致,因此《条例》将其统一归纳规定为首次登记。此次《条例》将过去分散的、不统一的总登记、初始登记、设立登记等统一概括为首次登记,从内涵上讲,既包括了土地总登记、建筑物的初始登记、土地权利的初始登记,也包括了建筑物抵押权的设定登记。

1)土地总登记和初始登记

《土地登记办法》第二十一条规定的土地总登记,是指在一定时间内对辖区内全部土地或者特定区域内土地进行的全面登记。土地总登记的程序较为特殊,概括为:准备工作→通告→地籍调查→申请→权属审核→公告→注册登记→颁发土地权利证书。土地总登记具有基础性、普遍性、全面性和公益性。

初始登记,是指土地总登记之外对设立的土地权利进行的登记。初始登记一般发生在土地总登记之后,具有经常性和分散性,只要某宗地上新设定了某种权利,就要进行初始登记。根据《土地登记办法》,土地初始登记包括:划拨国有建设用地使用权初始登记、出让国有建设用地使用权初始登记、国有农用地使用权初始登记、国家出资(入股)国有土地使用权初始登记、国家租赁国有土地使用权初始登记、授权经营国有土地使用权初始登记、集体土地所有权初始登记、集体建设用地使用权初始登记、宅基地使用权初始登记、集体农用地使用权初始登记、土地抵押权初始登记和地役权初始登记等类型。

2)房屋初始登记和设立登记

《房屋登记办法》里并没有规定总登记这种登记类型,而是规定了初始登记和设定登记。合法建造的房屋,其首次办理的登记称为初始登记。对于在房屋上设定抵押权、地役权等他物权则被称为设定登记。这点与土地登记不同,例如,土地登记中抵押权和地役权的登记均被称为初始登记,房屋登记中则被称为设定登记。由于以前土地、房屋在实践中设置的登记类型内涵不一致,此次条例起草过程中,各方认识不统一,所以《条例》规定了首次登记,以期解决分歧。

10.1.5.2　变更登记

变更登记,主要是指因不动产权利人的姓名、名称或者不动产坐落等发生变更而进行的登记。一般来说,适用变更登记的主要情形包括:权利人姓名或者名称变更的;不动产坐落、名称、用途、面积等自然状况变更的;不动产权利期限发生变化的;同一权利人分割或者合并不动产的;抵押权顺位、担保范围、主债权数额,最高额抵押债权额限度、债权确定期间等发生变化的;地役权的利用目的、方法、期限等发生变化的,以及法律、行政法规规定的其他不涉及不动产权利转移的变更情形。《条例》对变更登记和转移登记予以了区分,这主要是考虑到了两个方面的因素:

一是更好地与《物权法》进行衔接。《物权法》第九条第一款规定:"不动产物权的设立、变更、转让和消灭,经依法登记,发生效力;未经登记,不发生效力,但法律另有规定的除外。"该规定将"变更"和"转让"予以了区分,因此将变更登记和转移登记予以区分,更符合《物权法》的要求。

二是更符合实践需要。实践中,转移登记和变更登记都是经常发生的登记类型,其适用的情形和相关程序也不同。因此,将两者进行区分,有利于有针对性地出台具体实施细则,更好地指导实际登记工作。

10.1.5.3　转移登记

转移登记,主要是指因不动产权利人发生改变而进行的登记。一般来说,转移登记适用的情形包括:买卖、继承、遗赠、赠予、互换不动产的;以不动产作价出资(入股)的;不动产分割、合并导致权属发生转移的;共有人增加或者减少以及共有不动产份额变化的;因人民法院、仲裁委员会的生效法律文书导致不动产权属发生转移的;因主债权转移引起不动产抵押权转移的;因需役地不动产权利转移引起地役权转移的,以及法律、行政法规规定的其他不动产权利转移情形。

10.1.5.4　注销登记

注销登记,主要是指因不动产权利消灭而进行的登记。注销登记在各种不动产登记中普遍存在。注销登记主要包括申请注销登记和嘱托注销登记两种情形。申请注销登记的情形主要包括:因自然灾害等原因导致不动产灭失的;权利人放弃不动产权利的;不动产权利终止的,以及法律、行政法规规定的其他情形。嘱托注销登记的情形主要包括:依法收回国有土地、海域等不动产权利的;依法征收、没收不动产的;因人民法院、仲裁机构的生效法律文书致使原不动产权利消灭,当事人未办理注销登记的;法律、行政法规规定的其他情形。

10.1.5.5　更正登记

更正登记,主要是指登记机构根据当事人的申请或者依职权对登记簿的错误记载事项进行更正的登记。《物权法》第十九条规定:"权利人、利害关系人认为不动产登记簿记载的事项错误的,可以申请更正登记。不动产登记簿记载的权利人书面同意更正或者有证据证明登记确有错误的,登记机构应当予以更正。"更正登记是物权法确定的一项新的登记类型,在日常登记实践中普遍存在。不动产登记工作实践中,由于各种原因难以避免会导致各种错误,创设更正登记制度的原因就在于通过规范纠正登记错误的程序,达到合法纠正登记错误之目的。《土地登记办法》和《房屋登记办法》也都对更正登记制度做出了更具有操作性的规定。

一是关于更正登记程序的启动主体。根据《物权法》第十九条的规定,权利人和利害关系人可以启动更正登记程序。至于登记机构能否主动启动更正登记程序,《物权法》没有做出规定,但根据《土地登记办法》第五十八条和《房屋登记办法》第七十五条的规定,登记机构也可依职权启动更正登记程序。

二是关于更正登记程序审查。更正登记程序启动时,错误的确定性因启动主体的不同而要求不同。对于权利人、利害关系人来说,根据《物权法》第十九条第一款的规定,只要其认为不动产登记簿记载的事项有错误,就可以申请更正登记。至于错误是否确实存在,是否进行更正,则属于登记机构审查的职权范畴。对于登记机构来说,其启动更正登记,必须确有错误才可进行。不同性质的错误,登记机构审查的严格程度和办理程序限制应不一样。例如,《土地登记办法》第五十八条规定:"国土资源行政主管部门发现土地登记簿记载的事项确有错误的,应当报经人民政府批准后进行更正登记,并书面通知当事人在规定期限内办理更换或者注销原土地权利证书的手续。当事人逾期不办理的,国土资源行政主管部门报经人民政府批准并公告后,原土地权利证书废止。更正登记涉及土地权利归属的,应当对更正登记结果进行公告。"对于非实质性错误,如权利人没有变化,四至界限也没有变化,只是测量技术原因导致面积变化,或者只是存在笔误的,登记机构报人民政府批准后进行更正;对于实体性的错误,特别是不动产的权属出现错误,登记机构应当严格审查,而且还应当将更正登记后的结果进行公告。

10.1.5.6 异议登记

异议登记,主要是指登记机构将事实上的权利人以及利害关系人对不动产登记簿记载的权利所提出的异议申请记载于不动产登记簿的行为。异议登记是《物权法》规定的一项新的不动产登记制度,《土地登记办法》和《房屋登记办法》对此制度进一步进行了明确的规定。《物权法》第十九条规定:"权利人、利害关系人认为不动产登记簿记载的事项错误的,可以申请更正登记。不动产登记簿记载的权利人书面同意更正或者有证据证明登记确有错误的,登记机构应当予以更正。不动产登记簿记载的权利人不同意更正的,利害关系人可以申请异议登记。登记机构予以异议登记的,申请人在异议登记之日起十五日内不起诉,异议登记失效。异议登记不当,造成权利人损害的,权利人可以向申请人请求损害赔偿。"

1)意义

为保护真正的权利人的利益,当在登记簿上的权利人与真正的权利人不一致时,应当允许真正的权利人申请更正。但更正登记程序要求比较严格,需要提交的证明材料较多,在争议一时难以解决或不能及时办理更正登记的情形下,应当允许真正的权利人对登记簿记载的结果提出异议,暂时限制登记簿上记载的权利人的权利,避免存在争议的不动产为第三人善意取得,从而为事实上的真正权利人进行救济提供临时性的保护。这就是异议登记制度。该登记的直接法律效力是对抗现实登记的权利的正确性,中止现实登记的权利人按照登记权利的内容行使权利或阻止第三人依登记的公信力取得不动产物权。

2)异议登记的效力

一是对登记簿上记载的权利人(名义上的权利人)来说,其权利受到了限制。《物权法》中,并没有规定异议登记的效力问题。根据《德国民法典》第八百九十二条的规定,异议登记的效力在于阻断登记的公信力,但并不阻止名义上的权利人处分已登记的权利,只是第三人不能受到登记公信力的保护而已。

二是对登记机构来说,不得办理或者暂缓办理名义上的权利人处分权利的登记申请。如《土地登记办法》第六十条规定:"异议登记期间,未经异议登记权利人同意,不得办理土地权利的变更登记或者设定土地抵押权。"《房屋登记办法》第七十八条第一款也明确规定:"异议登记期间,房屋登记簿记载的权利人处分房屋申请登记的,房屋登记机构应当暂缓办理。"

10.1.5.7　预告登记

预告登记,主要是指为保全一项以将来发生的不动产物权变动为目的的请求权的不动产登记。它将债权请求权予以登记,使其具有对抗第三人的效力,使妨害其不动产物权登记请求权所为的处分无效,以保障将来本登记的实现。《物权法》第二十条规定:"当事人签订买卖房屋或者其他不动产物权的协议,为保障将来实现物权,按照约定可以向登记机构申请预告登记。预告登记后,未经预告登记的权利人同意,处分该不动产的,不发生物权效力。预告登记后,债权消灭或者自能够进行不动产登记之日起三个月内未申请登记的,预告登记失效。"预告登记一般适用于转让不动产、预购商品房等不动产的情形。

1)预告登记的创设目的

预告登记将债权请求权予以登记,使其具有对抗第三人的效力,使妨害其不动产物权登记请求权所为的处分无效,以保障将来本登记的实现。预告登记后,未经预告登记的权利人同意,处分该不动产的,不发生物权效力。据此,预告登记制度不仅适用于预售商品房,还适用于其他不动产物权协议,包括土地权利转让的制度。预告登记是相对于本登记而言的,是不动产登记的特殊类型。其他登记类型都是对现实的不动产物权进行的登记,而预告登记所登记的是将来发生不动产物权变动的请求权。

2)预告登记的特征

以土地权利的预告登记为例,预告登记主要有以下特征和要求:①土地权利预告登记申请人为签订土地转让协议的转让方和受让方。同时,土地权利预告登记必须由双方当事人共同申请。②申请预告登记的条件是预告登记双方当事人之间签订了土地权利转让协议,并且双方当事人事先约定要办理预告登记。③登记机构在收到预告登记申请后,应及时审查,对符合预告登记条件的应当记载在土地登记簿上,并向预告登记申请人颁发预告登记证明。④预告登记期间,未经预告登记权利人同意,不得办理土地权利的变更登记或者土地抵押权、地役权登记。⑤预告登记后,登记权利人要想发生自己所预期的物权变动结果,必须在法定或约定的期限内履行自己的义务,正确行使请求权,积极申请本登记。

3)预告登记的效力

从创设制度的本意而言,预告登记主要有四个方面的法律效力:

(1)保全的效力　预告登记最重要的作用是将妨害或者损害所担保的请求权的处分归于无效的效力。这是一种相对无效,指相对于预告登记权利人无效,而对于所有其他人是有效的。这也是预告登记制度最核心的效力。因此,预告登记之后的土地权利仍可处分,而这种处分只在请求权担保的范围之内无效,只要处分不妨害请求权的履行,就是有效的。

（2）顺位的效力 即经过预告登记的请求权具有排斥后序登记权利的效力。经过预告登记后，待日后进行本登记的条件成熟而进行本登记时，本登记的效力溯及于预告登记成立之时。这样，预告登记便有效防止了第三人的介入，保全了本登记的顺位，使被登记的请求权得以顺利实现。

（3）预警的效力 正因为预告登记具有保全和顺位的效力，从而在由预告登记向本登记推进的过程中，对于第三人具有预告的意义。第三人不得无视预告登记的存在，不得以善意而为抗辩，从而维护了交易的安全。同时，预告登记的预警效力，也向第三人及社会提供了相关信息，可以让他人了解该土地的全面情况，为他人进行交易判断提供帮助。

（4）破产保护的效力 即预告登记权利人在预告登记义务人陷入破产，且请求权的履行条件并未成熟，期限尚未到来时，具有排斥其他债权人而保障其请求权发生指定的效果的效力。这一效力，同样适用于预告登记义务人死亡，其财产纳入继承程序的情形，即继承人不得以继承为由要求注销预告登记。

10.1.5.8 查封登记

查封登记，主要是指不动产登记机构根据人民法院及其他机关提供的查封裁定书和协助执行通知书等法律文书，将查封的情况在不动产登记簿上加以记载的行为。

在民事诉讼中，查封是人民法院为限制债务人处分其财产而最常采用的一种强制措施。采取查封措施，目的在于维护债务人的财产现状，保障经过审判程序或其他程序确认的债权尽可能得到清偿。在刑事诉讼中，公安、检察机关为了侦查案件的需要，也可以对犯罪嫌疑人的财产进行查封。查封既可以适用于动产，也可以适用于不动产。对于动产的查封，一般是在查封标的之上加贴封条，以起到公示之作用；而对于不动产，除了采取张贴封条的方式外，更重要的是应当到不动产登记机构办理查封登记手续，否则，不得对抗其他已经办理了登记手续的查封行为。查封登记最早规定于《最高人民法院、国土资源部、建设部关于依法规范人民法院执行和国土资源房地产管理部门协助执行若干问题的通知》（法发〔2004〕5 号）文件中，包括了查封登记、预查封登记、轮候查封登记等具体的类型。

1）查封登记的特征

（1）不适用登记依申请原则。查封登记程序的启动并非因当事人的申请，而是人民法院的协助执行通知。在其他国家和地区，查封登记也不需要申请，如根据日本的《不动产登记法》，法院的查封登记属于嘱托登记，也不需要当事人申请。

（2）属于限制登记。因为查封登记的目的在于一定范围内限制、冻结登记名义人任意处分其土地之权利，以保全将来可能实现之土地权利。限制登记并不直接导致物权变动，只是限制了登记名义人处分其不动产权利，但有可能推进到本登记，发生物权变动的结果。预告登记、异议登记等也都属于限制登记。

（3）登记机构接到人民法院的协助执行通知书后，应当立即办理，不受收件先后顺序之限制。

（4）查封的时间一般为两年。期限届满可以续封一次，续封的期限不得超过一年。确有特殊情况需要再续封的，应当经过所属高级人民法院批准，且每次再续封的期限不得超过一年。

2）查封登记的效力

（1）对当事人的效力。不动产被查封后，对当事人产生禁止处分的效力，当事人不得对已经查封的财产进行处分。

（2）对登记机构的效力。对于登记机构来说，进行查封登记之后，在查封没有失效或者解封之前，也不得对不动产进行处分，停止办理新的不动产登记，如不得办理权利转移的变更登记，不得办理抵押登记等。

10.1.5.9　其他登记

1）总登记

《条例》起草的过程中，关于是否规定总登记存在一定争议。有观点认为，《条例》不宜规定总登记。理由主要是：总登记与初始登记容易混淆，并且仅仅在《土地登记办法》中有规定，其他不动产登记中并没有规定。实践中，随着相关不动产普查工作以及土地确权登记工作的完成，已经没有适用的必要。

《条例》虽然未直接规定总登记，但是将其纳入了首次登记之中，依然为总登记预留了立法空间。一是符合《条例》程序法的定位。《条例》是对登记行为的规范，实践中既然存在总登记的行为，就应该有相应的调整规范，登记类型应尽可能丰富，这样才有利于保障登记工作的合法性和规范性。二是总登记立法条件较为成熟。《土地登记办法》中已经有了较为详细的土地总登记的规则，实践中实施情况良好。三是总登记仍然有较大的适用空间。虽然土地所有权确权登记已经基本完成，但是我国集体建设用地使用权、农村房屋所有权、土地承包经营权等不动产物权都还未完成全面登记，而且考虑到存在自然灾害导致的一定区域内登记资料全部损毁等情形，总登记依然有必要进行保留。

2）信托登记

在条例起草的过程中，有观点认为《条例》应当对信托登记做出规定。一方面，有利于落实《信托法》的相关要求。例如，我国《信托法》第十条已经明确规定了信托登记，该条规定"设立信托，对于信托财产，有关法律、行政法规规定应当办理登记手续的，应当依法办理信托登记。未依照前款规定办理信托登记的，应当补办登记手续；不补办的，该信托不产生效力。"另一方面，规定信托登记也有利于丰富登记类型，符合域外登记立法。例如，日本《不动产登记法》中存在信托登记。《日本不动产登记法》第一百一十条之五："申请信托登记时，申请书应附具记载下列事项的书面：①委托人、受托人、受益人及信托管理人的姓名、住所。如系法人时，其名称及事务所。②信托标的。③信托财产的管理方法。④信托终止事由。⑤其他信托条款。申请人应予前款书面签名盖章。"第一百一十条之六："依前条规定附具于申请书的书面，以之为信托存根簿。信托存根簿视为登记簿的一部分，其记载视为登记。"

考虑到当前《土地登记办法》《房屋登记办法》等单项不动产登记部门规章中都未对不动产信托登记做出规定。在实践中，不动产信托登记还处于研究探索之中，并未形成成熟统一的做法，因此在《条例》中对信托登记做出规定的条件尚不成熟，因此《条例》对信托登记并未做出明确规定。

◆ 10.1.6 不动产统一登记的目的

不动产登记的本质目的就是确定不动产的权利归属,并在登记簿上进行记载公示,从而达到保护不动产物权的目的。以前由不同的部门管理和登记,导致农林用地、农牧用地以及林牧用地之间的权属界限不清,权利归属不明确,引发众多矛盾和纠纷,有的甚至产生恶性械斗,引发群体性事件。除此之外,以前分散登记,由于各部门的登记方法、技术规程等不一致,很容易导致各种土地权利的重登、漏登现象的产生。特别是不同类型的土地权利面积重叠或者重复登记严重,造成了大量登记错误,不利于保护土地权利人的权利。此外,不动产统一登记还可遏制腐败。

（1）确认土地产权关系,保护土地所有者、使用者的合法权益。

（2）作为土地统管体制的主体内容,是土地实现全面、依法、统一、科学管理的一个重要条件。

（3）是土地用途管制的重要组成部分,是保护耕地的有效措施。

（4）建立了约束机制,对房地产市场实施有效管理。

（5）是国土资源部门掌握土地动态变化的一个重要信息源,是土地管理业务主要的基础性工作。对促进社会安定团结、国家长治久安具有十分重要的意义。

◆ 10.1.7 不动产登记的原则

1）依法原则

我国实行的不动产登记,其依据就是现行的法律、法规。土地权利人在维护自己的利益时需要依据法律条款,登记工作人员在执行公务时,也要依据法律来规范自己的行为。申请人必须提供登记依据,申请内容必须经过审查,核准后方能确权登记。这些要求正是为了维护土地登记在法律上的严肃性和公正性。

2）申请的原则

不动产权利人要求政府土地管理部门保护自己的合法权益,必须采用书面形式做出明确的意思表示,即提出登记的申请。申请方式有权利人单独申请和权利人与义务人共同申请两种。初始登记通常用权利人单独申请的方式,变更登记和他项权利登记则通常采用共同申请的方式。申请不动产登记的人有义务提供地籍调查的完整材料,接受询问,并对其真实性负责。

3）审查原则

不动产登记是一项严肃的法律行为,必须严格审查,未经过审查的权利不允许登记。不动产登记规定的审查有三个层次:一是初审,由登记工作人员负责;二是审核,由管理部门负责人负责;三是批准,由政府负责人负责。

4）登录原则

登记作为不动产物权公示的形式,规定了产权的改变,即不动产权属的改变必须在不动产登记簿上登录或注册,否则在法律上无效。

5)属地登记原则

不动产登记应当由不动产所在地的登记机构办理,即《物权法》第十条所规定的"不动产登记,由不动产所在地的登记机构办理"。属地登记是不动产登记的基本原则,是由不动产的不能移动的本质属性所决定的。不论土地,还是房屋以及其他不动产都应该实行属地登记原则。

《条例》中属地登记原则的例外,不动产登记也存在一些例外情况。"国务院确定的重点国有林区的森林、林木和林地,国务院批准项目用海、用岛,中央国家机关使用的国有土地等不动产登记,由国务院国土资源主管部门会同有关部门规定。"

"直辖市、设区的市可以确定本级不动产登记机构统一办理所属各区的不动产登记"。属地登记原则的最基本特征是一个登记区域只能有一个登记机构,不能有多个登记机构,并不是绝对的只能以县级行政区为单位进行登记发证。

现实中可能存在有些不动产单元是跨行政区划的,不仅有跨县级行政区还可能是跨地级甚至省级行政区的,这时候就会产生由哪个地方的登记机构进行管辖的问题,也就是我们说的管辖权冲突。为了避免多重管辖和遗漏管辖,《条例》规定由所跨县级行政区的主管部门先行协商管辖,协商不成的由他们共同的上级登记主管部门指定管辖。但是无论是协商管辖还是共同上级的指定管辖都要注意《条例》所规定的便民原则。此处的指定管辖由共同的上级主管部门指定管辖,体现了上级主管部门的指导和监督职权。同时,还需要注意的是,县级行政区管辖争议的共同上级,不一定是县级部门的上一级。例如,跨地市级行政区的不动产虽然也是跨县级行政区的,指定管辖应由两个地级市的上一级指定,一般是省级登记主管部门;如果恰好这两个地级市又是跨省的,那么就应由国务院国土资源部来指定管辖。

6)公示原则

公示有利于当事人和登记机关的配合一致,同时也有利于社会的监督。公示原则主要体现在登记的公开性上。如开展总登记前要公告登记时限、地点和申请须知,申请之后,要公告申请登记和审查结果,公告期满,当事人无异议的,方可登记。登记的有关地籍资料(登记册和地籍调查表的副本)可以公开供人查阅。

10.2　不动产登记权利种类

《条例》规定集体土地所有权;房屋等建筑物、构筑物所有权;森林、林木所有权;耕地、林地、草地等土地承包经营权;建设用地使用权;宅基地使用权;海域使用权;地役权;抵押权;法律规定需要登记的其他不动产权利依照本条例的规定办理登记。

不动产权利是不动产登记的对象。《条例》以《物权法》为依据,对各部法律中存在的各种权利类型予以一定的整合完善,结合不动产登记工作实践,通过列举的方式,明确了需要登记的不动产权利种类,共计九种主要权利类型,分别如下:

⮞ 10.2.1　集体土地所有权

集体土地所有权，是指农民集体对依法属于其所有的土地所享有的占有、使用、收益、处分的权利。我国实行社会主义公有制，新中国成立后我国土地的社会主义公有制逐步确立，形成了全民所有土地即国家所有土地和劳动群众集体所有土地即农民集体所有土地这两种基本土地所有制形式。集体土地所有权是农民集体的重要财产权利。

10.2.1.1　集体土地所有权的主体

集体土地所有权的主体是农民集体，而非村委会或乡（镇）人民政府或集体经济组织等。《物权法》第六十条规定："对于集体所有的土地和森林、山岭、草原、荒地、滩涂等，依照下列规定行使所有权：①属于村农民集体所有的，由村集体经济组织或者村民委员会代表集体行使所有权；②分别属于村内两个以上农民集体所有的，由村内各该集体经济组织或者村民小组代表集体行使所有权；③属于乡镇农民集体所有的，由乡镇集体经济组织代表集体行使所有权。"据此，我国的集体土地目前由三类主体集体所有，即村民小组农民集体、村农民集体和乡（镇）农民集体所有，即以前所称的"队为基础，三级所有"。集体土地所有权的主体只能是村民小组或村、乡（镇）农民集体。村民委员会、乡（镇）人民政府，以及有的地方依法成立的农工商公司等集体经济组织都不是集体土地所有权的主体，而只是集体土地所有权的行使代表。例如，实践中很多地方出现的由农民以土地入股依法成立的农民专业合作社等，这并不是集体土地所有权的主体。再如，浙江省工商局还专门出台了《浙江省农村土地承包经营权作价出资农民专业合作社登记暂行办法》。农民用以作为出资入股的一般只是土地的承包经营权，所成立的农民专业合作社也只是享有土地承包经营权，而不享有土地所有权，土地的所有权仍然属于原农民集体。根据《国土资源部、中央农村工作领导小组办公室、财政部、农业部关于农村集体土地确权登记发证的若干意见》（国土资发〔2011〕178号）的规定，在土地登记簿的"权利人"和土地证书的"土地所有人"一栏，集体土地所有权主体按"××组（村、乡）农民集体"表示，而不能以"××村委会〔乡（镇）人民政府、集体经济组织〕"表示。

10.2.1.2　集体土地所有权的客体

集体土地所有权的客体应当是除国有土地之外的集体享有所有权的全部土地，包括属于本集体所有的建设用地、农用地和未利用地。根据《宪法》第十条第二款和《土地管理法》第八条第二款的规定，农村和城市郊区的土地，除由法律规定属于国家所有的以外，属于农民集体所有；宅基地和自留地、自留山，也属于农民集体所有，具体包括以下土地：

1）农民集体所有的建设用地

（1）宅基地　宅基地是农民集体依法无偿分配给本集体成员用于建造住宅及其附属设施的土地。农民对分配的土地享有占有和使用的权利，取得的是宅基地使用权，但所有权仍然属于农民集体。

（2）属于农民集体的其他建设用地　既包括乡镇企业用地，也包括乡（镇）村公共设施、公益事业用地，如乡村道路、医院、学校用地等。

2）农民集体所有的农用地

主要包括耕地、林地和草地等。在不动产统一登记实施以前，农民集体所有的耕地、林地和草地依法实行承包经营,分别由农业部门、林业部门登记造册,向土地承包经营权人发放土地承包经营权证、林权证、草原使用证,确认土地承包经营权。耕地、林地、草地等土地的所有权由国土资源部门发放集体土地所有权证,予以确认。另外,农民的自留地、自留山等,也应当纳入集体土地所有权的登记范围。对于自留地、自留山,按照土地管理的法律法规,农民享有使用权,但具体是什么权利类型,《土地管理法》和《物权法》都没有明确。但对于自留地、自留山的所有权,我国《宪法》和《土地管理法》都规定属于农民集体所有,因此应当纳入集体土地所有权的登记范围。

3)农民集体所有的未利用地

主要是指属于农民集体所有的荒山、荒滩、荒丘等荒地。这些土地可以通过招标、拍卖、公开协商等方式由本集体以外的人承包经营,但是土地的所有权仍然属于原农民集体。

10.2.1.3　农村集体土地确权登记工作

对农村集体土地进行登记是一项基础性工作,对深化农村土地管理制度改革,促进城乡统筹发展,维护农民土地权益具有重要意义。一直以来,国家高度重视农村集体土地确权登记工作。从 20 世纪 80 年代末开始,国土资源管理部门就开展了农村集体土地确权登记发证工作。到 90 年代初,由于国家减轻农民负担取消了登记收费,这项工作因失去经费来源停滞下来。2001 年年底,国土资源部下发了《关于依法加强集体土地所有权登记发证工作的通知》和《集体土地所有权调查技术规定》,2008 年又下发了《关于进一步加强宅基地使用权登记发证工作的通知》,重新部署加快集体土地确权登记发证工作。2010 年中央 1 号文件《中共中央、国务院关于加大统筹城乡发展力度进一步夯实农业农村发展基础的若干意见》就加快推进农村集体土地所有权、宅基地使用权、集体建设用地使用权确权登记发证提出明确具体要求,即"力争用 3 年时间把农村集体土地所有权证确认到每个具有所有权的农民集体经济组织"。国土资源部、财政部、农业部等相关部门对农村集体土地确权发证工作做出了部署,出台了相应的指导意见和文件。在多个部门的共同努力下,目前,农村集体土地所有权确权登记发证已经基本完成,实现了农村土地登记的全覆盖。

10.2.2　房屋等建筑物、构筑物所有权

房屋等建筑物、构筑物所有权,是指权利人对属于其所有的房屋等建筑物、构筑物所享有的占有、使用、收益、处分的权利。根据《房地产登记技术规程》的规定,房屋是指有固定基础、固定界限且有独立使用价值,人工建造的建筑物、构筑物以及特定空间。本项所规定的房屋所有权的客体既包括国有土地上的房屋,也包括集体土地上的房屋。在我国,虽然土地和房屋是相互独立的不动产物权,但是在具体的流转中一直坚持"房地一体"的原则进行登记发证。在《条例》的起草中,对以下一些问题较为关注:

1)"小产权房"的登记

有观点认为《条例》应当对社会关注的"小产权房"问题予以回应。考虑到《条例》只是程序法,应当与具体不动产的行政管理内容区分开来,不宜混合。同时,只要是合法建造或者取得的房屋所有权都可以申请登记发证,但是目前不合法的房屋如所谓的"小产权

房"不能登记发证,这点十分明确。因为按照目前国家的法律政策,"小产权房"不合法,不受法律保护,更不能登记发证。例如,2013 年 11 月 22 日《国土资源部办公厅、住房城乡建设部办公厅关于坚决遏制违法建设、销售"小产权房"的紧急通知》明确规定,对违规为"小产权房"项目办理建设规划许可、发放施工许可证、发放销售许可证、办理土地登记和房屋所有权登记手续的要严肃处理,该追究责任的一定要追究责任。

2)集体土地上房屋的登记

关于集体土地上的房屋,其房屋发证应当以宅基地发证为前提或者一并发证。目前,国有土地上的合法房屋基本上登记发证完毕,但是集体土地上的房屋特别是宅基地上的房屋目前登记发证任务还很艰巨。2014 年 8 月 1 日《国土资源部、财政部、住房和城乡建设部、农业部、国家林业局关于进一步加快推进宅基地和集体建设用地使用权确权登记发证工作的通知》明确要求:"各地要以登记发证为主线,因地制宜,采用符合实际的调查方法,将农房等集体建设用地上的建筑物、构筑物纳入工作范围,建立健全不动产统一登记制度,实现统一调查、统一确权登记、统一发证,力争尽快完成房地一体的全国农村宅基地和集体建设用地使用权确权登记发证工作。"

3)房屋之外的建筑物、构筑物所有权的登记

房屋之外的建筑物、构筑物所有权如何登记发证,目前没有统一的规定。虽然《房屋登记办法》第九十六条规定"具有独立利用价值的特定空间以及码头、油库等其他建筑物、构筑物的登记,可以参照本办法执行",但是实践中登记发证的不多。所以《条例》起草过程中,有观点认为应当将公路、港口,甚至"古文化遗址、古墓葬、石窟寺、近现代重要史迹、代表性建筑的所有权和使用权"等都纳入登记范畴,这都需要以后在具体的实施细则中加以规定或者由国土资源部与相关部门联合出台具体的办法。

4)建筑物区分所有权的登记

在我国《物权法》上,"业主的建筑物区分所有权"为第二编"所有权"项下的一节,其包含了业主对建筑物专有部分的专有权、对专有部分以外的共有部分的共有权和共同管理权。因此,建筑物区分所有权属于所有权的一种特殊形态。目前,《土地登记办法》和《房屋登记办法》均未系统规定建筑物区分所有权。从日本、韩国等国家规定来看,其在不动产登记的类型中均只规定了"所有权",而未再规定"建筑物区分所有权",只是在建筑物所有权的初始登记、所有权的变更登记中包含了建筑物区分所有权的内容。因此,《条例》没有在登记的权利类型中单独列举建筑物区分所有权。在登记簿册的设置上可以考虑对建筑物区分所有权做出专门规定,在业主单独所有的基础上,对共有部分的份额做出标注。在建筑物区分所有权的初始登记上,可以考虑对建筑区划内依法属于全体业主共有的土地使用权、公共场所、公用设施和物业服务用房等不动产一并申请登记,由登记机构在登记簿上予以记载,不颁发不动产权属证书。在转移登记上,需要补充共有部分不允许分割,随专有部分办理变更登记或其他限制登记等特殊规定。

▷ 10.2.3 森林、林木所有权

《森林法》规定:"国家所有的和集体所有的森林、林木和林地,个人所有的林木和使用

的林地,由县级以上地方人民政府登记造册,发放证书,确认所有权或者使用权。"据此,林权一般包括森林、林木、林地的所有权和林地使用权。《条例》打破了原有的林权的概念,从实际出发,本着明晰权属,防止重复交叉的原则,对林地所有权和使用权的登记进行了适当归并。

(1)将林地所有权包含于土地所有权。因为,按照土地利用现状分类标准,林地属于农用地的范畴,林地所有权本质上只是土地所有权的一种,因此没有必要单独列出。

(2)将林地使用权包含于土地承包经营权中。在林地的使用上,一般也是按照家庭或者其他方式承包经营,若将林权设为单独的一项权利,会与土地承包经营权发生重叠,因而将林地使用权与耕地、草地使用权等一并归入土地承包经营权。因此,《条例》只是对森林、林木所有权进行了列举。本项所称的森林、林木所有权的客体,除了国有的森林、林木之外,还包括集体的森林、林木。

森林、林木所有权登记应当注意以下两个方面:一是森林、林木所有权不能单独登记。森林、林木不能离开土地而单独存在,否则不再是不动产,而成为动产,因此森林、林木的所有权不能单独发证,只能与土地一并发证,不能出现单独的森林、林木的所有权证书。二是森林、林木的使用权不应当作为物权进行登记发证。森林、林木的使用权是否属于物权,目前还难以确定。因此,《条例》中没有规定森林、林木使用权的登记发证。

10.2.4　耕地、林地、草地等土地承包经营权

土地承包经营权,是指权利人依法对其承包经营的耕地、林地、草地等享有占有、使用和收益的权利。土地承包经营权人有权利用承包的土地从事种植业、林业、畜牧业等农业生产。

1)土地承包经营权的主体

根据《农村土地承包法》的规定,土地承包经营分为家庭承包和其他方式承包。对于前者而言,其主体仅限于集体经济组织成员;对于采取其他方式承包的,其承包经营权的主体则可以是集体经济组织以外的单位或者个人。

2)土地承包经营权的客体范围

土地承包经营权客体既有农用地,也有未利用地。其中农用地中既有国有性质的,也有集体性质的;未利用地则主要是指实行承包经营的荒沟、荒滩、荒丘、荒山等四荒地。需要注意的,水面和滩涂也属于土地承包经营权的客体。因为根据《土地管理法》第四条第二款、第三款的规定,"国家编制土地利用总体规划,规定土地用途,将土地分为农用地、建设用地和未利用地。严格限制农用地转为建设用地,控制建设用地总量,对耕地实行特殊保护。前款所称农用地是指直接用于农业生产的土地,包括耕地、林地、草地、农田水利用地、养殖水面等;建设用地是指建造建筑物、构筑物的土地,包括城乡住宅和公共设施用地、工矿用地、交通水利设施用地、旅游用地、军事设施用地等;未利用地是指农用地和建设用地以外的土地",水面和滩涂应当都属于农用地。根据 2007 年 8 月 10 日发布实施的《土地利用现状分类标准》(GB/T 21010—2007),水面和滩涂都属于第 11 类"水域及水利设施用地"。没有实行承包经营的国有农用地(包括国有农场、国有林场的土地)不属于土

地承包经营权的客体。

3）土地承包经营权不是登记生效主义

土地承包经营权登记的效力与建设用地使用权的效力不同，实行的是登记对抗主义。这主要是考虑到农民承包的是本集体经济组织的土地，聚集而居的农户对承包地的情况相互了解，并且承包经营权的流转在大多数情况下限于集体经济组织内部，再考虑到强制办理登记会增加农民的负担等因素，承包合同生效时就产生物权效力，不需要登记，土地承包经营权互换、转让时，未经登记不得对抗第三人。对此，《物权法》《农村土地承包法》都有明确的规定。例如，《物权法》第一百二十七条第一款明确规定："土地承包经营权自土地承包经营权合同生效时设立"；第一百二十九条规定："土地承包经营权人将土地承包经营权互换、转让，当事人要求登记的，应当向县级以上地方人民政府申请土地承包经营权变更登记；未经登记，不得对抗善意第三人。"《农村土地承包法》第二十二条规定："承包合同自成立之日起生效。承包方自承包合同生效时取得土地承包经营权"；第三十八条规定："土地承包经营权采取互换、转让方式流转，当事人要求登记的，应当向县级以上地方人民政府申请登记。未经登记，不得对抗善意第三人。"

4）土地承包经营权的登记发证工作

2013年中央1号文件《中共中央、国务院关于加快发展现代农业进一步增强农村发展活力的若干意见》中明确提出了"全面开展农村土地确权登记颁证工作。健全农村土地承包经营权登记制度，强化对农村耕地、林地等各类土地承包经营权的物权保护。用5年时间基本完成农村土地承包经营权确权登记颁证工作，妥善解决农户承包地块面积不准、四至不清等问题。"据此，土地承包经营权登记发证工作正在全国稳步开展。需要注意的是，中央全面深化改革领导小组审议通过的《关于引导农村土地经营权有序流转发展农业适度规模经营的意见》明确提出："土地承包经营权确权登记原则上确权到户到地，在尊重农民意愿的前提下，也可以确权确股不确地。"确权确股不确地有可能大大降低实践中土地承包经营权的登记发证难度。

五年过渡期之后，承包经营权的登记将纳入整个不动产统一登记之中。

5）承包权与经营权的分离

2013年12月中央农村工作会议首次提出要"不断探索农村集体土地所有权、土地承包权、土地经营权的分离形式"，2014年中央1号文件《关于全面深化农村改革加快推进农业现代化的若干意见》明确要求"在落实农村土地集体所有权的基础上，稳定农户承包权、放活土地经营权，允许承包土地的经营权向金融机构抵押融资"，中央全面深化改革领导小组审议通过的《关于引导农村土地经营权有序流转发展农业适度规模经营的意见》再次规定"坚持农村土地集体所有权，稳定农户承包权，放活土地经营权，以家庭承包经营为基础，推进家庭经营、集体经营、合作经营、企业经营等多种经营方式共同发展"。据此，有观点认为《条例》应当将"农户承包权"和"土地经营权"也予以列举，但是考虑到承包权和经营权的内涵还不十分明确，权利性质也存在不同认识，因此，《条例》还是严格依据《物权法》规定了土地承包经营权，待改革探索成熟，相关的法律修改之后，权利类型和名称可以再做相应的修改。

10.2.5　建设用地使用权

建设用地使用权是指利用土地营造建筑物、构筑物和其他设施的权利。本项规定的建设用地使用权的客体包括所有的建设用地,既包括国有的建设用地使用权,也包括集体的建设用地使用权。国有建设用地使用权是一种典型的用益物权,主体较为广泛,流转较为通畅;集体建设用地使用权的主体主要是乡镇企业和学校公益单位等,流转受到一定的限制。

关于地上、地下建设用地使用权(空间权)的登记。由于《物权法》第一百三十六条规定:"建设用地使用权可以在土地的地表、地上或者地下分别设立。新设立的建设用地使用权,不得损害已设立的用益物权",第一百三十八条规定:"采取招标、拍卖、协议等出让方式设立建设用地使用权的,当事人应当采取书面形式订立建设用地使用权出让合同。建设用地使用权出让合同一般包括下列条款:……(三)建筑物、构筑物及其附属设施占用的空间……"因此在《条例》起草过程中,有观点提出应当对空间权做出规定。考虑到空间权属于在一定空间内设立的建设用地使用权,也是建设用地使用权的一种类型,因此,不予单独规定。但是,对于空间权,也就是地上、地下建设用地使用权具体应当如何设立,如何登记,目前还需要进一步研究,以后出台更细化的规定。

10.2.6　宅基地使用权

宅基地使用权,是指农村集体经济组织的成员依法享有的在农民集体所有的土地上建造个人住宅的权利。根据《物权法》《土地管理法》等法律的规定,宅基地使用权具有以下特征:

1)权利主体具有特殊性

根据现行的法律法规和政策,只有本农村集体经济组织的成员才能取得宅基地使用权。非本集体经济组织成员不得取得宅基地,尤其禁止城镇居民在农村取得宅基地。如《国务院关于深化改革严格土地管理的决定》(国发〔2004〕28 号)、国土资源部《关于加强农村宅基地管理的意见》(国土资发〔2004〕234 号)明文禁止城镇居民在农村购置宅基地,严禁为城镇居民在农村购买和违法建造的住宅发放土地使用证。《国务院办公厅关于严格执行有关农村集体建设用地法律和政策的通知》(国办发〔2007〕71 号)特别强调"农村住宅用地只能分配给本村村民,城镇居民不得到农村购买宅基地、农民住宅或小产权房"等。但是按照 1986 年《土地管理法》第四十一条关于"城镇非农业户口居民建住宅,需要使用集体所有的土地的,必须经县级人民政府批准,其用地面积不得超过省、自治区、直辖市规定的标准,并参照国家建设征缴土地的标准支付补偿费和安置补助费"的规定,城镇非农业户口居民当时也可以依法在农村取得集体土地建造住房。

2)权利客体为农民集体所拥有的建设用地

具体的地类为住宅用地中的农村宅基地,我国实行土地用途管制制度。根据《土地管理法》第四条的规定,我国土地分为农用地、建设用地和未利用地。其中建设用地是指建造建筑物、构筑物的土地。宅基地属于建设用地。根据我国质量监督检验检疫总局和国家标准化管理委员会联合发布的《土地利用现状分类》(GB/T 21010—2007)国家标准,宅基地属于住宅用地,代码为072。

3)取得需要经过依法审批

根据《土地管理法》第六十三条的规定,农村村民住宅用地,经乡(镇)人民政府审核,由县级人民政府批准。其中,涉及占用农用地的,还需要依法办理农转用审批手续。国土资源部《关于加强农村宅基地管理的意见》(国土资发〔2004〕234号)要求在宅基地审批过程中,乡(镇)国土资源管理所要做到"三到场",即受理宅基地申请后,要到实地审查申请人是否符合条件、拟用地是否符合规划等;宅基地经依法批准后,要到实地丈量批放宅基地;村民住宅建成后,要到实地检查是否按照批准的面积和要求使用土地。

4)无偿取得

宅基地是农村集体经济组织依法分配给其成员用作住宅建设的,带有福利保障性质,权利人不需要支付费用。国土资源部《关于加强农村宅基地管理的意见》(国土资发〔2004〕234号)特别禁止各地在宅基地审批中向农民收取新增建设用地土地有偿使用费。

5)没有使用期限限制,但权能受到限制

根据《物权法》第一百五十二条、第一百五十三条的规定,宅基地使用权人依法对集体所有的土地享有占有和使用的权利(没有规定收益和处分的权利),有权依法利用该土地建造住宅及其附属设施,但宅基地使用权的取得、行使和转让,适用《土地管理法》等法律和国家有关规定。而根据现行法律和国家有关政策规定,宅基地使用权所受到的限制主要表现为不能抵押、不能自由转让(严格来说,只能向符合条件的本集体经济组织成员进行转让)等。

6)宅基地的数量受到限制

《土地管理法》明确规定农村村民一户只能拥有一处宅基地,农村村民出卖、出租住房后,再申请宅基地的,不予批准。但如果宅基地因自然灾害等原因灭失的,宅基地使用权消灭。对失去宅基地的村民,应当重新分配宅基地。

7)宅基地的面积受到限制

《土地管理法》第六十二条第一款规定:"农村村民一户只能拥有一处宅基地,其宅基地的面积不得超过省、自治区、直辖市规定的标准。"宅基地的面积标准,国家没有统一规定,而是由各省、自治区、直辖市规定。

8)权利类型与建设用地使用权同为用益物权

在《物权法》出台之前,由于宅基地属于农村集体建设用地,因此一般将宅基地使用权作为农村集体建设用地使用权的一种类型。考虑到宅基地使用权的以上特性,《物权法》将宅基地使用权与建设用地使用权、承包经营权、地役权共同规定为用益物权。宅基地使用权从建设用地使用权中分离出来,成为一种独立的用益物权。

宅基地使用权是通过审批取得还是登记取得,以及宅基地使用权实行的登记对抗还是登记生效等问题,《物权法》没有做出明确的规定。但在实践中,宅基地使用权一般都需要进行登记。此外,宅基地使用权登记发证过程中比较突出的问题是一户多宅与超面积这两个问题。关于这两个问题,有一系列的文件做出了规定,如1995年3月11日国家土地管理局印发的《确定土地所有权和使用权的若干规定》、2008 年《国土资源部关于进一步加快宅基地使用权登记发证工作的通知》、2011 年 11 月 2 日的《国土资源部、中央农村工作领导小组办公室、财政部、农业部关于农村集体土地确权登记发证的若干意见》(国土资发〔2011〕178 号)、《国土资源部关于规范土地登记的意见》(国土资发〔2012〕134 号)等。

10.2.7　海域使用权

海域使用权是指单位或者个人依法取得对国家所有的特定海域排他性使用权。《物权法》第一百二十二条明确规定"依法取得的海域使用权受法律保护"。目前,规范海域使用权的法律主要是《海域使用管理法》,规范海域使用权登记的是《海域使用权登记办法》。虽然从广义上讲,土地包括海域,海域是土地的组成部分,海域使用权就应当属于土地使用权,不能单独进行规定;但是由于《海域使用管理法》专门规定了海域使用权,因此第七项专门进行了列举。

1)无居民海岛使用权登记

《条例》没有规定无居民海岛使用权。在《条例》起草过程中,有观点认为应当增加无居民海岛使用权。考虑到无居民的海岛本质上也属于土地,因此无居民海岛使用权也属于土地使用权,《条例》并没有列举该项权利。

2)海域使用证如何换发土地使用证

按照《海域使用管理法》第三十二条"填海项目竣工后形成的土地,属于国家所有。海域使用权人应当自填海项目竣工之日起三个月内,凭海域使用权证书,向县级以上人民政府土地行政主管部门提出土地登记申请,由县级以上人民政府登记造册,换发国有土地使用权证书,确认土地使用权"的规定,海域使用权人应当自填海项目竣工之日起三个月内,凭海域使用权证书,向县级以上人民政府土地行政主管部门提出土地登记申请,由县级以上人民政府登记造册,换发国有土地使用权证书,确认土地使用权。究其根本,填海工程完成后,海域的自然属性已经消灭,海域使用权应当随之一并消灭,而填海后,土地自然属性已经形成,建设用地使用权应当同时设立。因此,在填海项目完成后,应当先行办理海域使用权注销登记,再办理建设用地使用权初始登记。

10.2.8　地役权

地役权,是指权利人按照合同约定,利用他人的不动产,以提高自己的不动产的效益的权利。《物权法》颁布之前,虽然在实践中存在着地役权,但是在我国正式颁布的法律法规中没有出现过"地役权"这个名词,地役权被当作一种他项权利对待。目前关于地役权的登记主要有以下几个问题需要注意:

(1)地役权登记实行登记对抗主义,而不是登记生效主义。地役权自地役权合同生效之时设立,而不是登记之时设立。未经登记,不得对抗第三人。地役权登记需要双方自愿申请,并需要提供地役权合同。

(2)当事人申请办理地役权登记时,供役地和需役地的权属状况特别是供役地的权属

219

状况应当清楚无争议,当事人应当提供需役地和供役地的土地权利证书。

(3)地役权的期限由当事人约定,但不得超过土地承包经营权、建设用地使用权等用益物权的期限。

(4)地役权登记直接由国土资源行政主管部门办理即可,不需要报政府审批。

(5)符合地役权登记条件的,国土资源行政主管部门应当将地役权合同约定的有关事项分别记载于供役地和需役地的不动产登记簿和不动产权利证书,并将地役权合同保存于供役地和需役地的登记档案中。

(6)供役地、需役地分属不同不动产登记机构管辖的,当事人可以向负责供役地登记的登记机构申请地役权登记。负责供役地登记的登记机构完成登记后,应当通知负责需役地登记的登记机构,由其记载于需役地的土地登记簿上。

(7)地役权登记后,应当向当事人发放不动产权利证书,将地役权情况在证书的记事栏上加以记载。

(8)虽然地役权的初始登记实行的是登记对抗主义,但是已经登记的地役权变更、转让或者消灭的,应当及时办理变更登记或者注销登记。

10.2.9 抵押权

抵押权是指债务人或者第三人不转移对不动产的占有作为债权的担保,在债务人不履行债务或者发生当事人约定的实现抵押权的情形时,债权人依法享有的对该不动产优先受偿的权利。在担保物权中,由于质权和留置权只是适用于动产,不适用于不动产,因此需要登记的只是抵押权。由于有的不动产权利可以抵押,有的不能抵押,再加上种类繁多,因此,《条例》概括规定为不动产抵押权。

目前实践中不动产抵押越来越频繁,但是相关的规定很少。在《条例》征求意见的过程中,有观点认为应当对债权抵押权的设立及转移登记也做出特殊规定,建立不动产抵押权转移的批量办理机制等,考虑到《条例》难以对各类不动产抵押权一一做出规定,因此,对于如何具体办理不动产抵押登记等,需要国土资源部在实施细则中或者出台专门的办法中加以规定。

10.2.10 法律规定需要登记的其他不动产权利

本条为兜底性条款,主要是为其他不动产权利的登记预留空间,特别是与未来建立自然资源统一登记进行衔接。《中共中央关于全面深化改革若干重大问题的决定》要求:"健全自然资源资产产权制度和用途管制制度。对水流、森林、山岭、草原、荒地、滩涂等自然生态空间进行统一确权登记,形成归属清晰、权责明确、监管有效的自然资源资产产权制度。建立空间规划体系,划定生产、生活、生态空间开发管制界限,落实用途管制。健全能源、水、土地节约集约使用制度。"为此,《条例》留有接口。此外,在《条例》的起草过程中,也有一些不动产权利暂时难以准确概括或者是否登记存在争议等问题,这些问题解决后,可以通过以此项规定为依据,开展相应的不动产登记。

10.2.10.1 国家土地所有权的登记

我国的土地所有权分为国家土地所有权和集体土地所有权两种。按照《物权法》第九条第二款"依法属于国家所有的自然资源,所有权可以不登记"的规定,国家土地所有权可以不登记。但是起草过程中也有观点提出,对国家土地所有权进行登记与《物权法》的规定并不违背,办理登记有利于国有自然资源资产的保护。但是考虑到目前实践中国家土地所有权没有登记的必要,再加上国家土地所有权登记难以操作,如大片的沙漠、荒滩等没有具体使用权人的国家所有土地究竟应当由谁来申请登记、登记给谁等问题难以解决,所以,《条例》中没有规定国家土地所有权的登记。

10.2.10.2 国有农用地使用权的登记

关于国有农场土地,目前我国的法律规定甚少,仅有《土地管理法》第十五条"国有土地可以由单位和个人承包经营,从事种植业、林业、畜牧业、渔业生产"和《物权法》第一百三十四条"国家所有的农用地实行承包经营的,参照本法的有关规定"的规定。按照《物权法》的规定,国有农场土地实行承包经营的,可以参照设立土地承包经营权。但很多国有农场并没有实行承包经营,国有农场与农场职工之间是劳动关系,不是承包关系,关于国有农场对其使用的农用地享有的权利目前法律还没有明确规定。国家虽然印发了《国务院办公厅转发国土资源部、农业部〈关于依法保护国有农场土地合法权益意见〉的通知》(国办发〔2001〕8 号)和《国土资源部、农业部关于加强国有农场土地使用管理的意见》(国土资发〔2008〕202 号)两个文件专门对国有农场土地管理做出了规定,但是这两个文件也没有明确国有农场的土地权利类型。虽然根据《土地登记办法》第二条的规定,国有农用地使用权和集体农用地使用权都属于土地登记的权利范畴,《国土资源部关于贯彻实施〈土地登记办法〉进一步加强土地登记工作的通知》(国土资发〔2008〕70 号)也再次要求"加强国有农场土地确权登记工作",但是按照物权法定的原则,物权的种类和内容由法律规定。因此,农用地使用权并不是严格意义上的法定物权。但是我国的国有农场拥有土地面积 3 515 万 hm^2,其中耕地 480 万 hm^2,土地总量相当于一个中等省,为保证国家粮食安全和促进经济社会发展发挥了巨大作用。国有农场土地被侵占的现象时有发生,对国有农场土地进行登记十分必要,因此有观点认为应当将国有农用地使用权写进《条例》。但是考虑到《物权法》明确规定了物权法定原则,目前的法律中确实没有出现国有农用地使用权这样一个名词,因此,《条例》没有做出明确列举。

但是在实践操作中,这些土地依然需要予以登记发证。另外,本条没有涉及的国有林场的土地使用权也可以按照国有农用地使用权进行登记发证。

10.2.10.3 水域滩涂养殖权的登记

《物权法》第一百二十三条规定:"依法取得的探矿权、采矿权、取水权和使用水域、滩涂从事养殖、捕捞的权利受法律保护。"因此有观点认为《条例》应当对水域滩涂养殖权进行列举规定,但也有观点认为规定水域滩涂养殖权会造成一物两权,因为水域也包括海域,海上养殖将会出现水域滩涂养殖权和海域使用权的交叉。考虑到以上这些因素,《条例》对水域滩涂养殖权没有做出明确列举规定。对于该项权利,经进一步研究明确相关权利内涵后,可以通过具体的实施细则予以规范。

10.2.10.4 取水权的登记

《物权法》第一百二十三条规定:"依法取得的探矿权、采矿权、取水权和使用水域、滩涂从事养殖、捕捞的权利受法律保护。"由于取水权是《物权法》规定的一项用益物权,同时十八届三中全会决定中也提出了对"水流"等自然资源进行确权登记,因此,《条例》起草过程中,有观点认为应当将取水权也明确在登记的权利类型中予以列举。但是考虑到此次登记职能整合的要求中并未包括取水权的登记,且目前取水权的流转等相关制度都还在探索中,登记制度尚不成熟,所以《条例》对此没有进行列举。

10.2.10.5　矿业权的登记

矿业权包括探矿权和采矿权。《物权法》第一百二十三条规定:"依法取得的探矿权、采矿权、取水权和使用水域、滩涂从事养殖、捕捞的权利受法律保护。"探矿权和采矿权也是重要的不动产用益物权。因此,《条例》起草过程中,有很多观点认为应当将矿业权也纳入其中,这样利于矿地关系的和谐,有利于不动产物权关系的清晰明确。但是,综合考虑到以下几个方面的因素,《条例》暂时对矿业权没有做出明确列举:

(1)关于不动产登记相关职能整合的文件,并没有将矿业权登记纳入其中。2013 年 3月,《国务院机构改革和职能转变方案》中明确提出,要整合"房屋登记、林地登记、草原登记、土地登记的职责",没有包含矿业权登记。2013 年 12 月,《中央编办关于整合不动产登记职责的通知》整合的也只是"土地登记、房屋登记、林地登记、草原登记、海域登记等不动产登记工作……"

(2)矿业权登记管理较为特殊,难以纳入统一登记的范畴。

①登记性质特殊,矿业权登记不完全是财产权的登记。

根据《矿产资源勘查区块登记管理办法》和《矿产资源开采登记管理办法》,目前我国实行的矿业权登记,既是对矿业权人勘查、开采矿产资源的财产权利的肯定,更是对矿业权人从事相关矿产资源开发行为具有相关资质的认可,并以勘查许可证和开采许可证作为权利表彰,带有财产权登记与行政许可的双重属性,与单纯财产权登记存在一定区别。

②登记管辖特殊,矿业权登记主要采取级别管辖。

目前,矿业权登记管理与矿业权行政管理紧密相连,级别普遍较高。探矿权登记实行部、省两级审批登记,采矿权登记实行部、省、市、县四级审批登记,且大部分重要矿种的审批登记都集中在部、省两级,这与一般不动产登记的县级以上人民政府或其政府部门办理登记的属地管辖之间存在较大区别。

③矿业权登记规则特殊,矿业权登记是矿业权管理的重要抓手,其涉及矿产资源储量的核实、矿业权人开发资质的审查、开发利用方案的审核等多项专业性管理行为,矿业权转让、抵押等行为均需要经过行政审批,并对矿业权人主体资格有明确的限制,总体来看行政管理的色彩相对浓厚,与《物权法》要求相适应的登记制度尚没有完全建立和实施,不动产登记中的一些规则,例如,预告登记、嘱托登记等制度在矿业权登记中也难以完全适用。

④域外不动产登记一般不包括矿业权登记。

域外大部分国家和地区其矿产资源所有权与土地的所有权都是相互独立的,矿产资源的管理包括矿业权的登记均由专门的矿业部门进行管理。不动产登记主要是以土地及地上建筑物的登记为主。例如,《韩国不动产登记法》中不包含有矿业权的内容。由于日本《采石法》将岩石视为土地所有权的内容,因此《日本不动产登记法》将采石权纳入登记范畴,但是日本《矿业法》规定的采掘权等并没有包含其中。

⑤将矿业权登记纳入不动产统一登记的时机尚不成熟。

目前,《矿产资源法》正在修订之中,矿业权管理中财产权利和行政许可的关系尚未完全理清,矿业权登记的性质也待进一步明确。在目前矿业权登记制度尚不完备的情况下,将矿业权登记纳入不动产统一登记的范畴,与当前矿业权管理实践存在一定差距。

因此,《条例》暂时没有明确将探矿权、采矿权明确列入不动产登记权利的种类中。

10.3　不动产登记程序

目前世界上关于不动产登记程序的规定不尽相同,但基本的登记流程却较为统一,即申请、受理、审核和登簿,有些国家和地区还规定了颁证和公告等程序。

10.3.1　申请

不动产登记申请是不动产登记申请人向不动产登记机构提出的进行登记的请求。登记的启动程序依各国立法主要有三种方式:申请登记、嘱托登记(登记机构依据人民法院已生效法律文书所进行的登记在学理上被称为嘱托登记。登记机构在依据人民法院的法律文书做出登记之前,必须进行合理的审查。)和径为登记(依职权登记,例如:登记机关对下列情形径为登记:依法由登记机关代管或被人民法院裁定为无主房地产的;抵押期限届满,当事人不按期注销登记的;土地使用年期届满,当事人未按规定注销登记的;登记机关径为登记完毕,应将登记结果公告),其中申请登记是最主要的启动方式,一般来说,当事人不申请,登记机构不得办理登记。

(1)因买卖、设定抵押权等申请不动产登记的,应当由当事人双方共同申请。

属于下列情形之一的,可以由当事人单方申请:

①尚未登记的不动产首次申请登记的;

②继承、接受遗赠取得不动产权利的;

③人民法院、仲裁委员会生效的法律文书或者人民政府生效的决定等设立、变更、转让、消灭不动产权利的;

④权利人姓名、名称或者自然状况发生变化,申请变更登记的;

⑤不动产灭失或者权利人放弃不动产权利,申请注销登记的;

⑥申请更正登记或者异议登记的;

⑦法律、行政法规规定可以由当事人单方申请的其他情形。

(2)当事人或者其代理人应当到不动产登记机构办公场所申请不动产登记。

不动产登记机构将申请登记事项记于不动产登记簿前,申请人可以撤回登记申请。

申请人应当提交下列材料,并对申请材料的真实性负责:

①登记申请书;

②申请人、代理人身份证明材料、授权委托书;

③相关的不动产权属来源证明材料、登记原因证明文件、不动产权属证书；

④不动产界址、空间界限、面积等材料；

⑤与他人利害关系的说明材料；

⑥法律、行政法规以及本条例实施细则规定的其他材料。

不动产登记机构应当在办公场所和门户网站公开申请登记所需材料目录和示范文本等信息。

10.3.2 受理

受理是登记机构对符合条件的登记申请予以接受的行为。受理的过程实际上相当于初步审查。主要审查登记申请在形式上是否符合受理的要求，如申请人提交的材料是否齐备、申请材料上的内容与申请登记事项是否相符、是否符合法定形式的要求以及申请材料之间的内容是否对应等。初步审查合格后，登记机构应当接受申请人申请，并根据有关规定收取登记费用。

不动产登记机构收到不动产登记申请材料，应当分别按照下列情况办理：

（1）属于登记职责范围，申请材料齐全、符合法定形式，或者申请人按照要求提交全部补正申请材料的，应当受理并书面告知申请人；

（2）申请材料存在可以当场更正的错误的，应当告知申请人当场更正，申请人当场更正后，应当受理并书面告知申请人；

（3）申请材料不齐全或者不符合法定形式的，应当当场书面告知申请人不予受理并一次性告知需要补正的全部内容；

（4）申请登记的不动产不属于本机构登记范围的，应当当场书面告知申请人不予受理并告知申请人向有登记权的机构申请。

不动产登记机构未当场书面告知申请人不予受理的，视为受理。

10.3.3 审核

不动产登记机构受理申请人提出的登记申请后，为了最终做出予以登记或者不予登记的决定，需要对申请登记的事项进行进一步的审核。根据登记机构审核的程度不同，大致可将登记分为形式审查和实质审查两种情况。

10.3.3.1 审查形式

（1）形式审查 对于登记的申请材料，只进行形式上的审查，至于登记申请材料上记载的权利事项是否真实及有无瑕疵，则不予过问。

（2）实质审查 登记机构不仅应对当事人提交的申请材料进行形式要件的审查，而且应当负责审查申请材料内容的真实性、合法性，甚至要审查登记事项的基础法律关系。

现行法律法规或规范性文件都没有规定我国实行实质审查还是形式审查。无论实质审查还是形式审查，都必须保证登记结果的准确。

10.3.3.2 不动产登记机构查验项目

（1）不动产界址、空间界限、面积等材料与申请登记的不动产状况是否一致；

(2)有关证明材料、文件与申请登记的内容是否一致；

(3)登记申请是否违反法律、行政法规规定。

10.3.3.3　不动产登记机构实地查看情况

(1)房屋等建筑物、构筑物所有权首次登记；

(2)在建建筑物抵押权登记；

(3)因不动产灭失导致的注销登记；

(4)不动产登记机构认为需要实地查看的其他情形。

对可能存在权属争议，或者可能涉及他人利害关系的登记申请，不动产登记机构可以向申请人、利害关系人或者有关单位进行调查。

不动产登记机构进行实地查看或者调查时，申请人、被调查人应当予以配合。

10.3.3.4　不予登记的情形

登记申请有下列情形之一的，不动产登记机构应当不予登记，并书面告知申请人：

(1)违反法律、行政法规规定的；

(2)存在尚未解决的权属争议的；

(3)申请登记的不动产权利超过规定期限的；

(4)法律、行政法规规定不予登记的其他情形。

⟩ 10.3.4　登簿

登簿是指不动产登记机构对符合登记条件的登记事项在登记簿中予以记载的行为。不动产登记簿是物权归属和内容的根据，登记事项自记载于不动产登记簿时完成登记。因此，登记人员对登记材料审查合格后，应当及时将登记事项记载于登记簿。

不动产登记机构应当自受理登记申请之日起 30 个工作日内办结不动产登记手续，法律另有规定的除外。登记事项自记载于不动产登记簿时完成登记。

⟩ 10.3.5　颁证

颁发证书和公告并非各国普遍要求的登记程序，《条例》中明确规定了颁证程序，而对公告程序并未做出规定。

《条例》第二十一条第二款规定："不动产登记机构完成登记，应当依法向申请人核发不动产权属证书或者登记证明。"

颁证是登记机构在做出准予登记的决定并将有关登记事项记载于登记簿后，根据登记簿上的记载缮写并向申请人发放不动产权属证书或者登记证明的行为。

10.3.5.1　核发不动产权属证书或者登记证明的必要性

不动产登记簿是物权公示的形式载体，受国家公权力保障，由不动产登记机构管理，第三人完全可以信赖登记簿上所记载的内容。发放相应的不动产权属证书的原因：

(1)证明不动产登记机构完成了登记行为，是登记程序终结的标志。

(2)最直接证明权利人对相应不动产享有的权利。登记簿册由登记机构保存，权利人查阅、复制都要依法定程序向登记机构提出申请,不便于权利人快速直接证明对不动产享有的权利,不利于充分实现权利人的财产权利。而不动产登记机构向登记申请人发放的相应不动产权属证书或者登记证明由登记申请人保管,在需要证明不动产权利状况时可以直接出示,便利了不动产权利交易。

(3)起到保障登记活动安全的作用。向登记申请人发放相应的不动产权属证书或者登记证明可以防止登记机构及其工作人员擅自对登记簿的内容进行篡改。

因此,我国实行的是不动产登记发证制度,不动产登记机构除在登记簿上对登记事项进行记载外,还需向不动产权利人颁发由国家统一印制的不动产权属证书或者发给登记证明。

10.3.5.2　不动产登记簿及其效力

不动产登记簿是指由不动产登记机构依法制作的,对某一特定地域辖区内的不动产及其上的权利状况加以记载的具有法律效力的官方记录。

我国不动产登记簿的具体样式应当由国土资源部统一进行规定,不动产登记簿具有以下两个方面的效力:

1)不动产登记簿具有推定力

根据《物权法》的规定,不动产登记簿是不动产权利归属和权利内容的根据,即不动产登记簿上记载某人享有某项物权时,推定该人享有该项权利,其权利的内容也以不动产登记簿上的记载为准。实践中,虽然登记簿记载的权利状况与实际情况可能存在不相符的情况,但是在没有经过异议登记、更正登记等法定登记程序前,法律依然推定登记簿记载的权利人为真正的权利人。这一方面是由于不动产权利的登记需要经过登记机关的审查,一般情况下记载状况与真实权利状况基本一致,具有较高的可信度;另一方面,赋予登记簿推定力,也有利于降低交易信息审查成本,提高交易效率。同时,登记簿的推定力还体现在,当登记权利人的权利受到侵犯时,权利人可以以不动产登记簿作为要求法律救济的依据;当登记权利人与他人发生财产权争执时,不动产登记簿可以作为权利人的权利证明文件。

2)不动产登记簿具有公信力

即便不动产登记簿上记载的物权归属、内容与真实的物权归属、内容不一致,信赖登记簿上记载之人仍可如同登记簿记载正确时那样,以法律行为取得相应的不动产物权。《物权法》规定了不动产的善意取得制度,即使不动产登记簿记载错误,由于登记簿具有公信力,善意第三人的利益依然受法律保护。

10.3.5.3　不动产登记簿记载事项

1)不动产的坐落、界址、空间界限、面积、用途等自然状况

不动产的自然状况主要是指坐落、界址、空间界限、面积、用途等信息。以土地登记簿记载为例,其坐落便是指宗地所在地的名称,界址主要是通过地籍编号和图号体现,面积则是指宗地的大小,用途主要是指土地的使用类型,具体包括水田、果园、天然牧草地、住宿餐饮用地等,按照《土地利用现状分类》的规定予以记载。对于房屋而言,还包括房屋的楼层等信息。

2)不动产权利的主体、类型、内容、来源、期限、权利变化等权属状况

不动产的权属状况,主要是指不动产权利的主体、类型、内容、来源、期限、权利变化等

信息。依土地登记簿记载为例，权利人是指土地使用权人或所有权人；类型是指集体土地所有权、国有建设用地使用权等类型；内容是指房屋容积率等限制内容；来源是指继承、转让、赠予等取得土地权利的方式；期限是指土地使用权的期限；权利变化情况，是指不动产权利的转移、延续、注销等情况。

3）涉及不动产权利限制、提示的事项

限制提示事项主要是针对异议登记、预告登记、查封登记等登记类型而规定的。在异议登记的情况下，登记簿记载的是他人对登记簿记载提出异议这一客观事实；在预告登记的情况下，登记簿记载的是他人享有将来发生物权变动请求权这一事实；在查封登记的情况下，登记簿记载的是司法机关查封的事实。上述情况下，都未发生权属的实际变动，记载只是一种风险的提示和权利的限制。

10.3.5.4　不动产登记簿形式

不动产登记簿应当采用电子介质，暂不具备条件的，可以采用纸质介质。不动产登记机构应当明确不动产登记簿唯一、合法的介质形式。

传统的登记簿一般采取纸质的形式。由于经济社会的发展，电子计算机及网络的广泛应用，信息化已经成为各行各业的发展趋势。不动产登记也应适应这种趋势，实现登记结果的电子化。

考虑到各地经济发展不平衡，《条例》并不要求各地一律采取电子登记簿，而是根据实际情况，如果不具备相关技术条件的，则不动产登记簿也可以采用纸质介质。

10.3.5.5　不动产权属证书

登记完成后不动产登记机构应当依法向申请人核发统一的不动产权属证书或者登记证明。实行统一登记后，由不动产登记机构依法向申请人核发统一的不动产权属证书或登记证明，改变了多部门管理的乱象，便利了不动产交易，是便民原则的重要体现。不动产登记证书的式样，由国务院国土资源行政主管部门规定，统一印制和发放。

登记机构完成登记之后，应当发放不动产权属证书还是颁发不动产登记证明，应当根据具体的情况而定。

（1）不动产权属证书　权利人享有不动产物权的证明，一般是在作为本登记的所有权登记、他物权登记完成后由登记机构颁发给权利人的，如集体土地所有权登记、集体土地使用权登记和房屋所有权登记等都应当颁发不动产权属证书。一般来说，实体性权利的登记，都应当发放权属证书，包括抵押权、地役权。

（2）不动产登记证明　可以用于证明登记机构已经完成某项登记记载，如异议登记证明。

需要注意的是，对于查封登记、注销登记，则既不需要发放权属证书，也不需要发放登记证明。

▶ 10.3.6　公告

公告是不动产登记机构通过一定的媒介或其他方式，依法将登记申请和审查结果向社会公众公布的行为。公告并非登记程序的必经阶段，《条例》未规定不动产登记的公告程序,现行有关公告程序的规定散见于相关部门规章和规范性文件中。例如,《土地登记办法》第二十三条规定,对符合总登记要求的宗地,由国土资源行政主管部门予以公告。《房屋登记办法》第八十四条规定,办理村民住房所有权初始登记、农村集体经济组织所有房屋所有权初始登记,房屋登记机构受理登记申请后,应当将申请登记事项在房屋所在地农村集体经济组织内进行公告。经公告无异议或者异议不成立的,方可予以登记。《房地产登记技术规程》(JGJ 278—2012)4.4.9 规定,当有下列情况之一时,应进行公告:①集体土地上的房屋所有权初始登记;②房地产权属证书或登记证明公告作废;③因遗失、灭失等原因,应补发集体土地上的房地产权属证书或登记证明;④房地产登记机构认为应公告的其他情形。《国务院办公厅关于沿海省、自治区、直辖市审批项目用海有关问题的通知》(国办发〔2002〕36 号)中明确,负责办理海域使用权登记的机关,要在海域使用权登记后1 个月内以适当方式进行公告。

10.4 土地统计

▶ 10.4.1 土地统计的概念

土地统计是地籍管理的一项基本内容,也是整个土地管理的一项重要基础工作。土地统计是以数据、图形为主要形式,对土地资源的数量、质量、分布、权属、利用状况及动态变化等进行的调查、整理、分析和预测的全过程,以显示其总体特征和规律性的系统性工作。

土地统计包括土地统计资料、土地统计工作和土地统计科学三层含义。土地统计资料是反映土地资源和资产的特征与规律的数字资料以及与之相联系的其他资料的总称。土地统计工作泛指对土地数据方面进行收集、整理和分析的工作过程。土地统计科学则是指土地统计的理论和方法。这三者之间存在相互依存、彼此促进的关系。土地统计资料是土地统计工作的成果,土地统计科学则是土地统计工作的经验总结和理论概括,与此同时,土地统计科学又为土地统计工作的实践提供了理论依据,指导和推动着土地统计工作的开展。

▶ 10.4.2 土地统计的作用

1)土地统计是认识土地经济发展规律的重要手段

土地统计能为人们提供全面的土地数量、质量、分布、权属和利用状况及其动态变化,使人们能够从事实的总和中,从数量入手去认识事物的本质,发挥认识土地现象规律性的作用。统计学是一门十分成熟的科学,将统计理论和统计方法引入土地管理学科,对土地现象的发展过程进行基本统计和数量分析,并通过统计指标数据的收集、计算和比较分析,才能具体认识土地,并把握土地管理学科的客观规律。

2）土地统计是宏观调控的重要依据

土地统计是党和国家制定各项政策、计划的依据。在社会主义市场经济中,土地作为政府实行宏观调控的手段之一,需要大量的信息和数据,充分地占有土地资料、掌握土地信息,能从宏观角度把握市场发展的趋势,对土地利用进行合理的引导和调控。土地管理工作才能跟上经济发展的需要,才能跟上市场变化的趋势。只有把宏观调控建立在准确的统计数据和精确的数量分析的基础之上,调控才能发挥应有的作用,也才能符合市场的要求。

3）土地统计是实行土地管理的重要工具

土地统计是科学管理土地、编制土地利用总体规划、土地利用计划等的基础。对土地进行综合管理,必须力求以较少的土地投入取得较大的收益。为此需要有一套反映土地经济要求的科学的统计指标体系,来开展经济效益统计分析。通过持续不断的统计分析和比较,可以发现存在的问题和改进工作的途径,土地管理工作方能不断改革创新。因此,健全的土地统计指标体系是土地管理的重要工具,能不断提高土地管理的科学水平。

4）土地统计是监督国家各项土地政策执行情况的重要门径

统计所提供的准确数字是各种监督手段的重要依据。通过统计所形成的数字,能及时准确地反映土地管理的过程和结果,反映国家土地政策的执行情况。这对于保证国家的整体利益,科学、合理地使用土地,保护土地所有者的权益是必不可少的手段。因此,对土地统计数字的真实准确性必须认真维护,这样才能充分发挥土地统计的监督作用,以适应新形势下土地管理工作的需要。

▶ 10.4.3　土地统计的特点

土地统计是社会经济统计的重要组成部分,与其他社会经济统计一样具有数量性、工具性和整体性的特点。通过大量数字综合反映土地的数量、土地现象之间的数量关系和变化及其质变的数量界限;土地统计本身不是目的,而是认识土地的手段和工具,它服务于国家土地管理,监督、反馈各项管理政策和措施的实施;每一个统计数据,都具有一定的针对性,可以用来说明某个方面的问题,针对较大区域土地有时更是如此。大量的、综合的、整体的数据具有更强的说服力,更有利于对问题的研究。

土地统计还具有区别于其他统计的特点:

（1）数量的地域性　因为土地的位置是固定的,任何一个土地统计的数据都具体地反映特定范围的土地数据。这一特定范围是指被具体界线所围起来的一个范围。因此,土地数量的变化总是意味着土地界线位移的结果。

（2）总面积的稳定性　由于土地面积的有限性,一个区域的土地总面积,只要其外部界线不发生变化,就是一个恒量。只有涉及的土地面积（界线）发生变化时,土地总面积才随之发生变化。这种土地总量对分量的制约关系并不是其他统计所共有的特点。

（3）统计数据、图件与实地的一致性　使用图件对土地空间位置进行调查统计,是土地统计准确性、现势性的重要保证,而土地统计资料的表述除用数据、文字外,还必须用图件才能表达清楚、全面。这些是土地统计区别于其他统计的又一个重要特点。而只有数据、图件和实地相一致,才能真正发挥土地统计的实际效用。

(4)质量的相对性 土地质量的统计结果只反映特定地段土地在某种环境条件下的、针对某种用途的质量水准。对于不同用途来讲,土地质量要求有很大差异,致使质量指标有着很大差别,尤其是土地用于农业用途和城镇建设时,质量有着巨大差异。

▶ 10.4.4 土地统计的法律依据

统计工作是国家法律规定的一项长期持续开展的工作,土地统计也不例外。国家制定有《中华人民共和国统计法》,规范着一切统计工作。对于统计工作中出现的任何形式的弄虚作假行为,都要依照法律严肃查处,而且法律对统计资料的管理、公布及保密方面也做出了严格的规定。

10.4.4.1 关于建立土地统计制度、开展土地统计工作的法律依据

(1)《中华人民共和国统计法》(以下简称《统计法》)第九条规定:"统计调查必须按照经过批准的计划进行。统计调查计划按照统计调查项目编制。部门统计调查项目,调查对象属于本部门管辖系统内的,由该部门拟定,报国家统计局或者同级地方人民政府统计机构备案;调查对象超出本部门管辖系统的,由该部门拟定,报国家统计局或者同级地方人民政府审批,其中重要的,报国务院或者同级地方人民政府审批。国家统计调查、部门统计调查、地方统计调查必须明确分工、互相衔接、不得重复。"

第十条规定:"统计调查应当以周期性普查为基础,以经常性抽样调查为主体,以必要的统计报表、重点调查、综合分析等为补充,搜集、整理基本统计资料。"

第十八条规定:"国务院和地方各级人民政府的各部门,根据统计任务的需要设计统计机构,或者在有关机构中设置统计人员,并指定统计负责人。这些统计机构和统计负责人在统计业务上并受国家统计局或者同级地方人民政府统计机构的指导。"土地统计是一种部门统计,土地统计及土地统计调查项目由国土资源部拟订,报国家统计局审批或备案,在国土资源管理系统内执行。

(2)《土地管理法》第二十九条规定:"国家建立土地统计制度。县级以上人民政府土地行政主管部门和同级统计部门共同制定统计调查方案,依法进行统计,定期发布土地统计资料。土地所有者或者使用者应当提供有关资料,不得虚报、瞒报、拒报、迟报。土地行政主管部门和统计部门共同发布的土地面积统计资料是各级人民政府编制土地利用总体规划的依据。"

(3)国务院有关批件《国务院批转农牧渔业部、国家计委关于进一步开展土地资源调查工作报告的通知》(国发〔1984〕70号)规定:"土地资源的数量、质量、分布和利用、使用情况都是经常变动的。为了能经常保持动态资料的现势性,还必须建立土地统计、登记制度,搞好土地档案,开展土地资源动态监测,及时记载土地利用和地力变化情况,定期更新土地调查资料,以满足各部门的需要。因此,土地资源调查应和建立土地统计、登记制度结合进行,并和其他后续工作紧密衔接,切实把土地资源管好用好。"

国务院批准的《国土资源部职能配置、内设机构和人员编制方案》明确了土地统计的职责,即拟定土地统计规范、标准,组织土地变更调查及统计。

10.4.4.2   关于对土地统计违法行为处罚的法律依据

在土地统计工作中,出现任何形式的弄虚作假行为,都要依照以下法律条款严肃查处:

(1)《统计法》第二十六条规定:"地方、部门、单位的领导人自行修改统计资料、编造虚假数据或者强令、授意统计机构、统计人员篡改统计资料或者编造虚假数据的,依法给予行政处分,并由县级以上人民政府统计机构予以通报批评。地方、部门、单位的领导人对拒绝、抵制篡改统计资料或者对拒绝、抵制编造虚假数据行为的统计人员进行打击报复的,依法给予行政处分,构成犯罪的,依法追究刑事责任。统计人员参与篡改统计资料、编造虚假数据的,由县级以上人民政府统计机构予以通报批评,依法给予行政处分或者建议有关部门依法给予行政处分。"

第二十七条规定:"统计调查对象有下列违法行为之一的,由县级以上人民政府统计机构责令改正,予以通报批评;情节较重的,可以对负有直接责任的主管人员和其他直接责任人员依法给予行政处分:虚报、瞒报统计资料的,伪造、篡改统计资料的,拒报或者屡次迟报统计资料的。"

第二十八条规定:"违反本法规定,篡改统计资料、编造虚假数据、骗取荣誉称号、物质奖励或者晋升职务的,由做出有关决定的机关或者其上级机关、监察机关取消其荣誉称号、追缴物质奖励和撤销晋升的职务。"

第二十九条规定:"利用统计调查窃取国家秘密或者违反本法有关保密规定的,依照有关法律规定处罚。利用统计调查损害社会公共利益或者进行欺诈活动的,由县级以上人民政府统计机构责令改正,没收违法所得,可以处以罚款;构成犯罪的,依法追究刑事责任。"

(2)《土地管理部门保密法实施细则》第二十九条规定:"对外泄露国家秘密的,依照《保密法》和《保密法实施办法》的有关规定处理。"

10.4.4.3   土地统计资料管理、公布及保密的法律依据

土地统计信息是国家研究制定土地利用规划、计划和有关土地政策的基本依据,有些涉及国家经济实力的土地统计信息属于国家的机密统计资料。为了充分发挥土地统计的服务与监督作用,也为了保守土地管理工作中的国家秘密,国土资源管理部门及其他有关单位必须加强土地统计资料的统一管理,使土地统计资料的管理工作法制化。

(1)《统计法》第十三条、第十四条、第十五条分别规定:"部门统计调查范围内的统计资料,由主管部门的统计机构或者统计负责人统一管理……""各地方、各部门、各单位公布统计资料,必须经本法第十三条规定的统计机构或者统计负责人核定,并依照国家规定的程序报请审批""属于国家机密的统计资料,必须保密。"

(2)《国务院批转国家统计局关于对外提供和公开发表社会经济统计资料网请示报告》(国发〔1980〕261号)第二部分中规定:"各部门、各地区对外提供和公开发表社会经济统计数字,要以各级统计部门的数字为准,并在提供和发表前与各级统计局核对一致。"第四部分关于加强对外提供统计资料方面中提出:"建议国务院各部、委、局在本单位内指定一个机构负责管理本部门对外提供和公开发表统计数字的审查、核对和检查工作。各单位在检查保密工作时,应将对外提供和公开发表统计数字问题作为一项重要内容来检查,

231

并报告中央保密委员会、办公室。"

▶ 10.4.5　土地统计的主要内容

土地统计的对象是中华人民共和国的全部土地。无论这些土地的类型如何，做何用途，利用程度怎样，也无论其所有权、使用权的归属情况如何，均属土地统计的对象，都应统一而全面地进行统计。各省、市、县以及各企事业单位的土地统计对象应是它们各自管辖范围内的全部土地。土地统计的对象决定了土地统计工作以数字、图、表为主要形式，对土地的数量、质量、分布、权属、利用状况等因素及其变化规律进行全面系统的记载、整理、分析和研究，这便是土地统计的内容。这一系列因素的质与量的变化则通过土地统计指标和指标体系来体现。从土地统计的对象及其范围而言，土地统计的内容包括土地的数量、质量、分布、权属和利用状况；从土地统计工作的全过程看，土地统计的内容包括土地统计设计、土地统计调查、土地统计整理和土地统计分析等。因此，土地统计的基本内容主要包括土地面积、质量、权属和利用状况、分布。

（1）土地面积　是指统计范围内全部土地的数量，如全国土地面积、全县土地面积、各单位土地面积等。

（2）土地质量　指通过对土地质量指标的调查统计或在此基础上开展土地评价确定的不同等级土地的数量及分布，如某县拥有不同等级耕地的数量（及分布）、某市拥有各级土地的数量（及分布）等。

（3）土地权属状况　指不同权属性质的土地面积、土地归属及分布。土地权属性质分为国有土地和集体所有土地两种。使用国有土地按隶属关系分系统统计。

（4）土地利用状况　土地利用状况指各种土地利用类型的面积及分布，土地利用类型应按照国家统一规定的分类标准进行。目前第三次全国土地调查确定的土地分类，是国家级的标准分类，共分为 12 个一级类和 53 个二级类。

（5）土地分布　土地分布指土地的位置及范围，主要指标是坐标或行政范围或界线范围，如行政界线、各权属单位及各种用地的界线等。

▶ 10.4.6　土地统计的类型

土地统计是一项有法律规范的庞大的系统工作。它既具有行政管理的功能，也有极强的科学原理指导。整个土地统计制度是依据《中华人民共和国统计法》和《中华人民共和国土地管理法》及其他有关行政规定制定的。它由两个层次按下列方式构成。

10.4.6.1　初始土地统计和年度土地统计

根据统计的时间和任务不同，分为初始土地统计和年度土地统计。

1）初始土地统计

初始土地统计是实施新的土地统计制度的起点，或者说，它是在某一时点上展开新的土地统计工作的第一次统计实务。通常它以土地调查成果和初始登记资料为基础，将土地调查中获得的有关土地数据资料，按土地统计的规范，建立县、乡土地统计台账和土地统计簿的过程。

初始土地统计工作一般紧接着土地调查工作的完成而开展。两者相互衔接,以确保图、数和实地的一致性。所以,通常土地调查的结束便是土地统计的开始。而土地调查的成果便是土地统计的基础。当土地调查和初始土地统计由同一单位完成时,可以将两项工作结合起来交叉进行。

初始土地统计的意义在于为建立健全新的土地统计制度奠定基础。其最核心的内容是建立土地统计台账、土地统计簿,这是土地统计的基础工作,是最原始、最丰富、最系统的数据成果。它与土地利用现状图、实地现状分布形成三位一体的数据实体,能准确而详尽真切地反映某一范围内某一时点的土地利用现状。

2)年度土地统计

初始土地统计获得的是初始统计开展时点上的土地利用状况资料,随着时间的推移,土地利用不断发生变化,初始土地统计的资料已不能完全反映新的土地利用状态,有时也由于初始土地统计中存在某些差错(或缺陷),需要及时加以纠正、补充。为了保证土地统计资料的现势性、准确性,需要定期地开展土地变更调查,发现和记载发生的变化,借此变更土地统计资料,并修整原有资料的缺陷和错误。定期的规定可以随管理的需要而定,对于具有基础性意义的统计资料的变动,通常以一年为度,成为一种规定的制度,故称年度土地统计(或称变更土地统计)。但是,这不是唯一的形式,根据管理的需要,变更土地统计也可另行规定期限。

年度土地统计是在初始土地统计之后,对土地权属、地类、面积等变更情况进行土地统计调查,并对调查资料进行整理,改写土地统计台账和土地统计簿,完成土地统计年报,进行土地统计分析。它也是完整的土地统计中的一个重要环节。

初始土地统计和年度土地统计相互交替推进,从而不断更新土地统计资料,为管理提供准确的、具有现势性的资料。

10.4.6.2　基层土地统计和国家土地统计

根据国家土地统计报表的报告程序规定,土地统计分为基层土地统计和国家土地统计。

1)基层土地统计

基层土地统计泛指县级以下的乡(镇)土地管理所和村级生产单位,以及其他非农业建设的用地单位等所从事的土地统计工作。其主要任务是统计其所辖范围内的土地数量、质量、分布、权属和利用状况。

社会各单位、企事业单位等也有开展土地统计工作的,但它们的统计仅为本单位的需要而开展,基本上都不纳入国家汇总管理的体系之中。没有列入国家规范的土地统计体系之中,也就不属于这里所论的基层土地统计之列。

基层土地统计工作包括年报制作、专题调查的开展、初始和日常土地统计、土地变更调查记录表的建立和管理,以及各项土地统计制度的执行与完善。它的工作是以土地调查的地类图斑或地块为基本统计单元,开展土地统计。其结果是最详细的、最基础的统计成果。

2)国家土地统计

国家土地统计指县级(含县级)以上土地管理部门所进行的土地统计工作。它的任务

233

包括开展土地统计的设计、安排调查工作、进行统计汇总、开展系统整理和分析等。它的工作包括对土地统计的有关制度与方法的设计；设计国家土地统计报表；按国家制订的土地统计报表制度，定期完成年报的填写和汇总；进行数据整理和分析，检查和监督国家各项土地管理政策执行情况，并提出改进土地管理工作的建议和措施，为国家提供科学、准确、全面、系统的土地信息等。

基层土地统计和国家土地统计是一个系统的两个层次。基层土地统计为国家土地统计提供基础，国家土地统计则在基层土地统计的基础上加以汇总，形成能全面反映土地利用整体状态和变化趋势的完整资料。基层土地统计以反映原始调查结果为主，国家土地统计以通过整理分析从而反映整体现状、效应和态势为主。因此，基层土地统计拥有较强的原始性，而国家土地统计有着突出的整理汇总性。但是，两者既然是一个体系的两个层次，它们在统计的口径上必须衔接一致（包括指标设置、指标体系、指标的含义和统计表格的填写等），这是确保土地统计效果的重要保障。

10.4.7　土地统计的程序

土地统计的程序是由土地统计制度和统计学的基本原理决定的。现行程序可分为 4 个阶段，分别为土地统计设计阶段、土地统计调查阶段、土地统计整理阶段和土地统计分析阶段。

10.4.7.1　土地统计设计阶段

土地统计设计是依据土地统计的对象特性、内容和现实条件，为实现土地统计目的，对统计工作的各个方面和全过程所做的通盘考虑和科学协调的安排。这一阶段工作包括确定统计目标、设计统计指标和表格、制订统计调查方案。

（1）土地统计目标在于通过土地统计和不断地更新统计，能全面、及时地获取统计对象总体（即土地）的全部完整的（包括土地数量、类型、质量、权属等）资料以及土地利用现状和变动态势，将这些资料提供给管理部门作为管理和决策的依据。

（2）统计指标是用以反映土地总体的各种形式（土地分类）分布、质量状态、权利归属等有用信息的具体表现内容。统计指标的设计必须能全面地反映土地及其利用的各个方面情况。统计指标既要有最基本的、长期都实用的指标，也必须有能够及时反映当前土地利用特点和趋势的指标。土地统计指标相互联系、相互补充、有机排列，以充分反映土地这个总体的综合特征和变化趋势，便是土地统计指标体系。

表格是生动表达土地统计指标状况、提供土地利用状况及变化趋势的有利形式。优良的表格有利于调查工作的顺利进行，方便对土地统计资料的整理汇总，最大限度地提供分析空间，充分地满足各方面人员对资料的应用。土地统计表格应少变动，但是为了及时反映新情况新问题，应当不断更新统计指标，改进统计式式。因此，应当有一些长期较为固定的统计表格，同时又有一些能适当反映当前情况的表格，相互构成一个表格体系。

（3）制订土地调查方案是保证土地统计成果及时准确的重要措施。制订科学、周密、可操作性强的调查方案，是统计取得成功的保证。围绕统计指标的要求，制订调查方案要进行如下工作：确定调查目的，明确调查对象和调查单位，拟定调查项目和途径、方法，制订调查表和填表说明,草拟调查的组织实施计划。

土地统计的设计从技术上来讲,必须严格把握不重不漏的基本要求,而且不断为引进新技术手段提供方便。

10.4.7.2 土地统计调查阶段

土地统计调查是根据土地统计的任务要求,采用科学的方法和手段,收集土地原始资料和开展实地调查的过程。调查必须针对不同的土地资料采用不同的调查手段和方法,需要有周全的调查方案。

(1)资料收集 在土地统计调查中,要收集的统计资料包括土地现状调查成果资料、地籍调查成果资料、土地分等定级资料、土地登记资料等所有相关的图件、数据和文件资料。资料收集时应注意这些资料都是与原调查成果、统计要求相一致的,应用时要有针对性地选取,同时应注重资料的保密性、准确性、及时性以及全面性等。

(2)实地调查 在收集资料的基础上,要进行整理、分类、分析和评价。资料不能反映土地动态变化、不够全面或不能满足某些专项统计需要时,需通过实地调查解决。如农用地内部结构调整引起的耕、林、牧的变化,土地质量等级的改变,均需通过实地调查了解。调查往往分为普通全面调查和专门调查,采用全面调查或抽样调查及重测、补测等手段。

10.4.7.3 土地统计整理阶段

土地统计整理就是根据土地统计研究的任务和目的,对土地统计调查取得的各项原始资料进行审核、汇总,使其系统化、条理化,以得出反映土地资源总体特征的综合资料。整理工作通常有如下四个步骤。

(1)审核订正 在土地数字填报、汇总之前,须对原始资料进行严格的审核、订正。审核包括报送资料的及时性,资料的完整性,统计口径、计算方法、统计单位、填写方式的正确性。审核时常对数据进行逻辑检查和计算正确性检查。逻辑检查主要检查、分析数据之间的逻辑关系是否正确、合理,计算检查主要审查填报的数据是否正确、无误。

(2)资料整理 按土地统计指标和指标体系的设计,将统计资料进行分组,以便对土地的特性以及发展变化规律有一个科学的认识。把统计分组后的资料用表册、图件或文字资料的形式加以记载、反映和整理。表册、图件、文字资料均应按统一要求整理、编写,表册印制、指标含义、计算方法、统计口径、注记方式均按统一标准进行。

(3)统计汇总 统计汇总是将各个环节、各个方面、各个级别整理、编写的土地统计资料相互衔接、组合、归纳汇总的工作,是实现土地统计资料科学整理的必要手段,常采用的方式有逐级汇总、集中汇总(也称超级汇总)、综合汇总和会审汇编等。①逐级汇总是将基层取得的土地统计资料一级一级自下而上地在本系统或本地区范围内汇总起来,即由县、地、省各级土地统计机构和人员将本辖区土地统计数据逐级上报、汇总,然后报国土资源部进行全国汇总。②集中汇总则是把多级的土地统计数字直接越级集中到上级机关参与汇总。③综合汇总是以上两种汇总形式的综合使用。④会审汇编是由所属单位的统计人员,携带报表及资料集中到一起,分工协作,共同审核,汇总编表。

(4)编绘图表 统计表册是土地统计整理成果的体现。表册应按统一的格式印刷,按统一规定的统计口径填写,在统一的时间内完成。填写格式、注记方式、编码、计算方法等以标准和规范方式完成。表册中的数据应客观、真实。为了形象表现统计资料,可以绘制各种统计图(条形图、圆形图、线形图、象形图等)。

10.4.7.4　土地统计分析阶段

统计分析是土地统计工作过程的最后阶段,是对土地统计数据进行分析研究,说明土地利用状况,揭示土地变化规律,并提出解决问题的方案和建议的工作。土地统计分析包括以下内容:

(1)对统计整理的成果进行进一步加工,如计算相对数和平均数等各种基本的分析指标,形成统计分析的"零部件",供组合分析之用。

(2)从总体的特殊表现过渡到总体的一般表现,即达到规律性的认识。

(3)对现象做出判断和评价。

(4)推论,就是从对现状的认识过渡到对未来的认识(预测)。

就内容而言,土地统计分析一般包括土地现状及动态分析、土地专题分析、土地综合分析和土地预测分析等。

实习9　不动产登记实习

1.实习任务

(1)熟悉出让国有建设用地使用权、宅基地使用权和土地使用权变更的流程。

(2)掌握不动产登记申请书、审批表、登记簿等表卡册的审核、规范填写与更改方法。

2.实习步骤

(1)根据模拟案例收集、整理申请资料,填写《不动产登记申请书》。

(2)权属审核,填写《不动产登记审批表》。

(3)根据审核结果开展注册登记,填写《不动产登记簿》。

(4)核发证书。

(5)资料归档。

3.提交成果

实习总结报告。

第 11 章

地籍数据库与地籍信息系统

【学习任务】

1. 了解地籍数据库建立的流程。
2. 熟悉地籍管理信息系统的主要功能和组成。

【知识内容】

11.1 地籍数据库

地籍数据库是地籍数据的集合,实现对具有一定地理要素特征的相关地籍数据集合的统一管理。地籍数据间紧密联系共同反映现实世界中某一区域内综合信息或专题信息间的联系,主要应用于地籍空间数据处理和分析。

地籍数据库的建成将为城市规划、城市存量土地的利用、清理城市土地隐形市场、土地转让等城市土地管理提供翔实、准确、可靠的基础资料,为土地变更调查、城镇土地利用总体规划、土地开发复垦和建设用地等工作提供技术服务。最常用的地籍数据库是土地调查数据库。

土地调查数据库是国土资源数据库的最重要组成部分,是土地管理工作的基础,高质量的土地数据库与管理系统建设是土地管理信息系统安全、高效运转的前提。土地调查数据库建设的目的在于建立集影像、图形、地类、面积、权属和基本农田、后备资源等各类土地利用现状信息为一体的土地调查数据库及管理系统,建立规范化、信息化、城乡一体化的土地管理与服务体系,为实现高效、准确的动态国土资源管理工作奠定基础,为土地用途管制、农用地转用和农业产业结构调整提供依据,为城市建设发展、土地利用总体规划修编及制订土地利用计划提供依据。

▶ 11.1.1 土地调查数据库及管理系统总体架构

我国土地调查数据库及管理系统,纵向涵盖国家、省、市、县四级国土资源管理部门,横向包括土地调查基础业务工作。

(1)土地调查数据库 土地调查数据库是根据土地管理信息系统以及国家规范与标准,将具有不同属性或特征的要素区别开来,从逻辑上将空间数据组织为不同的信息层,为数据采集、存储、管理、查询和共享提供依据。在数据库的设计中,根据空间图形表达形式将地理实体分为点、线、面三大类进行要素的特征描述。土地利用数据库内容包括基础地理要素、土地利用要素、土地权属要素、基本农田要素、栅格要素、其他要素等。

(2)土地调查数据分中心 土地调查数据分中心是土地调查数据体系的重要组成部分,是国土资源数据中心的逻辑分节点,其主要作用是接收、处理、存储、管理和分发来自本级数据获取与处理系统和上下级分中心的土地调查数据。土地调查数据分中心建设要与本级国土资源数据中心建设在框架结构上保持一致。土地调查数据分中心的主要内容包括机房设施、软硬件网络设施、平台软件(操作系统、数据库平台、安全设施、土地调查数据仓库、土地调查数据库管理系统、土地调查数据交换系统)等内容。

(3)土地调查数据服务系统 土地调查数据服务系统由对内和对外数据(信息)服务两部分构成,分别运行在国土资源政务网与网际互联网之上。数据分中心对内,通过本级国土资源信息广域网向本级国土资源管理部门(国土资源数据中心)提供相关土地调查数据共享、综合统计分析、数据分类查询等信息服务。对外,用户通过 Internet 登录数据服务网站访问系统,在得到系统访问授权(用户身份验证)后,即可进入相应的服务系统,通过数据访问授权,访问在所属权限内的数据。服务用户可以得到实时的空间数据服务。它消除了面向用户的特定数据格式转换、数据加载、部分开发方面的负担。

▶ 11.1.2 地籍数据库的设计

11.1.2.1 地籍空间数据的逻辑预处理

地籍空间数据的逻辑预处理包括按空间数据的规范和标准处理,空间数据的规范和标准包括空间数据的分类和编码标准以及元数据标准等,其中分类是为了便于计算机存储、编码和检索;空间数据编码是将分类的结果用一种易于被计算机和人识别的符号体系表示出来;元数据是描述空间数据集的内容、质量、表示方式、空间参考、管理方式以及数据集的其他特征,是空间数据交换的基础。

11.1.2.2 地籍实体属性信息的设计

地籍实体属性信息的设计就是确定地籍实体应该具有哪些属性信息,根据土地管理的要求和特点,设计地籍实体的属性信息。

地籍实体中,除图斑和宗地外,还有零星地物、线状地物、界址点和界址线 4 种地籍实体。

（1）零星地物属性设计　零星地物是某种地类图斑中所含有的，因调查底图比例尺太小不能用最小图斑所表示的异种地类。这种实体的信息可另设两个图层进行存储、管理。

（2）线状地物的属性设计　线状地物的属性信息参照宗地的模型，由拐点库和线状地物库来管理，将线状地物的位置及其与拐点间的拓扑关系隐含在拐点表之中。①拐点信息包括拐点号、所属线状地物号、x 坐标值、y 坐标值、上一个点号。②线状地物的属性信息为线状地物编号，地类代码，地类名称，线状地物长度，线状地物宽度，线状地物面积，线状地物名称，权属单位，权属性质，偏移参数，扣除系数，有效状态。

（3）界址点属性设计　界址点是土地权属界线的转折连接点，在地籍测绘中用以确定土地权属界地面位置。界址点的属性有界址点名称，地籍区号，地籍子区号，x 坐标，y 坐标，界址点空间索引，界址点空间数据，界标类别，界标物类别，有效状态。

（4）界址线属性设计　界址线是相邻界址点的连线，包含各个地籍调查区之间的界线，界址线的属性设计为界址线编号、宗地号、起点、终点、左宗地、右宗地、有效状态。

11.1.2.3　地籍数据库的物理结构设计

地籍空间数据库最终要存储在物理设备上。为一个给定的逻辑数据模型选取一个最适合的物理结构（存储结构与存取方法）的过程，就是数据库的物理设计。

1）物理结构分析

主要包括以下内容：

（1）确定数据的存储结构。确定数据库存储结构时要综合考虑存取时间、存储空间利用率和维护代价三方面的因素。这三个方面常常是相互矛盾的，例如消除一切冗余数据虽然能够节约存储空间，但往往会导致检索代价的增加，因此必须进行权衡，选择一个折中方案。

（2）设计数据的存取路径。在关系数据库中，选择存取路径主要是指确定如何建立索引，包括主键和主索引的创建，建立单索引还是组合索引，建立多少个为合适，是否建立聚集索引等。

（3）确定数据的存放位置。为了提高系统性能，数据应该根据应用情况将易变部分与稳定部分、经常存取部分和存取频率较低部分分开存放。

（4）确定系统配置 DBMS（Database Management System）。产品一般都提供了一些存储分配参数，供设计人员和数据库管理员对数据库进行物理优化。初始情况下，系统都为这些变量赋予了合理的缺省值。但是这些值不一定适合每一种应用环境，在进行物理设计时，需要重新对这些变量赋值以改善系统的性能。

（5）对物理结构进行评价，评价的重点是时间和空间效率。数据库物理设计需要对时间效率、空间效率、维护代价和各种用户要求进行权衡，其结果可以产生多种方案，数据库设计人员必须对这些方案进行细致的评价，从中选择一个较优的方案作为数据库的物理结构。评价数据库的方法完全依赖于所选用的 DBMS，主要是从定量估算各种方案的存储空间、存取时间和维护代价入手，对估算结果进行权衡、比较，选择出一个较优的、合理的物理结构。

2)物理结构设计

主要包括以下内容：

（1）总体结构设计　整个地籍数据库用一个数据库管理、其中的数据表分 6 类：宗地类、权属类、图斑类、基础信息类、地籍业务管理类和元数据类。在管理时采用在表名称前加前缀类型来区分不同的类型数据库表。

（2）宗地类数据表设计　宗地类数据表主要用来存储行政区、城区、街道、街坊等区划要素数据。

（3）权属类数据表　主要存储与宗地相关的数据。宗地数据用于记录宗地的位置、界线、权属、数量、用途以及办理宗地业务的管理信息等，包括图形数据和属性数据。宗地数据与地形图数据叠加，可生成地籍图和宗地地图。

（4）图斑类数据表　存储地类图斑、线状地物和零星地物等地类要素数据。

（5）基础信息类数据表　主要存储测量控制点、地物、地貌等地形数据。

（6）地籍业务管理表　存储地籍业务审批流程所需的各种数据。

（7）元数据库　元数据是描述数据的数据。在地籍空间数据中，元数据是说明数据的内容、质量、状况和其他有关特征的背景信息。元数据库用于数据库的管理，可以避免数据的重复，通过元数据建立的逻辑数据索引可以高效查询检索数据库中任何物理存储的数据。地籍空间数据库中的元数据库主要存储和管理数学基础、编码编号规则、空间定位精度、几何数据精度、属性数据精度、时域数据精度、逻辑一致性、完整程度和数据的处理过程、各种数据取值范围等描述性数据。元数据（尤其是空间数据的元数据）主要由系统应用程序调用和用于系统的数据交换。

11.1.2.4　地籍数据库的功能设计

（1）地籍信息的检索　按一定条件对空间实体的图形数据和属性数据进行查询检索。主要完成土地利用现状查询、土地变更查询、证件年审查询、图件查询等项目的查询。图属互查，按已有地籍单元空间查询，例如行政区、街道、街坊以及宗地查询；自定义范围查询，包括输入点坐标和直接在图上圈画范围查询；按缓冲区查询，包括点、线、面的缓冲区分析；指定空间范围进行查询，包括输入点坐标与在地图窗口直接勾画多边形。

（2）地籍信息的输出　主要完成报表输出、地籍图输出、宗地图输出、文件等输出。

11.1.3　地籍数据库标准

我国城镇地籍信息系统建设起步较早，目前许多城市已经建立城镇地籍信息系统，并被广泛应用于城镇土地资源的日常管理，为城市建设和发展提供了基础保障。同时，我国农村地籍信息系统的建设随着新一轮国土资源大调查工作的部署，"数字国土工程"以及土地资源调查与监测等工程项目的部署和实施，正在全国大范围开展起来。

基础地籍数据是地籍信息系统的核心，是建立现代地籍工作的基础。目前，我国用于城镇地籍和农村地籍的基础数据库分别为"城镇地籍数据库"和"土地利用数据库"。土地利用数据库系统是农村地籍管理信息化建设中核心的软件系统，主要用于土地利用现状数据的采集、处理、管理和应用。

为规范土地利用数据库和城镇地籍数据库建设工作,2007 年底国土资源部发布了《土地利用数据库标准》(TD/T 1016—2007)和《城镇地籍数据库标准》(TD/T 1015—2007)。

《土地利用数据库标准》适用于土地利用数据库建设与数据交换。该标准规定了土地利用数据库的内容、要素分类代码、数据分层、数据文件命名规则、图形数据与属性数据的结构、数据交换格式和元数据等。

《城镇地籍数据库标准》适用于城镇地籍数据库建设及数据交换。该标准规定了城镇地籍数据库的内容、要素分类代码、数据分层、数据文件命名规则、图形和属性数据的结构、数据交换格式和元数据等。

11.1.3.1　相关术语和定义

(1)要素　真实世界现象的抽象。

(2)类　具有共同特性和关系的一组要素的集合。

(3)层　具有相同应用特性的类的集合。

(4)标识码　对某一要素个体进行唯一标识的代码。

(5)土地利用　人类通过一定的活动,利用土地的属性来满足自己需要的过程。

(6)地籍　记载宗地的权利人、土地权利性质及来源、权属界址、面积、用途、质量等级、价值和土地使用条件等土地登记要素的簿册。

(7)矢量数据　表示地图图形或地理实体的位置和形状的数据。

(8)栅格数　按照栅格单元的行和列排列的有不同"灰度值"的相片数据。

(9)图形数据　表示地理物体的位置、形态、大小和分布特征以及几何类型的数据。

(10)属性数据　描述地理实体质量和数量特征的数据。

(11)元数据　元数据的数据,用于描述数据的内容、覆盖范围、质量、管理方式、数据的所有者、数据的提供方式等有关的信息。

11.1.3.2　要素分类与编码

数据库要素的大类采用面分类法,小类以下采用线分类法。根据分类编码通用原则,将数据库要素依次按大类、小类、一级类、二级类、三级类和四级类划分,要素代码采用十位数字层次码组成,其结构如下:

(1)大类码为专业代码,设定为二位数字码,其中基础地理专业码为 10,土地专业码为 20;小类码为业务代码,设定为二位数字码,空位以 0 补齐,土地利用的业务代码为 01,土地利用遥感监测的业务代码为 02,土地权属的业务代码为 06;一至四级类码为要素分类代码,其中一级类码为二位数字码、二级类码为二位数字码、三级类码为一位数字码、四级类码为一位数字码,空位以 0 补齐。

(2)基础地理要素的一级类码、二级类码、三级类码和四级类码引用《基础地理信息要素分类与代码》(GB/T 13923—2006)中的基础地理要素代码结构与代码。

(3)各要素类中如含有其他类,则该类代码直接设为"9"或"99"。

▶ 11.1.4　土地调查数据库建设

土地调查数据库建设分为农村土地调查数据库建设和城镇地籍调查数据库建设。农

241

村土地调查数据库建设依据相关标准、规范,以现势性的航空、航天遥感数据制作数字正射影像图数据;以正射影像图为基础,结合外业调查成果,采集土地利用和土地权属数据;以基本农田划定和调整资料为基础,采集基本农田数据;以上述各数据为基础,建立一体化的农村土地调查数据库。城镇地籍调查数据库建设以县(区、市)为单位,根据城镇地籍测量、城镇地籍调查和土地登记成果,建立城镇土地调查数据库。在县级数据库的基础上,通过格式转换、数据抽取、整合集成等工序,形成市(地)级、省级、国家级土地调查数据库。

11.1.4.1 土地调查数据库建设技术依据

(1)技术规范 土地调查数据库建设按《土地调查数据库建设技术规范》(国务院第二次全国土地调查领导小组办公室二○○七年十二月,以下简称《规范》)组织实施。《规范》对数据库总体设计、准备工作、数据采集与处理、数据入库、质量控制、数据成果要求、数据库更新、数据库管理功能,以及土地调查数据库安全管理与维护等提出了详细要求与规范。

(2)数据库标准 为确保国土资源数据库建设的规范化、标准化,实现数据共享,土地调查数据库按照我国国土资源行业管理标准《土地利用数据库标准》(TD/T 1016—2007)、《城镇地籍数据库标准》(TD/T 1015—2007)和《基本农田数据库标准》(TD/T 1019—2009)进行设计。各标准均规定了相应数据库的内容、要素分类代码、数据分层、数据文件命名规则、图形数据与属性数据的结构、数据交换格式和元数据等,并适用于相应数据库的建设与数据交换。

11.1.4.2 技术路线、技术方法与主要环节

1)数据库建设技术路线

土地调查数据库建设技术路线可分为四个阶段。

(1)建库准备 包括建库方案制订、人员准备、软硬件准备、管理制度建立、数据源准备等。

(2)数据采集与处理 包括基础地理、土地利用、土地权属、基本农田、栅格等各要素的采集、编辑、处理和检查等。

(3)数据入库 包括矢量数据、栅格数据、属性数据以及各元数据等的检查和入库。

(4)成果汇交 包括数据成果、文字成果、图件成果和表格成果的汇交。

2)数据采集主要技术方法

(1)图形数据(矢量数据)采集方法

DOM矢量化:当图形数据采集的来源和依据是现势性较强的DOM数据时,可直接进行矢量化。采集时参考以往详查、变更调查或更新调查的图件,在放大的影像数据的基础上进行内业判读与解译。

扫描矢量化:当图形数据采集的来源和依据是聚酯薄膜或纸介质图件时,采用扫描矢量化的方法。先将图件扫描生成数字栅格图(扫描影像图),然后使用矢量化软件对扫描影像图数据进行屏幕矢量化。

矢量数据转换:当数据源为矢量数据时,应先进行数据格式、数学基础和数据精度的检查,然后进行数据转换和相应处理。

外业电子数据采集：当数据源是由 GPS 全站仪或 PDA(Personal Digital Assistant)等外业设备采集的电子数据时，可直接导入点位坐标串数据、数字线划图(DLG)或外业采集的 GIS 数据，并按手簿记录内容以影像为基础补充完善相关图形数据。

(2)属性数据采集方法　有三种形式，逐个图形直接录入属性数据（即手工输入）、编制软件集中录入属性数据（即分析计算）、利用原有数据库的属性数据及相关资料，直接导入录入数字形式属性数据（直接导入）。

(3)存档文件输入　对需要保存的审批文件、合同以及权属调查中相关的确权登记等资料，直接用扫描仪、数码相机等设备形成影像文件存档。

(4)基础地理信息及栅格信息数据采集　栅格数据来源于统一提供的正射影像图、DEM 等。定位基础数据来自实测控制点等。行政区划数据来自国家统一下发的民政勘界成果。地貌数据来源于测绘部门提供的高程数据、等高线等或自行采集的地貌数据。DRG(Digital Raster Graphic)采集主要有转换法和扫描法。转换法是将矢量数据经符号化后转换为 DRG 数据，扫描法是对纸介质图件进行扫描、栅格编辑、图幅定向、几何纠正等工艺处理生成 DRG 数据。DEM 采集主要有数字摄影测量和地形图扫描矢量化两种方法。数字摄影测量是对摄影资料进行扫描、影像定向、立体建模、DEM 获取、人机交互编辑等工艺流程生成 DEM 数据，地形图扫描矢量化是通过对地形图扫描、定向、矢量化编辑、高程赋值、构建 TIN(Triangulated Irregular Network)等工艺流程，内插生成 DEM 数据。

(5)元数据采集方法　对数据采集过程中产生的新数据，其元数据的获取由数据生产单位同时提供；对数据采集过程中使用的已有元数据的资料及数据，应按照《国土资源信息核心元数据标准》要求对其元数据进行相应的补充、修改及完善。

3)主要数据采集与处理环节

以下列出了建库过程中的重要环节，根据实际情况各环节的先后次序可删减或调整。对数据建库流程的设计没有具体规定，在满足数据建库各项工作内容和质量要求的前提下，可自行设计。

(1)DOM 矢量化采集与处理环节　包括分层矢量化、分幅数据接边、数据拓扑处理、属性数据采集、数据检查与入库。

(2)扫描矢量化采集与处理环节　有图件扫描（如外业调查底图、基本农田保护图件等）、几何纠正、分层矢量化、分幅数据接边、数据拓扑处理、属性数据采集、数据检查与入库。

(3)矢量数据转换与处理环节　有数据格式转换、数据检查、制订数据处理方案、数据处理。

4)数据采集原则

(1)现势性原则　在数据采集与处理过程中，根据数据源的类型、时点、介质等方面的具体情况，优先选择符合《建库规程》及《数据库标准》要求、具有较强现势性的数据和资料作为采集数据源。

(2)合理继承的原则　为了充分利用前次土地调查、土地利用更新调查、变更地籍调查等调查成果，对已有的数据和资料，经过合法性、真实性、精度、现势性等方面的核实和

243

认定后,对其进行相应的处理,合理继承可用数据和资料。

(3)简便易行的原则 在数据采集与处理过程中,根据各自的具体情况,选择简单易行的技术流程和处理方法,提高数据采集的工作效率。

(4)统一标准原则 数据建库中数据内容、分层、结构、质量要求等要严格依据《规程》《数据库标准》和《建库规范》的规定。

(5)过程控制原则 要对数据采集、数据入库等过程中的每一重要环节进行检查控制与记录,以免误差超限造成误差传递、累加等,同时要保证建库过程的可逆性。

(6)持续改进原则 应遵循持续改进原则,使其贯穿数据采集、检查、入库等各环节,不断优化各环节的数据,保障数据质量。

(7)质量评定原则 对数据库数据进行质量评定,及时、准确地掌握数据的质量状况,及时发现建库中存在的问题,保证数据建库成果的质量。

11.2 地籍管理信息系统

11.2.1 地籍信息与地籍信息管理

地籍信息是地籍管理工作中呈现的信号所包含的内容。从狭义的角度看,地籍信息仅仅包括描述土地资源和土地资产空间位置及状态的图形数据(如地籍图、宗地图、土地利用现状图等空间信息)以及描述它们的权属、价值、位置的属性数据(如丘号、图斑号、宗地号、地类、面积、权属、地址等属性信息)。从广义的角度看,它一方面包括土地自身的空间与属性数据,同时还包括为开展地籍管理工作下达的指示、命令,召开的会议、培训活动及制定工作计划与规程文档等的信息。这些信息对地籍管理来讲都是十分重要的。

地籍信息在促进经济发展和社会稳定、保护产权人合法权益、保护耕地和监测粮食安全、规范土地市场、防范金融风险、促进土地管理方式的转变和积极主动参与宏观调控等方面发挥了巨大作用。

11.2.1.1 地籍信息的特点

(1)信息数量庞大、内容全面、形式多样。地籍管理活动中形成的信息量是十分巨大的,不但体现了每一宗地(地块)的全部特征,而且体现了地籍管理工作的全过程,因此也是非常全面的。由于地籍管理工作不断进行,土地信息也就不断地更新,因此地籍信息总量始终处于不断增加的态势,形成海量信息。这些海量信息还呈现多种形式,既有空间信息,又有非空间信息;既有数值信息,又有非数值信息。它们以文字、数字、符号、图件、声像等不同形式表现出来。

(2)精确、准确。构成地籍信息中的很多数据,特别是空间属性数据,都有一定的精度要求,如地籍测量的控制测量数据、细部测量数据、面积数据等都要符合一定的精度要求,不能超过限差,要精确完整。对属性数据的记载,不能模糊不清,甚至存在歧义,信息必须精确、准确,才能保障其功能的发挥。

(3)真实、具有法律效力。地籍信息中的一些信息,如地籍调查、有关土地的权属等信息都是由专业调查人员从实地调查获得的,具有真实性和客观性。这样的信息依国家法定程序,经过注册登记后,具备绝对的公信力,能够作为法律证据利用,所以具有法律效力。

(4)信息变化快、现势性强。土地自然、社会经济属性的动态变化,导致地籍信息时时处于变化之中,这些快速变化的信息对于国家、土地的所有者或使用者都有着重要的价值。在一定的时间范围内通过地籍管理工作对变化信息的获取与更新,使得地籍信息具有很强的现势性,才能使这些信息保持其实用的价值。

11.2.1.2　地籍信息管理的特点与方式

地籍管理是土地管理的核心,地籍信息是地籍管理的依据和归宿,地籍信息的现实状况是管理工作对象、要点、目标形成的基础和依据。随着经济的飞速发展与土地使用制度的不断深化,对地籍管理的要求进一步提高,对地籍进行信息化管理是现实的客观需要。

地籍信息管理是地籍管理的内容之一。地籍信息是管理的对象,包括地籍信息的搜集、整理、存储、分析与提供服务等。要改变地籍信息的现状,弥补不足,提高水平,使之更为全面、准确,更便于和适合于利用。地籍信息管理直接关系到地籍管理乃至土地管理的水平。

1)地籍信息管理的特点

(1)行政性　地籍信息是国家的重要财富,信息的获取、处理、分析与利用的整个管理过程都必须由国家特定的行政管理机关来掌握。按照《土地管理档案工作暂行规定》中对地籍档案的有关规定,地籍信息管理应由国务院和地方县以上人民政府土地管理行政主管部门负责。

(2)广泛性　地籍信息管理所提供的信息涉及土地的自然地理信息、产权信息、产权人信息、土地使用信息等,内容也十分广泛。地籍信息管理作为一项有关土地信息的活动,涉及范围非常广泛,与各个领域、各个方面、各个部门及每个人都有着密切的联系。

(3)专业技术性　地籍信息管理具有很强的专业技术性,这体现于两个方面,一方面体现于地籍信息的采集、组织、分析与利用,此间应用了大量的技术手段,如全站仪、RS、GPS、GIS、缩微技术、网络技术等。另一方面体现于由接受过专业技术教育的地籍信息管理技术人员,从事着有序的管理,并为广泛的、大量的服务对象提供专业的信息资料。这一切都明显反映出,现代地籍信息管理的专业技术性愈来愈突出。

(4)动态性　地籍信息并非一成不变,随着信息主体、客体及其内容的改变,随着社会需求、土地管理需要的变化,地籍信息的内容及管理工作不断地发生变化。地籍信息管理同时也伴随着管理对象及客观需要的变化而转变着管理任务与管理内容。

(5)服务性　地籍信息管理的最终目的是将地籍信息提供给用户利用,最大限度地满足用户的需求。既为土地管理部门自身工作服务,也在为国家、各级政府、土地的使用单位及个人提供服务、保障权益等方面发挥作用。

2)地籍信息管理的方式。

(1)常规管理方式　通常地籍信息管理的常规管理方式,是采用地籍档案的管理方式对地籍信息进行收集、整理、鉴定、保管、统计及提供利用。收集的信息通常以纸介质为载体手工进行信息的整理、鉴定与统计;以档案的形式通过建设档案馆,对信息进行保管维护;以馆藏式提供检索,并通过对外借阅及资料编研形式提供使用。

(2)现代化管理方式 地籍信息的现代化管理方式,是以计算机为基本技术手段,结合应用缩微、声像、软件、网络等先进技术手段,建立起的信息管理系统。借助于这些技术手段,对地籍信息进行搜集、整理与存储、分析并提供服务活动。收集的信息以编码的形式表达,通过信息管理系统进行整理、鉴定、统计与保管,并可以通过网络提供服务与利用。

常规管理方式的整个工作过程耗费时间长、工作效率低、精度不高,纸介质的档案保管困难、成本大,信息提供利用的渠道较少,妨碍了地籍信息效益的充分发挥。而现代化方式对地籍信息进行获取、处理和管理等,则可以在短时间内,以较高的效率,对信息进行获取、处理和保管并更好地提供利用,充分发挥地籍信息的效益。因此,变常规地籍信息管理方式为现代化的管理方式是必然的趋势。但是,目前我国大部分地区正处于两种方式兼有的过渡阶段,正在向全面实现现代化管理方向努力。

11.2.1.3 地籍信息管理的技术基础

1)测绘技术

由于土地的特殊性,地籍信息的采集必然要应用测绘技术。随着科学技术的进步,测绘技术不断地发展。新的测绘技术,如全站型电子速测技术、GPS技术以及遥感技术、无人机技术等,为快速、及时、准确地获取地籍信息提供了技术支撑和信息服务。

2)信息技术与多媒体技术

信息技术是在计算机技术和通信技术支持下,用以获取、加工、存储、变换、显示和传输文字、数值、图像、视频、音频以及语音信息,并且包括提供设备和信息服务两大方面的方法与设备的总称。依托信息技术才能建立起地籍信息管理的基础平台。多媒体技术是集文字、图像和声音于一体的信息处理技术,多媒体技术不仅用于信息的集成,也是相关设备和软件的集成。

3)计算机技术与人工智能技术

计算机技术是信息技术的神经中枢,是地籍信息管理的重要技术支撑,它包括硬件、软件、大容量存储设备、各种输入输出设备。人工智能技术是用计算机模拟管理人员处理信息的能力,是使计算机显示出人类智能行为的技术。在地籍信息的获取、处理、表达等方面有着广泛的应用前景。

4)信息处理技术

信息的处理技术包括应用于信息的组织、存储与检索的各个方面的技术。

(1)数据库技术,是指建立、维护、利用数据库的技术,实质上是利用数据库管理系统对数据库进行管理。

(2)超文本技术,是将信息组织在一系列离散的信息节点中,通过链建立节点与节点之间的联系,形成一个由节点及链组成的网状信息结构,将零散的地籍信息关联起来,便于用户利用。

(3)存储技术。地籍信息量十分巨大,而且大多数信息需要永久保存。为保证信息不丢失采用一定的技术进行存储是必要的。当前,地籍信息数据可以存储于软盘、硬盘及光盘等各种介质中。

（4）检索技术。地籍信息的检索可以通过光盘、联机与因特网进行。特别是后两种技术，更是为地籍信息的广泛应用提供了便利。

5）数据通信技术与计算机网络技术

数据通信技术是通过适当的传输介质将数据信息从一台机器传送到另一台机器。它包括电话、电视、传输电缆、光缆、通信传输、通信处理、通信卫星和无线通信等。计算机网络就是利用通信设备和线路将地理位置不同的、功能独立的单个计算机和计算机设备互联起来，以功能完善的网络软件（即网络通信协议、信息交换方式及网络操作系统）实现网络中资源共享和信息传递的系统。

6）信息安全技术

数据通过网络传输，其安全问题不容忽视。保障信息安全的技术有控制用户对网络资源访问的权限管理技术，增强网络信息安全的信息加密技术，不保证信息交流安全的论证技术，预防计算机受到攻击的防病毒技术和防火墙技术。

11.2.2　地籍管理信息系统

地籍管理信息系统是一个以计算机和现代信息技术为基础，以宗地为核心实体，运用GIS 理论和方法，执行地籍信息的输入、存储、检索、处理、综合分析、辅助决策以及成果输出的信息系统，英文名称为 Cadastral Management Information System，简称 CMIS。它可以确保地籍管理工作高效、持续、协调地运行，为土地管理的现代化提供坚实的数据基础和优质高效的技术支持。同传统的地籍管理相比，地籍管理信息系统具有高效率、高效益和高质量等优点。

地籍管理信息系统为管理提供了优良的工作环境、简捷的工作程序，由于其具有很强的统计能力和管理能力，从而使管理工作具有高效率。在日常地籍管理中，最烦琐且最易出差错的工作主要有图的修编、权属变更登记、日常统计等，用手工完成势必耗时冗长、花费巨大，若用管理信息系统来完成，将会大大缩短工作时间，节省大量人力、财力和存储空间，还可避免资料的丢失与损坏。地籍管理信息系统能很好地保证工作质量，系统能自动检测执行状况，高质量完成管理工作。地籍管理信息系统结构框图见图 11-1。

11.2.2.1　地籍管理信息系统建设的目的

（1）管理地籍信息的需要，用管理信息系统代替手工工作，完成图形数据、属性数据的修改、变更登记、日常统计，显示出高效率、高质量和高效益等优越性。

（2）提高决策水平，加快决策速度。

（3）实现快速动态监测。

（4）地籍信息社会化的需求。

11.2.2.2　地籍管理信息系统的特点

（1）地籍管理信息系统职能齐全，信息量大，包含了地籍调查、土地登记、土地统计、信息服务等关于地籍工作的重要职能。它的数据结构复杂，既有地形图、地籍图等几何数据，又有文字报表等非图形数据。

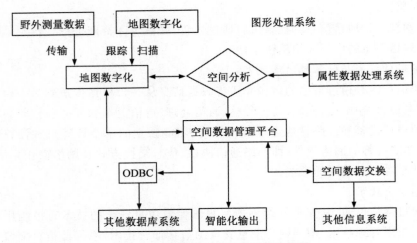

图 11-1　地籍管理信息系统结构框图

（2）地籍管理信息系统是许多学科高新技术的结晶，涉及测绘技术、数据库技术、地理分析技术、计算机技术、网络技术等，这些技术使得地籍管理更加科学、有效。

（3）地籍管理信息系统功能强大，有很广的服务面。具有强大的查询、空间分析、数据统计等功能，可以为单位与个人提供信息服务，同时能够实现数据的网络共享，为网络化服务打下坚实基础。

（4）地籍管理信息系统操作简单，设计规范，具有较强的现势性、高效性和连续性，适合地籍管理日常化的特点。

11.2.2.3　地籍管理信息系统建立的原则

为实现土地管理的科学化、规范化，必须建立一个功能完善的土地资源和资产数据库，同时建立一个城镇管理信息系统进行数据管理。系统主要遵循以下基本原则。

（1）实用性　实用性是影响系统运行效果和生命力的最重要因素，最大限度地满足用户的需要，是系统建立的根本目标。

（2）先进性　考虑到系统的长远、稳定的运行，在系统的设计过程中，必须采用先进的技术，选用先进的软件平台，使软件能够结构合理，功能齐全，更新简易，操作简单。

（3）可扩展性　除了保证基础数据的稳定性以外，必须能够适应新记录的增加，系统应能够满足不同阶段、不同应用的需求，以及为未来地籍信息社会化和政务系统服务。

（4）安全性原则　系统应设置使用权限做到"谁管理，谁负责"，对于重要文件应考虑加密，良好的备份功能在关键时刻也能起到重要的作用。

（5）易用性　系统设计的目的是把复杂问题简单化，使用户迅速掌握，这是系统开发者所追求的重要目标之一。

11.2.2.4　地籍管理信息系统的技术要求

（1）空间图数关系　图形与属性的连接是开发地籍管理信息系统的关键技术（有关系模型、层次模型、网络模型以及面向对象模型）。

（2）统计分析　采用矢量和栅格两种技术完成统计工作。

（3）报表输出　　通过数据库中提取数据可以制作各种输出表格。

11.2.2.5　地籍管理信息系统的需求分析

需求分析是系统开发的一个重点，也是一个难点。地籍管理信息系统作为一个专业性很强的应用，对需求分析的要求也特别高。

系统的需求主要从功能管理、易用性、安全性几个方面进行分析。在系统功能管理上，要能够完成查询、统计、图形操作、土地登记流程、表单打印等重要的功能；在易用性方面要设计出美观的用户界面、快捷键操作以及帮助和提示等人性化操作；在安全性方面要着重考虑网络安全、硬件安全以及数据库安全的重要方面。

11.2.2.6　地籍管理信息系统功能

地籍管理信息系统是通过对地籍信息进行采集、编辑、数据管理、查询、分析、输出等工作，来实现信息的计算机化管理过程。为此，系统应具有如下的基本功能和要求。

1）数据采集功能

地籍管理数据分为三类：①空间几何数据，指与土地有关的各种图形；②属性数据，指记录空间数据的地类、权属、利用状况、价值等属性；③管理数据，指管理过程中生成的数据。空间几何数据采集是系统数据采集的主要功能，它要求具有多种采集的方式和对空间数据采集精度的要求。

2）图形处理功能

图形数据在输入时或输入后修改、管理等工作，使建立的图形库能满足管理需要。

（1）图形窗口显示　　图形窗口是为操作人员提供图形数据的修改、查询、编辑等操作的区域，它应具备屏幕上图形的缩放和漫游功能、对图形进行分层显示功能、对不要的数据进行清除功能。

（2）地图整饰与符号设计　　图幅整饰是普通地图制图中不可忽视的内容，它不仅使地图美观，而且提供具有一定参考意义的说明性内容或工具性内容。该部分的主要功能包括图幅整饰、保存整饰结果成文件、打开某一整饰文件并编辑等。地图符号可简单分为点状符号、线状符号、面状符号三类。地图整饰时需要表示地籍或地形要素的各种符号，系统采用参数化与图形界面结合的思想进行符号的设计、编辑、修改、存储和浏览，用户根据需要生成各种符号，存入符号库，在图形整饰时，从符号库中"抓取"所需符号，使其定位于用户指定的地方。

（3）图形编辑　　管理信息系统应具备多种图形编辑功能，主要的功能有对点信息的增加、删除和检索功能，对线段的修改、删除、连接、断开功能，对目标进行移动、删除、旋转、镜像功能，对不同地物设置不同线型、颜色、符号等功能，对图形的拷贝功能等。

（4）图形空间拓扑关系　　作为地籍管理信息系统，建立几何图形元素之间的拓扑关系是它的基本功能之一。

（5）属性数据的编辑　　为了建立属性数据与空间几何数据的联系，设计属性数据的编辑功能，将一个实体的属性数据、相应的空间几何数据（点、线、面）进行连接。

（6）计算功能　　通过几何坐标计算图斑的面积、周长，两界址点间的边长，两个结点间的线段长度，点到直线间的距离等。

3）制图功能

专题制图的内容多种多样，基本类型有自然地图、人文地图及其他特种用途的地图。

系统提供多种常用的专题图表示方法,有分级统计图法、分区统计图表法、质底法、范围法和独立图表法。地籍管理信息系统的制图功能应能为用户提供矢量图、栅格图、全要素图和各种专题图。

4)属性数据的管理功能

属性数据是用来描述对象特征性质的,如一个宗地除了记录界址点坐标、面积和内部建筑物坐标、面积外,还要记录它的权属信息、地类信息、价格信息以及它的历史变化信息。

5)空间查询功能

一个好的地籍管理信息系统应提供丰富的查询功能。

(1)根据属性查图形　根据某一地物类中某项属性值查找几何对象。

(2)SQL 查询　根据 SQL 语句查询满足特定条件的一组目标对象。

(3)从属性表直接查询目标对象　在属性表上点击一条记录,就可将该记录对应的目标图形显示出来。

(4)根据图形查属性　在查询图形的同时将查到的目标所对应的属性信息显示在屏幕上,并可在显示属性表中对其进行编辑。

(5)空间关系查询　包括三种查询:多种选择查询,如点选择、矩形选择、圆选择和多边形选择;多种拓扑关系查询,如包含查询、落入查询、穿越查询和邻近查询;多种缓冲区查询,如点缓冲区查询、线缓冲区查询和面缓冲区查询。

6)空间分析功能

系统采用面向对象的方法与技术,将空间分析的各种问题系统地归结为基本粒度的有限数量的空间算子或这些算子的不同参数和顺序的任意组合,用户通过这些基本算子的组合可实施二次开发,完成各种各样的空间分析功能,为大容量多源空间数据支撑的决策问题提供完整的辅助解决方案。

(1)叠置分析　土地信息(空间、属性)在建库时,一般分层进行,叠置分析是指将同比例尺、同一区域的两组或多组图形要素的数据文件进行叠置,根据两组或多组图形边界的交点来建立具有多重属性的图形或进行图形范围的属性特征的统计分析。通过叠置分析可以得到新的图形和新的属性统计数据。

(2)缓冲区分析　缓冲区分析是研究根据数据库的点、线、面实体,自动建立其周围一定宽度范围的缓冲区多边形。这一功能在信息系统中作用很大,如某一建设项目的选址,可利用缓冲区分析查找沿某高等级公路两侧 30 m 内各种土地的分布情况。

(3)空间集合分析　空间集合分析是按照两个逻辑子集给定的条件进行逻辑交、逻辑并、逻辑差的运算。

7)服务功能

地籍信息系统可以为经济建设的方方面面提供信息服务,例如,为国家征收房地产税提供房地产所有者、使用者、面积、地址等基本信息;为征收土地使用税提供宗地产权信息、基准地价、面积、位置等数据信息;为国家建立基准地价更新系统提供土地空间信息;可以以地籍图为基础制作数字化基准地价图为房地产交易提供产权信息,维护交易双方权利和义务,提供土地登记、房产过户登记信息服务;为旧城改造提供改造区的基本属性、空间数据信息。可以说,地籍信息系统可以为所有需要土地空间数据信息的公共部门和经济组织提供信息服务。

地籍信息系统的服务对象在专业管理内部领域分为三个层次,即操作层、管理层和决策层。在国土资源管理部门内部需要达到三个目标。

(1)操作层　保证日常工作顺利进行,对所需的日常政务工作进行自动化处理,获取和管理日常工作中涉及或所需的全部数据。

(2)管理层　保证日常工作的正确性,需要支持各类日常工作的集成化信息服务,提供和管理日常工作中的完整信息。

(3)决策层　保证做正确的决定和做正确的好决定,根据信息内在联系提供对复杂问题做出决定的辅助手段,提供复杂问题的辅助决策。对于重大问题,提供专家和专业人员解决问题的辅助手段,识别和预测信息中潜在的价值和趋势。

评价地籍信息系统提供服务的质量的标准称为"三优质服务",即为社会公众提供多种方式、任何地点、任何时间(Anyhow、Anywhere、Anytime)的国土资源信息服务。根据服务对象的不同,信息服务分为无偿服务和有偿服务。对公共部门需要的服务,可以采用无偿或者抵偿方式;对其他经济体提供有偿服务。有偿服务可以降低财政预算的压力,增加预算外收入,从而提高地籍信息系统的服务质量。

11.2.2.7　地籍管理信息系统的组成

地籍管理信息系统主要由地籍调查子系统、土地调查子系统、土地登记与统计子系统等组成。

(1)地籍调查子系统　地籍调查子系统的主要功能是初始地籍调查成果建库和日常变更地籍调查动态的管理,系统涉及与地籍测量外业测绘数据交换的接口,根据来源数据自动生成地籍图件。

(2)土地调查子系统　土地调查子系统对土地利用调查的资料进行处理,并依据变更调查数据及时对数据库内容进行修改,以保证土地资源数据的现势性和准确性。该系统具有较强的对图形和属性数据管理和综合分析的能力,并为其他系统提供图件资料。

(3)土地登记与统计子系统　土地登记子系统是对国有土地使用权、集体土地所有权、集体土地使用权和土地他项权利的初始登记、变更登记、各级统计实现的全程管理。

11.2.2.8　地籍管理信息系统的评价准则

地籍管理信息系统的数据必须齐全、精确、合理、符合实况、保持现势,并保存历史数据,其中尤其重要的是数据必须合理。

1)齐全性要求

(1)范围齐全,空间数据,特别是矢量数据,必须覆盖全域。

(2)要素齐全,必须包括登记业务数据、工作流程数据和矢量数据,其中,矢量数据必须包括区划、权属、地类要素、地形要素(除房屋外,可酌情选取)。

(3)要素的类齐全,如地类要素必须包括地类块、地类界和线状地物(零星地物可酌情选取)。

(4)要素的个体齐全,如地类块图层必须铺满地类图斑。

(5)关系表齐全,空间数据和非空间数据的关系表必须齐全、关系表中的字段必须齐全。

(6)半空约束、非空约束字段取值不得为空,如地类图斑表的编号、地类代码、解析面积、获取日期等字段的取值不得为空。

2)精确性要求

(1)各级控制点必须符合国标控制测量规范的精度要求。

(2)区域、权属、地类、地形等要素的测点精度必须符合国标地形测量规范的精度要求。

(3)宗地界址点测点精度必须符合土地或测绘行业测量规范对界址点的精度要求。

(4)境界调查、权属界调查、地类调绘和土地等级调查必须符合土地调查规范要求。

(5)面积计算采用双精度实型数,计算过程中要取足够的小数位。

3)合理性要求

主要是指在地籍信息管理系统的登记业务数据、工作流程数据、栅格数据和矢量数据等数据集之间以及各个数据集的内部,必须都有严谨的逻辑关系,其中,要特别强调面积检验的重要性,这不仅因为面积是土地的确权度量,更主要的是借助面积检验,可以全面、严密、自动、高效地检查矢量数据库的总体质量。

4)符合实况

地籍信息管理系统的数据要尽可能符合实地状况,这就要加强对外业成果认真地一一核对。

5)保持现势

地籍管理信息变化频繁,如宗地信息(权利人、范围、利用、坐落等)变更,建设用地增减,农业结构调整,土地整理,区划调整等。必须使数据库始终保持现势,方能实施有效管理。

6)保存历史

地籍信息管理系统数据库要保存历史信息,历史信息为解决土地纠纷提供依据,还可用作时序分析。

11.2.2.9 地籍管理信息系统的体系结构

地籍管理信息系统采用三层的体系结构,即在逻辑上将系统划分为数据层、逻辑层、应用层。

(1)数据层 主要是实现地籍数据和空间数据的高效存储和管理。

(2)逻辑层 负责地籍管理系统业务逻辑的实现,如空间数据存取、表现和操作等。

(3)应用层 主要是对地籍管理系统的核心业务进行支持,实现地籍管理数据库的具体应用。三层结构之间相互联系的同时又相互独立,三个层次通过两个链路相互关联,同时用户的请求只涉及应用层,这样就可以减轻程序服务器和数据服务器的负担,提高系统运行的速度和效率。如果其中的一个层次出现问题,只要对相应的层次进行处理,这样避免了错误出现的概率,系统升级也变得更加简单。通过三层结构的划分,可以有效地提高系统的可维护性与可扩展性,保证系统安全稳定的运行。

11.3　地籍管理信息系统应用

11.3.1　CASS

CASS 地籍地形成图软件是广州南方测绘仪器有限公司基于 CAD 平台开发的一套集地形、地籍、空间数据建库、工程应用、土石方算量等功能为一体的软件系统。CASS 打破以制图为核心的传统模式,结合在成图和入库数据整理领域的丰富经验,真正实现了数据成图建库一体化,同时满足地形地籍专业制图和 GIS 建库的需要,减少重复劳动。数据生产、图形处理、数据建库一步到位。地籍图作业流程图见图 11-2。

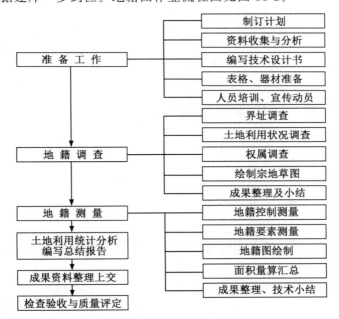

图 11-2　地籍图作业流程图

11.3.1.1　地籍参数设置

见图 11-3。

(1)街道位数和街坊位数　依实际要求设置宗地号街道、街坊位数。

(2)号字高　依实际需要设置宗地号注记地高度。

(3)小数位数　依实际需要设置坐标、距离和面积的小数位数。

(4)界址点编号方式　提供街坊内编号和宗地内编号的切换开关。

(5)宗地内图形　控制宗地图内图形是否满幅显示或只显示本宗地。

(6)地籍图注记　提供各种权属注记的开关供用户选用。

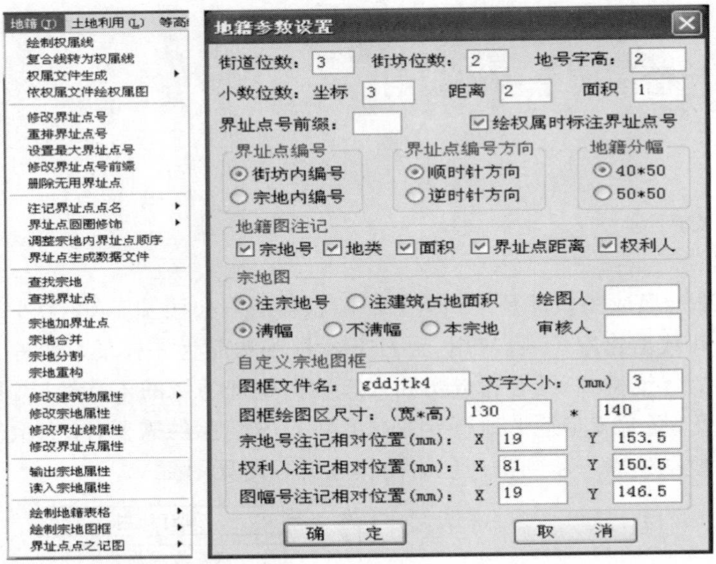

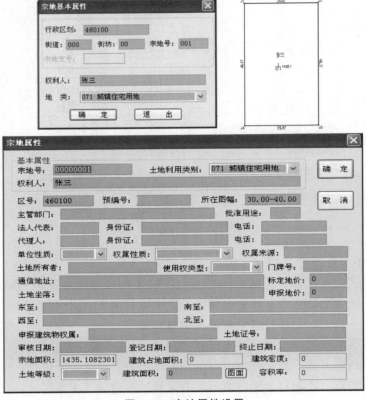

图 11-3　地籍成图参数设置

11.3.1.2　录入属性(图 11-4)

图 11-4　宗地属性设置

11.3.1.3　界址点、线属性设置(图 11-5)

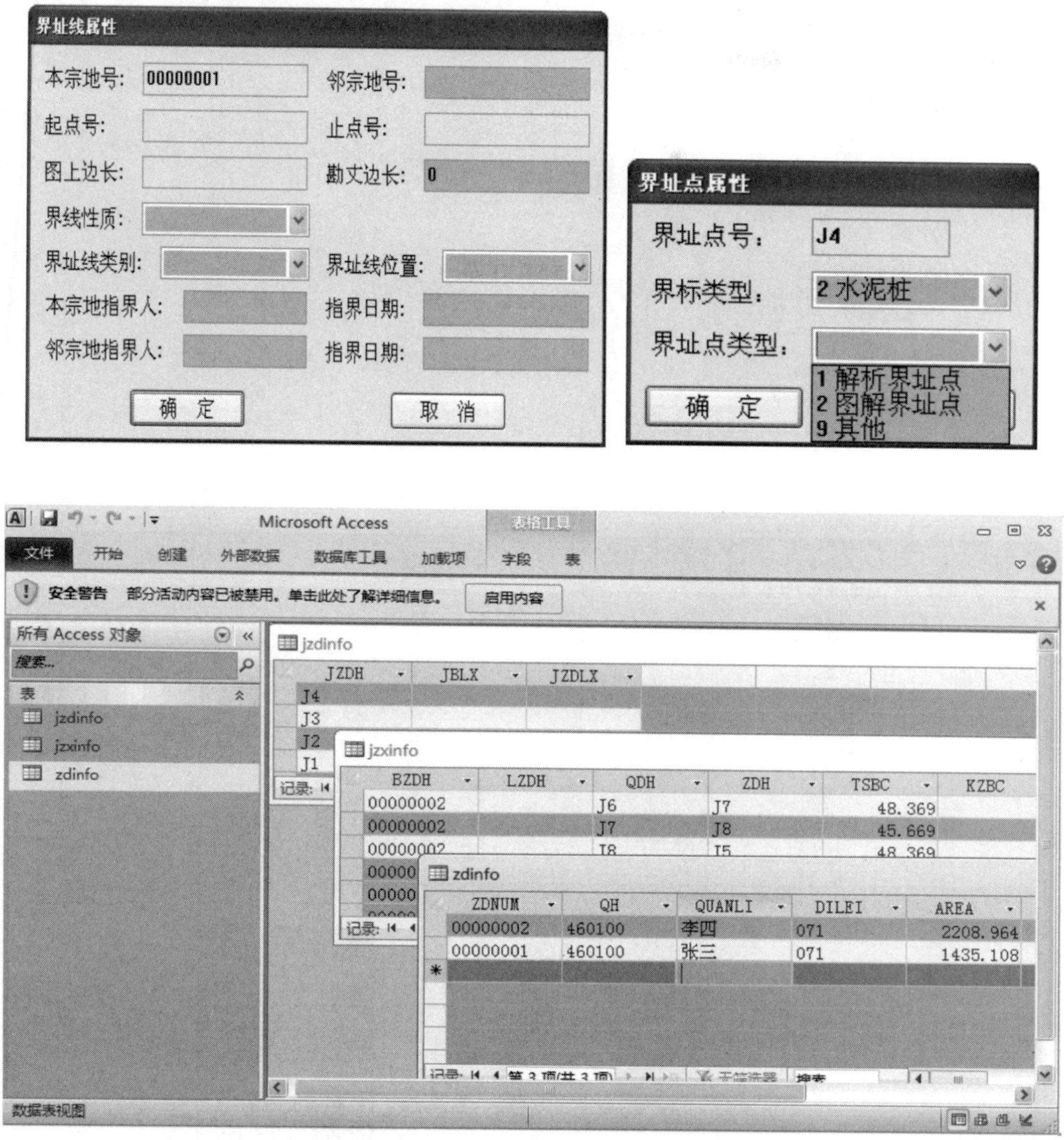

图 11-5　界址点、线属性设置

11.3.1.4　绘制宗地图

1)数据输入

CASS 通过数据菜单,读取全站仪/RTK 数据(图 11-6)。

2）定显示区

通过给定坐标数据文件定出图形的显示区域。每作一幅新图最好先做这一步。

步骤：

（1）展点（图 11-7）。

（2）野外测点点号。

（3）野外测点代码。

（4）野外测点点位。

（5）切换展点注记。

图 11-6　读取全站仪数据

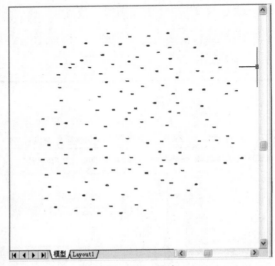

图 11-7　展点

3）绘制地物（图 11-8）

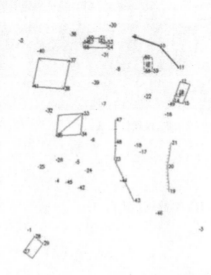

图 11-8　绘制地物

4）绘制宗地图

绘制宗地图时可以选择单个宗地绘制或者批量绘制所选择的所有宗地图（图 11-9、图 11-10）。

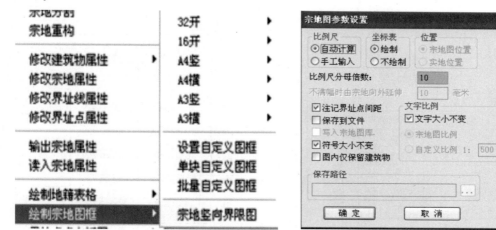

图 11-9　宗地图参数设置

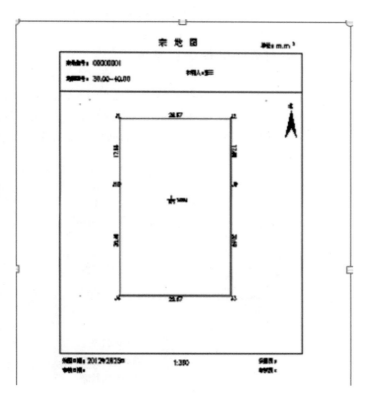

图 11-10　宗地图

11.3.1.5 成果输出(图 11-11)

界址点坐标表

点 号	X	Y	边 长
J9	30083.743	40090.439	
J3	30053.257	40090.439	30.49
J4	30053.257	40060.769	29.67
J10	30083.743	40060.769	30.49
J1	30101.626	40060.769	17.88
J2	30101.626	40090.439	29.67
J9	30083.743	40090.439	17.88
S=1435.1 平方米 合2.1527亩			

界 址 点 成 果 表 第1页 共1页

宗 地 号 00001
权 利 人 ——
宗地面积 1435.1
建筑占地（平方米）0.0

序 号	点 号	坐标 x（m）	坐标 y（m）	边 长
1	J9	30083.743	40090.439	
2	J3	30053.257	40090.439	30.49
3	J4	30053.257	40060.769	29.67
4	J10	30083.743	40060.769	30.49
5	J1	30101.626	40060.769	17.88
6	J2	30101.626	40090.439	29.67
1	J9	30083.743	40090.439	17.88

图 11-11　界址点成果表

11.3.2　SuperMap 农村地籍管理信息系统

SuperMap 农村地籍管理信息系统是在《地籍调查规程 TDT 1001—2012》《第二次全国土地调查技术规程》《土地登记规则》《城镇地籍数据库标准》《土地利用数据库标准》《宗地编码规则》等现有规范和标准的基础上开发的一套面向农村地籍管理的专业国土资源软件。该系统运行模式见图 11-12。

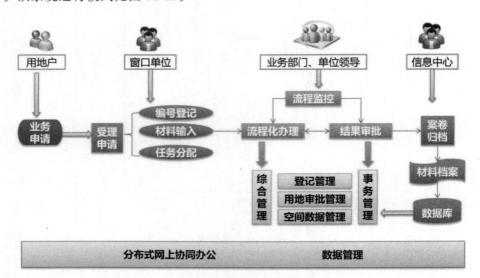

图 11-12　系统运行模式

1）数据转换

可以将土地利用现状数据、遥感监测数据、已有的其他格式的农村地籍外业数据通过直接导入、模型转换等多种方式进行导入，系统提供多种转换模板及转换工具，可实现各类数据的"一键式"转换。

2）数据处理

提供对转入的农村地籍各类数据的数据处理功能，包括对图形的编辑处理、属性的编辑处理等功能；根据相关标准，实现各类代码的自动赋值、自动编号、补充编号，以及属性数据的提取。提供两种宗地编号方式，保留原有地籍号编号规则，并可按新宗地编号规则进行宗地代码编号。

3）数据检查与修改

根据相关标准与地方要求，系统内置多种检查规则，可进行农村地籍数据图形、属性的正确性、完整性等全面检查，保证建库质量。同时检查规则可以自定义，检查结果可以利用修改工具进行定位交互修改。

4）查询分析

提供农村地籍数据的业务查询、通用查询功能，可以按行政区、地籍区、地籍子区、宗地代码、所有权人等多种条件进行查询，查询结果可以以图表等多种方式展示。支持导入各种交换文件进行划定范围分析。同时可将查询分析结果以专题图或统计报表的形式输出。提供所有权宗地与利用库中地类图斑数据的叠加分析，辅助获取所有权宗地地类面积，并可将结果更新到相应字段中。

5）报表制作与输出

系统可进行地籍分类面积统计、土地利用现状统计、宗地界址点统计等，系统提供按照统计类型、统计的类别、统计区域、统计年度、统计单位等条件进行分类汇总统计。系统提供标准的制式报表与地方报表输出，可以输出土地利用现状数据中一级分类与二级分类等制式统计报表，根据查询条件输出土地登记台账、宅基地登记情况汇总、宗地所有权争议情况以及其他要求的报表。

6）业务表单输出

系统能够一键式的输出地籍业务中常用的地籍调查表、申请表、审批表、登记卡、归户卡、土地权属界线协议书、土地争议缘由书，并且提供灵活的自定义功能，可以满足国家标准及地方业务特色要求。可以按区县、地籍区、地籍子区、单个宗地批量输出相关业务表单；地籍调查表样式、界址标识表的表头可以灵活自定义；业务表单中面积的单位、小数位数均可自定义。

7）制图输出

系统能够输出《地籍调查规程》中要求的标准格式的集体所有权宗地图、地籍图及地方国土资源局结合实地业务特色要求的集体所有权宗地权属图、行政区图、任意范围图等图件，图件满足国土资源部相关标准以及各地国土资源局的相关规定。

可以输出固定比例尺、任意比例尺的宗地图，纸张大小固定时，可以根据纸张大小自动获得最大比例尺；实现图面注记（宗地注记、界址点注记、图斑注记等）、出图前的自定义设置；宗地图上自动提取坐标信息、宗地地号、土地坐落、四至、用途、权属性质等信息，信息的内容、位置与样式模板支持用户自定义；出图方式可以以当前地图模板出图也可以使用配置好的地图模板出图。

实习10 地籍管理信息系统应用

1.实习任务

(1)熟悉 CASS 软件的主要功能。

(2)能够运用 CASS 软件进行内业成图。

2.实习步骤

(1)地籍成图参数设置。

(2)调查数据录入。

(3)权属线绘制。

(4)权属文件生成。

(5)图形编辑。

(6)绘制宗地图。

3.提交成果

(1)根据提供的模拟数据,CASS 绘制地籍图一幅。

(2)撰写实习报告。

参 考 文 献

[1] 自然资源部.第三次全国国土调查技术规程.TD/T 1055—2019.

[2] 谭峻,林增杰.地籍管理.北京:中国人民大学出版社,2011.

[3] 叶公强.地籍管理.2 版.北京:中国农业出版社,2011.

[4] 王华春,苏根成.地籍管理.北京:北京师范大学出版社,2018.

[5] 方斌.土地管理专业实习教程.北京:科学出版社,2012.

[6] 詹长根.地籍测量.北京:测绘出版社,2012.

[7] 国土资源部.地籍调查规程.TD/T 1001—2011.

[8] 章书涛.地籍调查与地籍测量学.北京:测绘出版社,2007.

[9] 不动产登记暂行条例.北京:中国法制出版社,2015.